YY 0505—2012

《医用电气设备 第1-2部分：
安全通用要求 并列标准：
电磁兼容 要求和试验》
标准解读

焦 红 主编

中国质检出版社
中国标准出版社
北 京

图书在版编目(CIP)数据

YY 0505—2012《医用电气设备 第1-2部分:安全通用要求 并列标准:电磁兼容 要求和试验》标准解读/焦红主编. —北京:中国标准出版社,2013.4(2015.7 重印)
ISBN 978 - 7 - 5066 - 7127 - 9

Ⅰ.①Y… Ⅱ.①焦… Ⅲ.①医用电气机械—电磁兼容性—安全标准—注释—中国
Ⅳ.①TH772 - 65

中国版本图书馆 CIP 数据核字(2013)第 051086 号

中国质检出版社
中国标准出版社   出版发行
北京市朝阳区和平里西街甲 2 号(100013)
北京市西城区三里河北街 16 号(100045)
网址:www.spc.net.cn
总编室:(010)64275323   发行中心:(010)51780235
读者服务部:(010)68523946
中国标准出版社秦皇岛印刷厂印刷
各地新华书店经销

*

开本 787×1092 1/16 印张 18.25 字数 398 千字
2013 年 4 月第一版   2015 年 7 月第二次印刷

*

定价:78.00 元

编 委 会

主　　编　　焦　红

副 主 编　　王兰明　　王云鹤

编　　委　　邓　刚　　李静莉　　余新华　　黄嘉华
　　　　　　袁　鹏

编写人员（按姓氏笔画排列）

丁洪斌　　王伟明　　王建军　　冯丹倩

田艳芳　　任　杰　　齐　领　　孙正捷

刘京林　　严华国　　陈张勇　　宋盟春

邵凌云　　陈嘉晔　　郑　佳　　孟志平

张宜川　　张春青　　赵佳洋　　高　山

高　中　　徐　扬　　黄　丹　　黄文广

符吉林　　蒋　岁　　缪　佳

秘　　书　　郑　佳（兼）

序

　　电磁兼容问题是影响医用电气设备安全有效的重要因素之一。随着电气产品的广泛应用,医用电气设备之间以及和非医用电气产品之间的电磁干扰和不兼容问题日益突出。这不仅会直接影响到医用电气设备的安全使用,甚至会对患者以及医护人员的人身安全造成影响和危害。

　　国家食品药品监督管理局对医用电气设备的电磁兼容问题高度重视,曾发布强制性行业标准 YY 0505—2005《医用电气设备　第1-2部分:安全通用要求　并列标准:电磁兼容要求和试验》。近年来,国内外电磁兼容技术发展迅速,电磁兼容安全要求不断提高。为了适应技术发展,进一步吸收采纳国际先进标准,提高国内有关标准要求,国家食品药品监督管理局于2011年组织了对 YY 0505—2005 的修订工作,2012 年 12 月 17 日正式发布了新版标准 YY 0505—2012。YY 0505—2012 作为医用电气设备的基础安全标准,对进一步保障医疗器械产品安全、加强医疗器械监管、推动我国医疗器械标准体系与国际接轨、促进医疗器械产业健康快速发展将产生重要影响。

　　为了使广大企业、检测、审评及监管人员更好地了解、学习、掌握 YY 0505—2012 标准,国家食品药品监督管理局组织编撰了《YY 0505—2012〈医用电气设备　第1-2部分:安全通用要求　并列标准:电磁兼容　要求和试验〉标准解读》。该书充分考虑监管、审评、检测、企业等多部门的需求,结合电磁兼容基础理论,深入浅出地剖析了 YY 0505—2012 标准规定的要求和试验方法;同时结合大量的实际产品设计和整改案例,对标准中的重点难点条款及常见问题进行了具体分析并提出了参考解决方案。该书作为针对医用电气设备电磁兼容标准的专业辅导出版物,是今后 YY 0505—2012 标准宣贯和培训的实用教材,将有助于促进 YY 0505—2012 标准的顺利实施、更好地保障医用电气设备的安全、促进医疗器械产业的健康发展。

目　　录

第一章 概述

电磁兼容是 20 世纪初逐步发展起来的一门涉及多专业多学科的交叉学科,其核心是电磁波理论,涵盖电磁场、天线、电波传输、通信、电子、电路、生物医学理论等。它与居民生活、工业、医疗、国防军事等都有着非常密切的关系。

20 世纪初,广播通信业务快速发展,使得无线电干扰现象日益突出,引起了人们对无线电干扰现象的广泛关注。随着科学技术的发展,特别是 20 世纪中叶,电子技术和电子产业蓬勃发展,人们发现电子、电器产品在使用时,彼此之间存在着严重的相互干扰现象,从而使早期对无线电干扰现象的研究逐步发展演变为对电磁兼容性的研究。

第一节 电磁兼容性的定义

电磁兼容和电磁兼容性的英文为同一词组:Electromagnetic Compatibility,缩写为 EMC。一般在学术上或泛指某一个领域或技术范围来讲,常用"电磁兼容",比如"有源医疗器械电磁兼容技术研讨会",特指设备或系统的这个技术性能时常常加上"性",比如"医用电气设备的电磁兼容性试验"。电磁兼容性在有关国家标准中有明确的定义:"设备或系统在其电磁环境中能正常工作且不对该环境中任何事物构成不能承受的电磁骚扰的能力"。通俗地说,就是电气设备或系统在其使用的电磁环境中能正常工作而不致相互影响而使性能降低的一门技术。定义中电磁兼容性的概念外延还可以有所扩大,它不但包括电气设备之间的电磁兼容性问题,还包括电磁骚扰对其他物类的影响问题。

电磁兼容性可以简单地用数学式表示为 EMC = EMI(电磁骚扰) + EMS(电磁敏感度),其含义是:要达到电磁兼容性的目的,一方面要控制设备的电磁骚扰;另一方面要控制设备的电磁敏感度。控制电磁骚扰主要是控制电磁骚扰源(抑制电磁骚扰),控制电磁敏感度主要是提高设备的电磁抗扰度,即提高设备在电磁骚扰环境中不被干扰而仍能维持正常工作的特性。

电磁骚扰源可分为两大类:自然骚扰源和人为骚扰源。自然骚扰源包括地球上各处雷电产生的天电噪声,太阳黑子爆炸活动产生的噪声,以及银河系的宇宙噪声等。人为骚扰源是由电器或其他用电装置产生的电磁骚扰,医疗器械所产生的电磁骚扰就是属于人为骚扰源。如图 1 - 1 所示为各类电磁骚扰源。

电气设备之间主要是通过两种途径传播电磁骚扰,如图 1 - 2 所示。一种是传导途径,即沿着导体传播;另一种是辐射途径,即通过空间以电磁波的形式传播。电磁骚扰源通过某种传播途径使电磁敏感设备性能下降,导致不能正常工作的现象就叫电磁干扰。

人们通常把电磁骚扰源、传播途径和电磁敏感设备称为电磁干扰的三要素。可以说

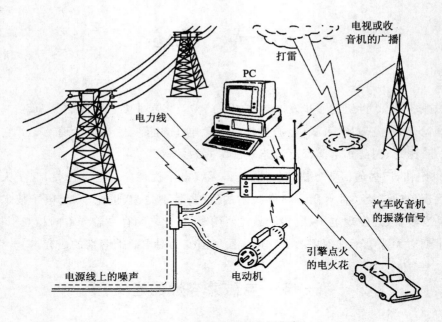

图 1-1　各类电磁骚扰源举例

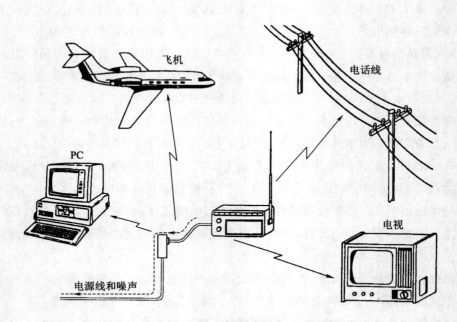

图 1-2　电气设备电磁骚扰传播途径示意图

电磁骚扰是源,传播途径是媒介,电磁敏感设备是受体,电磁干扰是它们相互作用的结果,三者缺一不可。有许多电气设备既是干扰源又是敏感设备,也就是说它具有干扰与被干扰两重性,例如电子计算机、雷达、通讯导航设备、医疗设备(如声波诊断仪、高频电刀、监护仪等),即使是一台电气设备内部也同样存在元件与线路之间的电磁干扰问题。

在特定的时间和空间条件下,弄清电磁骚扰产生的机理、传播途径和抑制方法,以及如何提高电磁敏感设备的抗扰度,便构成了电磁兼容性技术研究的核心内容。

电磁辐射对生物体(包括人类)的影响也是不可忽视的。人们在这方面的研究虽还不很深入,但迄今已经发现,由于电磁波的强烈照射或长期照射,会在生物体内感应出导体电流,产生生物热效应,而扰乱生物体内组织的正常形态和机能,具体表现为脑电图、心电图波形改变,内分泌功能失调、消化道功能障碍、免疫机理抑制等症状。电磁生物效应的机理大体分为生物热效应、非热效应和累积效应。在高电压辐射场中,热效应占主导地位;在长时间、低电压电磁场辐射下,非热效应占主导地位。当然,不同生物对电磁辐射的敏感度也会有不同,差异可达百倍以上。然而,为达到某种预期目的,可适量地对生物体进行电磁辐射,如微波治癌、高频理疗、安瓿灭菌、实验动物组织内酶灭活等的应用。

电磁兼容技术在军事方面应用也非常广泛,而且更早于民用,这里不赘述。

第二节　医疗器械电磁兼容的重要意义

一、电磁干扰对医疗器械的危害

现代医疗器械中,医用电气设备和系统以及体外诊断等设备不仅使用了各种高敏感性电子元器件,并且与电脑、移动通讯系统等结合形成远程医疗诊断网络;它们在工作时向周围发射不同频率、不同电磁场强度的有用或无用的电磁波,影响无线电广播通讯业务和周围其他设备的正常工作;而且它们在工作的电磁环境中还可能受到周围电力、电子设备以及其他医疗设备的电磁干扰(见图1-3)。

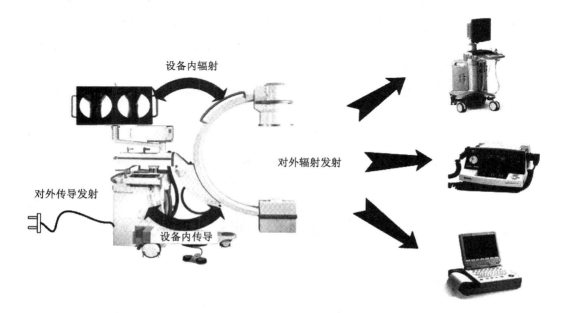

图1-3　医疗设备的电磁环境

3

电磁干扰对医疗器械造成的后果往往是非常严重的。国内外有关电磁干扰引起医疗事故的报道屡见不鲜,根据国外权威机构的报告,自 1973 年至 1993 年的 20 年间,曾收到疑为因医疗器械受电磁干扰引发的事故报告超过 100 件,其中被认定为电磁干扰引起的事故约占 10%。

根据国外权威机构发布的另外一份研究报告显示,从 1994 年 1 月至 2005 年 3 月,550 份不良反应事件中,有 73.6% 是由可疑的电磁干扰造成的。而在这些可疑的电磁干扰造成的不良事件中,死亡和致伤的比例达到了 43.5%。从 1994 年到 2005 年间电磁干扰的不良事件报告数量呈现逐年递增的趋势。我国也有类似的报道,发现多起医疗事故的罪魁祸首源于电磁干扰。人们通过血的教训,逐步认识到了医疗行业实施电磁兼容性标准的重要性和迫切性。

二、我国医疗器械实施 EMC 标准的意义

近年来,随着电子、信息技术在医用电气和体外诊断设备中的广泛应用,以及新的通信技术(如个人通讯系统、蜂窝电话等)在社会生活各领域的迅速发展,医疗器械不仅自身会发射电磁能,影响无线电广播通讯业务和周围其他设备的工作,而且在它的使用环境内还可能受到周围通讯设备等电磁能发射的干扰,造成对患者的伤害。医疗器械的电磁兼容性不仅影响设备自身的产品质量,而且涉及公众的健康和安全,因此更加受到各国政府和民间有关组织的关注。

世界上发达国家纷纷通过法令法规的形式,强制实施了医疗器械产品的 EMC 标准。最著名的是 CE 认证。欧盟 1993 年发布了带有电磁兼容要求的医疗器械指令,即 MDD 指令(93/42/EEC)。1998 年 6 月 14 日是 MDD 指令 5 年过渡期的最后一天,从而开始对所有进入欧盟的医疗器械产品强制执行欧盟相关的 EMC 标准。我国在国家认监委的组织下已经开展了强制性产品认证,即 3C 认证。目前,我国已对许多行业(汽车、家电、高低压电器、电机、信息技术、通信、广播电视、电动工具、照明电器等)强制实施了 EMC 标准。

在医疗器械行业实施电磁兼容标准的重要意义还在于:

(1)提高医疗器械的安全性和有效性,保护公众的健康和安全,防止对患者及操作者的伤害。

(2)保护中国市场和国内电磁环境,防止不符合 EMC 标准的产品流入中国市场。

(3)提升产品质量和市场竞争力,淘汰落后产品,促进产品的更新换代。

(4)与国际接轨,方便进出口贸易,服务于市场。

第三节 医疗器械的电磁兼容标准化

一、国内外发展状况

电子技术的普及与应用,使人们的生活更加舒适和丰富多彩,但同时也使"电子公

害"日益社会化、家庭化。因而,引起世界各国政府和民间组织的极大重视,纷纷研究制定出各种符合自己国情和集团利益的有关产品的电磁兼容性标准和技术法规。目前全球各地区基本都设置了 EMC 相应的市场准入制度,用以保护本地区的电磁环境和本土产品的竞争优势,如北美的 FDA 认证和 NEBC 认证、欧盟的 CE 认证、日本的 MHWL 认证、澳洲的 C - tick 认证、俄罗斯的 GOST 认证、中国的 3C 认证等都是产品进入这些市场的"通行证"。

世界各国所采用的认证模式不尽相同,但产品的电磁兼容性均作为认证的重要技术要求。这些国家和地区中,欧洲的认证开展得相对较早,给其他国家提供了借鉴。欧盟的 CE 认证规定,所有进入欧盟市场的产品,必须具有 CE 标志,以说明产品符合欧盟制定的相关指令。医疗器械需要满足的指令有《有源植入性医疗器械指令》(AIMDD,90/385/EEC)、《医疗器械指令》(MDD,93/42/EEC)和《体外诊断器械指令》(IVDD,98/79/EC)。其中 MDD 指令的适用范围最广,包括除有源植入和体外诊断之外的几乎所有的医疗器械,如无源医疗器械(敷料、导管、注射器等)以及有源医疗器械(如磁共振成像仪、麻醉机、监护仪等)。1998 年 6 月 14 日是 MDD 指令(93/42/EEC)5 年过渡期的最后一天,从而进入 MDD 的强制执行期,要获得医疗器械指令 CE 标识,必须首先证明自己的产品满足医疗器械的基本要求。在 MDD 的附录中包含了 14 个基本要求,如产品安全、生物兼容性、电磁兼容性(EMC)等。指令引用了产品协调标准(harmonized standards)来证明它的符合性,如《医用电气设备安全的通用要求》(EN 60601 系列标准),其中电磁兼容性标准为 EN 60601 - 1 - 2,等同于 IEC 60601 - 1 - 2。我国行业标准 YY 0505—2012 等同采用该国际标准的 2.1 版。

我国电磁兼容性标准化工作虽起步较晚,但发展很快,政府部门非常重视这项工作。2002 年 5 月 1 日,我国在国家认监委组织领导下开展了强制性产品认证,即 3C 认证,对许多产品提出了电磁兼容性要求。

我国于 20 世纪 80 年代末,先后成立了有关 EMC 的技术委员会,分批转化了多个国际标准,为我国跟上国际电磁兼容标准化步伐提供了必要的技术基础。

(一)国际、国内 EMC 标准化组织

世界上有许多国际组织涉及 EMC 领域,如 IEC(国际电工委员会)、EBU(欧广联)、CIGRE(国际大电网会议)、UNIPEDE(国际电能生产商与销售商联合会)、UIE(国际电热联合会)、UIC(国际铁路联合会)、UITP(国际公共运输联合会)、CENELEC(欧洲标准化委员会)等。目前国际上涉及电磁兼容专业最权威的有两个技术组织:一个是 1934 年成立的"国际无线电干扰特别委员会(IEC/CISPR)",称它为特别委员会是因为上述国际组织都是它的团体委员,并与 ITU(国际电信联盟)和 ICAO(国际民航组织)等有密切联系;另一个是 1973 年成立的"电磁兼容技术委员会(IEC/TC 77)",其业务与 CISPR 有分工,也有交叉。我国电磁兼容标准大多以"等同采用"的方针,直接转化由这两个技术委员会制

订的 EMC 标准。

CISPR 以前设有 7 个分会,CISPR/A ~ CISPR/G。2001 年,CISPR 对分会进行了整合,目前设六个分会:

(1) 无线电干扰测量与统计方法(SC/A);

(2) 工科医射频设备、其他(重)工业设备及架空电力线、高压设备和电力牵引系统的无线电干扰(SC/B);

(3) 机动车辆与内燃机干扰(SC/D);

(4) 接收机、信息技术设备和多媒体设备的电磁兼容(SC/I);

(5) 家用电器、电动工具、照明器具及类似设备干扰(SC/F);

(6) 保护无线电业务的限值(SC/H)。

我国于 1986 年 8 月在原国家技术监督局的领导下,开始筹建与 CISPR 对应的技术组织,1987 年至 1989 年分别成立了全国无线电干扰标准化技术委员会及其各分会。该会的主要任务是规划我国无线电干扰标准化体系表,组织制定、修订和审查 EMC 国家标准,开展与 IEC/CISPR 相对应的工作。以前下设 8 个分会,从 2003 年开始调整成 6 个分会。目前下设 6 个分委员会,均与 CISPR 的各分会相对应(包括工作范围),只有 H 分会除与 CISPR/H 的工作范围相对应外,还研究我国无线电系统与非无线电系统之间的干扰。各分会秘书处的挂靠单位见表 1-1。

表 1-1　全国无线电干扰标准化技术委员会及其各分会的秘书处挂靠单位

委员会(分会)	秘书处挂靠单位
全国无线电干扰标准化技术委员会	上海电器科学研究所(集团)有限公司(上海)
A 分会	中国电子技术标准化研究所(北京)
B 分会	上海电器科学研究所(集团)有限公司(上海)
D 分会	中国汽车技术研究中心(天津)
F 分会	中国电器科学研究院(广州)
H 分会	国家无线电监测中心(北京)
I 分会	中国电子技术标准化研究所(北京)

IEC/TC 77 于 1974 年 9 月成立,下设 3 个分会:SC77A 为低频现象分会,SC77B 为高频现象分会,SC77C 为大功率暂态现象分会。2000 年 4 月,我国成立了全国电磁兼容标准化技术委员会,该标委会主要负责协调 IEC/TC 77 的国内归口工作,推进对应 IEC 61000 系列 EMC 标准的国内转化工作。该标委会自成立以来,完成了大量 IEC 61000 系列相对应的国家标准的制订工作。目前,全国电磁兼容标准化技术委员会已成立 3 个分技术委员会,见表 1-2。

表1-2 全国电磁兼容标准化技术委员会及其各分会的秘书处挂靠单位

委员会（分会）	秘书处挂靠单位
全国电磁兼容标准化技术委员会	国网电力科学研究院（武汉）
A 分会	国网电力科学研究院（武汉）
B 分会	上海市计量测试技术研究院（上海）
C 分会	国网电力科学研究院（武汉）

我国电磁兼容标准化工作的组织机构如图1-4所示。

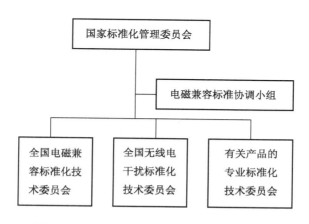

图1-4 我国电磁兼容标准化工作的组织机构

（二）电磁兼容国际标准和我国相应标准的转化

原国家标准总局（现在更名为国家标准化管理委员会）早在20世纪70年代后期就确定了工作重点，要将 IEC 电磁兼容国际标准系列转化为国家标准，并且20多年来一直紧密跟踪，不仅使我国电磁兼容标准始终紧紧跟踪国际标准的变化和发展，还大力宣贯和执行这些 EMC 标准，使我国电器、电子、通信、信息技术等领域产品的 EMC 品质大大提高，有力地促进了上述产品的出口，增强了产品的国际市场竞争力。

截至2011年底，我国已经制定的 EMC 标准超过140多个，其中从 CISPR 转化为国家标准有28项。从 TC77 转化为国家标准共有37项。医用电气设备电磁兼容标准中大量引用了这两个技术委员会制定的国家标准。

二、医疗器械电磁兼容标准的制修订情况

国家食品药品监督管理局2005年批准发布了行业标准 YY 0505—2005《医用电气设备 第1-2部分:安全通用要求 并列标准:电磁兼容 要求和试验》，该标准是我国第一部有关医用电气设备电磁兼容的标准，它等同采用国际标准 IEC 60601-1-2:2001。第1版国际标准 IEC 601-1-2:1993 我国没有转化，目前第3版 IEC 60601-1-2:2007

国际上已经正式发布,第 4 版正在起草中。为了与现行 GB 9706.1 安全标准协调一致,根据国家食品药品监督管理局 2010 年下达的行业标准项目计划任务,我国等同采用 IEC 60601 - 1 - 2:2004(第 2 版附加修正案)对 YY 0505—2005 进行了修订,该标准由全国医用电器标准化技术委员会归口,上海市医疗器械检测所为主起草单位,上海西门子医疗器械有限公司和辽宁开普医疗系统有限公司参加了起草工作。

　　2010 年,国家标准管理委员会批准发布了 GB/T 18268.1—2010《测量、控制和实验室用的电设备　电磁兼容性要求　第 1 部分:通用要求》。YY 0505 和 GB/T 18268.1 这两个标准是医疗器械产品有关电磁兼容性的通用技术要求。

第二章　YY 0505 标准规定的要求和试验

第一节　YY 0505 行业标准的适用范围及目的

一、范围

YY 0505 适用于医用电气设备和医用电气系统的电磁兼容性。

对于根据医用电气系统定义的医用电气系统中使用的信息技术设备（如中央监护系统中的计算机部分），YY 0505 同样适用。医用电气系统制造商提供并预期通过现有的连接到系统设备的电气电子设施，作为医用电气系统的一部分按照 YY 0505 的要求进行电磁兼容试验。但是，YY 0505 不适用以下设备：

（1）植入式的医用电气设备（如植入式心脏起搏器）；

（2）对于测量、控制和实验室用的医疗器械；

（3）现行的局域网络、通讯网络。

二、目的

YY 0505 标准,对医用电气设备和系统的电磁兼容性规定了要求及试验,并作为其他专用安全标准中电磁兼容性要求和试验的基础。

第二节　术语和定义

YY 0505 为并列标准,下列术语和定义以及 GB 9706.1—2007、GB 9706.15—2008、YY 0709—2009 和 YY/T 0316—2008 中出现的术语和定义均适用于 YY 0505 标准。

1.（抗扰度）符合电平　(immunity) compliance level

> **2.201**
> 小于或等于设备或系统满足 YY 0505—2012 中 36.202 相应条款要求时的抗扰度电平。

所谓抗扰度,是指对于电磁骚扰的抗扰度,即装置、设备或系统面临电磁骚扰不降低运行性能的能力。

抗扰度电平:将某给定的电磁骚扰施加于某一装置、设备或系统而其仍能正常工作并保持所需性能等级时的最大骚扰电平。超过此电平,该装置、设备或系统就会出现性能降低。

符合电平:若骚扰电平小于或等于抗扰度电平值,设备或系统则可以满足 YY 0505—2012 中 36.202 的相应条款,表现为仍能正常工作并保持所需性能。符合此要求的骚扰电平均可称为符合电平。

例如静电放电试验,对受试设备施加 6kV 的接触放电,若此时设备仍能正常工作并保持所需性能,则 6kV 可以称为符合电平。

注:符合电平的附加要求在 YY 0505—2012 的 6.8.3.201 中有规定。

2. (性能的)降低　degradation(of performance)

> **2.202**
> 设备或系统的工作性能非期望地偏离它的预期性能。

这种非期望偏离(指向坏的方向偏离)并不意味着一定会被使用者觉察,但也应视为性能降低。例如心电监护仪在正常工作时灵敏度为 $5\mu V$。若由于某种电磁干扰使该台心电监护仪的灵敏度为 $20\mu V$,此时应视为该机工作性能已降低。

注:术语"降低"可用于暂时失效和永久失效。

3. 有效辐射功率　effective radiated power(ERP)

> **2.203**
> 在给定方向的任一规定距离上,为产生与给定装置相同的辐射功率通量密度而必须在无损耗参考天线输入端施加的功率。

有效辐射功率 P_{ERP} 是基于空间观测点获得相同的功率密度的前提条件下,采用等效的半波偶极子辐射天线时需要馈送到天线的功率的大小。因为半波偶极子天线的增益 G_D 约等于 1.64(约合 2.14dB)。以点源天线替换半波偶极子天线并在其最大辐射方向上获得相同的功率密度,会要求增大向点源全向辐射天线馈送的功率。

定义为在观测点处获得的功率密度等同于从半波偶极子辐射天线在相同观测点处获得的功率密度时,向半波偶极子天线馈送的功率。

4. 电磁兼容性　electromagnetic compatibility(EMC)

> **2.204**
> 设备或系统在其电磁环境中能正常工作且不对该环境中任何事物构成不能承受的电磁骚扰的能力。

Electromagnetic compatibility(缩写 EMC)一词,对一门学科、一个领域、一个工业或技术范围来讲,应译为"电磁兼容",以反映一个领域,而不仅仅是单项技术指标。而对于设备、分系统、系统的性能参数来说,则应译为"电磁兼容性"。

电磁兼容一般指电气及电子设备在共同的电磁环境中能执行各自功能的共存状态,即要求在同一电磁环境中的上述各种设备都能正常工作又互不干扰,达到"兼容"状态。换言之,电磁兼容是指电子线路、设备、系统相互不影响。电磁兼容所要求的两个基本方面:在共同的电磁环境中,不受干扰且不干扰其他设备。

5. 电磁骚扰　electromagnetic disturbance

> **2.205**
> 任何可能引起装置、设备或系统性能降低的电磁现象。

电磁骚扰是指任何可能引起装置、设备或系统性能降低,或者对有生命物质或无生命物质产生损害作用的电磁现象。电磁骚扰可能是电磁噪声、无用信号或传播媒介自身的变化而引起的。人们在生产及生活中使用的电子设备在工作的同时,往往会产生一些有用或无用的电磁能量,这些电磁能量影响处于同一电磁环境中的其他设备或系统的工作,这就是电磁骚扰。可见电磁骚扰强调任何可能的电磁危害现象。

电磁骚扰仅仅是电磁现象,即指客观存在的一种物理现象,它可能引起降级或损害,但不一定已经形成后果。而电磁干扰是由电磁骚扰引起的后果。过去在术语上并未将物理现象与其造成的后果明确划分,统称为干扰(interference)。进入 20 世纪 90 年代,IEC 60050:161 于 1990 年发布后,才明确引入了称为"骚扰"的"disturbance"这一术语,与过去惯用的干扰一词明确分开。另外,电磁骚扰的范畴也扩大了,过去常仅指电磁噪声,现在电磁骚扰还包括了无用信号,此外还包括了传播媒介自身的变化,如短波通信电离层的变化,空气中雨、雾对微波通信的影响等。

严格地说,只要把两个以上的元件放置在同一环境中,工作时就可能产生电磁干扰。电气及电子设备工作时不可避免地产生一些有用或无用的电磁能量,这些能量会影响其他设备或系统的工作,这就是电磁骚扰。两个系统之间的骚扰,称为系统间骚扰;在系统内部各设备之间的骚扰称为系统内骚扰。电磁骚扰的危害程度可分为灾难性的、非常危险的、中等危险的、严重的和使人烦恼 5 个等级。

6. (电磁)发射　(electromagnetic)emission

> **2.206**
> 从源向外发出电磁能的现象。

以辐射或传导形式从源发出电磁能量的现象。此处的"发射"与通信工程中常用的"发射"含义并不完全相同。此处既包含传导发射，也包含辐射发射，而通信工程中的"发射"主要指辐射发射；此处的"发射"常常是无意的，不存在有意制作的发射部件，一些本来做其他用途的部件（例如电线、电缆等）充当了发射源的角色，而通信中则是精心制作发射部件（例如天线等）。通信中的"发射"也使用 emission，但更多的是使用 transmission。

7. 电磁环境　electromagnetic environment

2.207

存在于给定场所的所有电磁现象的总和。

"给定场所"即"空间"，"所有电磁现象"包括了全部"时间"与全部"频谱"。

ANSI 对电磁环境的定义为：一个设备、分系统或系统在完成其规定任务时可能遇到的辐射，或传导电磁发射电平在各个不同频段内的功率分布及其随时间分布，即存在与一个给定位置的电磁现象的总和。

8. 电磁噪声　electromagnetic noise

2.208

一种明显不传送信息的时变电磁现象，它可能与有用信号叠加或组合。

"电磁"现象包括所有的频率，除包括无线电频率（10kHz 以上）之外，还包括直流在内的所有的低频电磁现象。电磁噪声见图 2-1。

9. 静电放电　electrostatic discharge（ESD）

2.209

具有不同静电电位的物体相互靠近或直接接触引起的电荷转移。

静电放电是指两个具有不同静电电位的物体，由于直接接触或静电场感应引起两物体间的静电电荷的转移。静电电场的能量达到一定程度后，击穿其间介质而进行放电的现象就是静电放电。

例如秋冬季节，在脱毛衣时，会听到噼里啪啦的细小的声音，在暗处还可以看到一些小火花。与人见面握手时，手指刚一接触到对方，就会感到指尖针刺般刺痛。更有甚者，在化纤被子里，使劲打几个滚，用指头在被子里一划，就出现一串"火"。这就是生活中常见的静电放电现象。

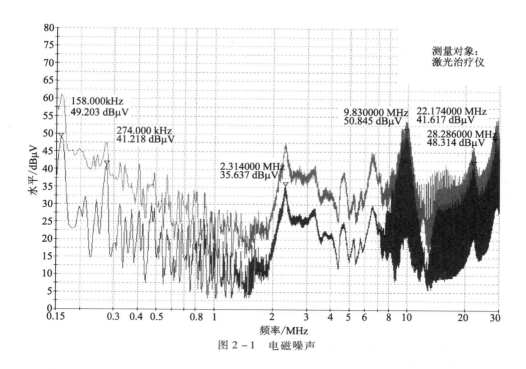

图 2 - 1 电磁噪声

10. 占用频带 exclusion band

> **2.211**
> 预期用于接收射频电磁能的接收机频带。当接收频率大于或等于 80MHz 时,接收频率或频带可从 -5% 延伸到 +5%;当接收频率小于 80MHz 时,接收频率或频带可从 -10% 延伸到 +10%。

频带:无线电频谱上位于两个特定的频率界限之间的部分。

例如中国移动 TD - SCDMA 获得的频谱为 1880MHz ~ 1900MHz,共 20MHz,但之前 TD - SCDMA 试验网还曾获得 2010MHz ~ 2025MHz 的频谱,两者都是中国移动使用的频谱,TD - SCDMA 共获得 35MHz。

中国电信 CDMA 获批的是 1920MHz ~ 1935MHz(上行)、2110MHz ~ 2125MHz(下行);中国联通获得的是 1940MHz ~ 1955MHz(上行)、2130MHz ~ 2145MHz(下行),这两家运营分别获得 30M,而且,无论上行还是下行,中间都相隔了 5MHz,以免相互干扰。

11. (设备或系统的)功能 function(of an equipment or system)

> **2.212**
> 设备或系统预期对患者进行诊断、治疗或监护的临床主要作用。

YY 0505 适用于医用电气设备和医用电气系统的电磁兼容性,所谓设备或系统,均针对医用电气设备和医用电气系统,即对在医疗监督下的患者进行诊断、治疗或监护的设备或系统。例如血压计的血压测试功能、监护仪对患者呼吸、脉率、血氧饱和度、心电信号的监护功能、微波治疗仪的治疗功能、低频治疗仪的理疗功能、高频电刀的手术功能,诸如此类的功能都属于本定义规定的范畴。

12. IEC 60601 试验电平　IEC 60601 test level

> **2.213**
> YY 0505—2012 中 36.202 或专用标准中规定的抗扰度试验电平。

13. (对骚扰的) 抗扰度　immunity (to a disturbance)

> **2.214**
> 设备或系统面临电磁骚扰不降低运行性能的能力。

见 YY 0505—2012 的 2.201 中对抗扰度的解释。

14. 抗扰度电平　immunity level

> **2.215**
> 将某给定电磁骚扰施加于某一装置、设备或系统而其仍能正常工作并保持所需性能等级时的最大骚扰电平。

所谓抗扰度,是指对于电磁骚扰的抵抗能力,即装置、设备或系统面临电磁骚扰不降低运行性能的能力。装置、设备或系统在面对电磁骚扰时,首先要求其能正常工作,其次性能要求能保持在所需性能等级(允许有下降),达到此要求的最高的电磁骚扰电平。

15. 抗扰度试验电平　immunity test level

> **2.216**
> 进行抗扰度试验时,用来模拟电磁骚扰试验信号的电平。

这个电平在标准中都有规定,有些标准中规定按厂家规定的电平进行试验。

16. 信息技术设备　information technology equipment(ITE)

> **2.217**
>
> 用于以下目的设备：
>
> a）接收来自外部源的数据（例如通过键盘或数据输入线）；
>
> b）对接收到的数据进行某些处理（如计算、数据转换、记录、建档、分类、存贮和传送）；
>
> c）提供数据输出（或送至另一设备或再现数据或图像）。
>
> 注：这个定义包括那些主要产生各种周期性二进制电气或电子脉冲波形，并实现数据处理功能的单元或系统：诸如文字处理、电子计算、数据的转换、记录、建档、分类、存贮、恢复及传递，以及用图像再现数据等。

医用电气系统中用于 a）、b）、c）目的的设备都属于信息技术设备。例如与医用电气设备配合使用的电子计算机、打印机。

电气/电子基础设施（例如现行的局域网络、通讯网络、供电网络）不需按 YY 0505 作为医用电气系统的一部分进行电磁兼容性试验。然而，对这类电气/电子基础设施的影响，应按照 YY 0708 或 YY/T 0316 作为风险评估部分加以考虑，并且预期被用作医用电气系统一部分的电气/电子基础设施应在试验中予以模拟。由医用电气系统制造商提供并预期通过现有的电气/电子基础设施连接到系统中的设备应符合本标准的要求。如果局域网络或通讯网络作为医用电气系统的一部分由系统制造商提供，则它们应作为该系统的一部分按照 YY 0505 的规定进行电磁兼容性试验。

17. 大型设备或系统　large equipment or system

> **2.218**
>
> 不能在 2m×2m×2.5m 的空间内安装的设备或系统，其中不包括电缆，但包括分布式系统。

18. 生命支持设备或系统　life-supporting equipment or system

> **2.219**
>
> 至少包括一种预期有效地保持患者生命或复苏功能的设备或系统，且一旦该功能不能满足 36.202.1j）要求就很可能导致患者严重的伤害或死亡。

用于保持患者生命和使患者复苏的这两类设备和系统，例如除颤器、呼吸机、体外循环等设备,一旦这些设备受到干扰,设备性能降低或停止,就可能对病人造成生命危险的设备,我们称之为生命支持设备。

19. 低电压　low voltage

> **2.220**
> 相线与相线或相线与中线之间小于或等于交流 1000V 或直流 1500V 的电压。

主要是指给设备供电电压,介于高电压与安全特低电压之间。

20. 医用电气系统(以下简称为"系统")　medical electrical system

> **2.221**
> 多台设备的组合,其中至少有一台为医用电气设备,并通过功能连接或使用可移式多插孔插座互连。
> 注:当设备与系统连接时,医用电气设备应被认为包括在系统内。

在医用电气系统中,至少有一台医用电气设备,其他的可以是医用电气设备,也可以是非医用电气设备,为了共同的使用目的,由制造商、机构和操作者通过多孔插座将他们连接起来。

例如核磁共振成像系统由磁体、诊断床、射频柜、梯度柜、屏蔽/低温冷却器柜、系统柜、操作控制台(计算机系统和软件)、头线圈、体线圈及选件等各部分组成。从组成来说该设备属于医用电气系统;从使用人员来分属于专用系统;该设备用于诊断,不属于生命支持设备或系统;核磁共振成像系统中的操作控制台属于信息技术设备。

21. 工作频率　operating frequency

> **2.222**
> 在设备或系统中设定用来控制某种生理参数的电信号或非电信号的基频。

对设备或系统设定的频率参数,如呼吸机的呼吸率、电刺激仪的刺激频率。

22. 与患者耦合的设备或系统　patient – coupled equipment or system

> **2.223**
> 　　至少含有一个应用部分的设备或系统,通过与患者的接触以提供设备或系统正常运行所需要的感知或治疗点,并提供一个预期或非预期的电磁能路径,无论是导体耦合还是电容耦合或电感耦合。

　　通过与患者接触的应用部分,采集患者体内电信号信息并传输给主机的设备或系统(如心电采集),不包括非电信号传导的设备或系统(如无创血压计,信号通过气压直接传导到主机的传感器,袖带和管路也是绝缘的,没有电磁能传导的条件)。

23. 生理模拟频率　physiological simulation frequency

> **2.224**
> 　　用于模拟生理参数的电信号或非电信号的基频,使得设备或系统以一种与用于患者时相一致的方式运行。

　　为了验证医用电气设备或系统能否正常使用,而模拟人体的生理参数的电信号的频率或非电信号的频率。这个频率包括基频和一些谐波,只要基频符合,满足设备或系统的运行条件,谐波不做要求。

24. 公共电网　public mains network

> **2.225**
> 　　所有各类用户可以接入的低压电力线路。

　　在相关的标准中有不同的名称,还被称作"公共供电系统"、"公共低压系统"和"公共低压配电系统"。公共电网一般指住宅低压供电网,电压都属于低电压。
　　用在像医院等场所中的设备和系统是不直接连接到公共电网的,这些场所的网电源连接是通过变压器或配电站与公共低压供电网隔离的。

25. 射频　radio frequency(RF)

> **2.226**
> 　　位于声频和红外频谱之间的电磁频谱中,用于无线电信号传播的频率。
> 　　注:通常采用的范围是 9 kHz ~ 3000 GHz。

见 GB 4824—2004 中附录 E、附录 F,无线电信号中射频的应用。

26. 专用设备或系统 professional equipment or system

> **2.227**
> 由专业医护人员使用且预期不向公众出售的设备或系统。

除专业医护人员外,其他人不得操作使用的设备或系统,例如呼吸麻醉机。该类设备在说明书中明确标注"预期仅由专业医护人员使用"。

27. A 型专用设备或系统 type A professional equipment or system

> **2.228**
> 专用设备或系统符合 GB 4824 2 组 B 类(除基频的第三次谐波),而第三次谐波符合 2 组 A 类电磁辐射骚扰限值的设备或系统。

即除基频的第三次谐波外,其他频率能满足 GB 4824 2 组 B 类电磁辐射骚扰限值的专用设备或系统;同时基频的第三次谐波不能满足 GB 4824 2 组 B 类电磁辐射骚扰限值的要求,但满足 2 组 A 类电磁辐射骚扰限值的设备或系统;例如图 2-2 中的刺激器在电磁辐射骚扰试验中所有谐波满足 GB 4824 2 组 B 类要求,该设备属于 A 型专用设备或系统。如果仅第三次谐波超出 GB 4824 2 组 B 类限值,但符合 2 组 A 类电磁辐射骚扰限值,则认为此设备符合要求。

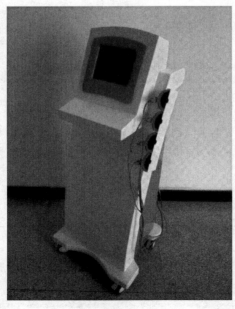

图 2-2 神经和肌肉刺激器示例

第三节 通用要求

一、电磁兼容性

电磁兼容性分两个方面的要求：

一方面是医用电气设备和系统在正常状态下不应发射可能影响无线电业务、其他设备或其他设备和系统基本性能的电磁骚扰的要求，通过符合 YY 0505—2012 中第 6 章和 36.201 的要求来验证，其中包括设备或设备部件的外部标记、随机文件、无线电业务的保护、公共电网的保护方面的要求。

医用电气设备采用了大量的高新技术，其产生的电磁发射对人类和环境造成了不利的影响，有害的电磁发射不仅影响了医用电气设备正常工作，也污染了人类的生存环境，直接威胁到医生和患者的健康，例如同一个病房中，使用了各种高频、射频治疗设备，心电、血压、血氧等监护设备，高频、射频治疗设备其工作时可能作为一 EMI 干扰源通过不同的耦合途径向周围传播出不同频率范围和电磁场强度的有用或无用的电磁波，会使心电、血压、血氧等监护设备受到电磁干扰而不能准确地监护病人的情况，医护人员不能准确及时地判断出病人心律不齐、血压及血氧下降等情况，造成病人死亡。

另一方面是医用电气设备和系统在正常状态下的基本性能对电磁骚扰应有符合要求的抗扰度，通过 YY 0505—2012 中第 6 章和 36.202 要求的符合性来验证，其中包括设备或设备部件的外部标记、随机文件、静电放电（ESD）、射频电磁场辐射、电快速瞬变脉冲群、浪涌、射频场感应的传导骚扰、在电源供电输入线上的电压暂降、短时中断和电压变化、磁场方面的要求。

例如，心电监护设备如果没有足够的抗干扰能力，在其显示器上显示的心率、血压、脉搏等指标无法正常显示，医务人员难以作出准确诊断；移动电话对输液泵、心脏除颤装置产生的干扰，使其不能正常工作；受调频电台 FM 发射的干扰调制波的影响，扰乱了呼吸节律导致报警失灵；供电电源产生电压暂降、短时中断和电压变化时使正在工作的血液透析设备不能工作、或设置的参数发生变化导致医疗事故；工频磁场的影响使婴儿培养箱中温度不准确，导致新生儿死亡等。如果以上例举的医用电气设备能符合 YY 0505 的抗扰度的要求，就被认为符合要求。

二、基本性能

除非识别出设备或系统的基本性能，否则设备或系统的所有功能都应考虑作为基本性能进行抗扰度试验［见 YY 0505—2012 中 36.202.1j）］，所谓的基本性能是指与基本安全不相关的临床功能的性能，其丧失或降低到超过制造商规定的限值会导致不可接受的风险。例如用于诊断的医用电气设备诊断信息的结果正确性,如果给出不正确的信息会导致不适宜的治疗方法,给患者带来不可接受的风险。重症监护或手术室监护系统中报警系统的正确运作,若不正确/缺失报警信号,则会导致医护人员不正确的响应,给患者带来不可接受的风险。

基本性能应在随机文件中说明,通过检查随机文件来检验是否符合要求,如果没有进行识别,那么设备或系统的所有功能的性能就应该通过 YY0505—2012 中 36.202 规定的试验来检验是否符合要求。

三、医用电气设备

医用电气设备应该满足 YY 0505 的要求,这里的医用电气设备是指与某一专门供电网有不多于一个的连接,对在医疗监督下的患者进行诊断、治疗或监护,与患者有身体的或电气的接触,和(或)向患者传送或从患者取得能量、和(或)检测这些所传送或取得的能量的电气设备。如果满足 YY 0505 要求,即认为符合要求。

四、非医用电气设备

作为系统的一部分提供的非医用电气设备,如果能证明满足以下条件,可免于 YY 0505 要求的电磁兼容性试验。

(1)非医用电气设备符合适用的国家或国际电磁兼容性标准。

(2)证实非医用电气设备的发射和抗扰度不会对系统的基本性能和安全产生不利的影响。

(3)证实非医用电气设备不会导致系统的发射超过适用的限值。

例如一个心电监护系统,其中包括医用电气设备为心电采集放大器,非医用电气设备为电脑。

若非医用电气设备电脑不符合适用的国家或国际电磁兼容性标准,例如电脑不满足 GB 9254 等国家标准或国际标准则不能免于 YY 0505 电磁兼容性试验;若非医用电气设备电脑符合适用的国家或国际电磁兼容性标准,但是它的发射或抗扰度对系统的基本性能或安全产生不利的影响,例如电脑的抗扰度或产生的电磁骚扰使所采集患者的心电波形失真、基线不稳定等因素给出了不正确的诊断信息,导致医护人员采取不正确的治疗方法,给患者带来风险,或对系统的安全产生不利的影响,则不能免于 YY 0505 电磁兼容性试验要求;若非医用电气设备电脑符合适用的国家或国际电磁兼容性标准,并且电脑的发射和抗扰度都不会影响心电监护系统的基本性能,而且非医用电气设备电脑的发射不会使整个系统超出 YY 0505—2012 中 36.201 所规定发射适用的限值,那么就可免于 YY 0505电磁兼容性的要求(见图 2-3)。

五、通用试验状态

电磁兼容性测试规定在正常状态下进行,而不是在单一故障状态下进行。例如一些

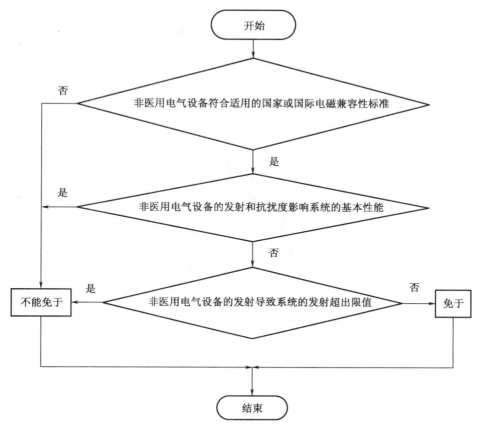

图2-3 系统内的非医用电气设备是否免于本标准电磁兼容性试验要求的判定流程图

设备的电磁兼容技术采用金属屏蔽并连接大地,这种屏蔽可以是电场屏蔽、静磁屏蔽和电磁场屏蔽等,屏蔽必须有良好的接地,否则就起不到屏蔽的作用;如果模拟电磁干扰滤波器中元件的故障,那么抗扰的一些试验就很难达到 YY 0505 的要求。

对于电磁兼容性试验,通用标准中关于单一故障状态的要求不适用。

第四节 识别、标记和文件要求

一、设备或设备部件的外部标记

(一)包含 RF 发射器或利用 RF 电磁能诊断或治疗的设备或设备部件的外部标记

包含 RF 发射器的设备和系统或要利用 RF 电磁能诊断或治疗的设备和系统,应当标记下列非电离辐射符号(GB/T 5465.2 - 5140):

（二）使用规定的免于试验的连接器的设备或设备部件的外部标记

对于设备和系统,如果使用 YY 0505—2012 中 36.202.2 b）3）规定的免于试验的连接器,则必须用下列表示静电放电（ESD）敏感性的符号标记,且标记应靠近每个免于试验的连接器（GB/T 5465.2 – 5134）：

（三）规定仅用于屏蔽场所的设备和系统的外部标记

规定仅用于屏蔽场所的设备和系统,应当标记警示标识,以告示其仅用于指定类型的屏蔽场所。

如警示:某型 MRI 系统应仅在所规定的屏蔽场所内使用。

二、使用说明书

使用说明书应至少包括下列信息：

（1）医用电气设备需要有关电磁兼容的专门提示,以及需要有根据随机文件提供电磁兼容信息进行安装和使用的说明。

（2）便携式和移动式 RF 通信设备可能影响医用电气设备的说明。

（3）对于使用规定的免于试验的连接器的设备和系统,使用说明书应包括下列信息：

1）再现 ESD 警示符号（GB/T 5465.2 – 5134,如 YY 0505—2012 中 6.1.201.2 所示 ESD 敏感性的符号）；

2）警示:不应当接触标有 ESD 警示符号的连接器的插针,并且除非使用 ESD 预防措施,否则不应该与这些连接器形成连接；

3）有关 ESD 预防措施的规定；

4）建议对各有关员工进行接受 ESD 警示符号的解释和 ESD 预防措施的培训；

5）有关 ESD 预防措施培训基本内容的规定。

（4）对于没有手动灵敏度调节和制造商规定了患者生理信号最小幅值或最小值的设备和系统,使用说明书应包括下列信息：

1）患者生理信号的最小幅值或最小值；

2）警示：设备或系统以低于上述最小幅值或最小值运行可能导致不准确后果。

（5）如果 A 型专用设备或系统预期在家用设施中使用或连接到公共电网，使用说明书还应包括以下警示或等同说明：

1）警示：本设备/系统预期仅由专业医护人员使用。设备/系统可能导致无线电干扰或扰乱附近设备的运行。可能有必要采取缓解措施，比如重新调整［设备或系统］的方向、位置或屏蔽相应场地。

2）［设备或系统］应由设备或系统的型号或类别代替。

三、技术说明书

（一）对于所有设备和系统，随机文件包括的信息

随机文件应至少包括下列信息：

（1）列出设备或系统的制造商声明符合 YY 0505—2012 中 36.201 和 36.202 要求的所有电缆、电缆的最大长度（若适用）、换能器及其他附件。不影响符合这些条款要求的附件不需列出。既可对附件、换能器和电缆作一般的规定（如屏蔽串行电缆、负载阻抗），也可对它们作特殊的规定（如制造商、型号或部件号）。

注：由设备或系统的制造商作为内部元器件的备件出售的换能器和电缆不必列出。

（2）警示：除设备或系统的制造商作为内部元器件的备件出售的换能器和电缆外，使用规定外的附件、换能器和电缆可能导致设备或系统发射的增加或抗扰的降低。

（3）按照 YY 0505—2012 中图 201 的流程逐项填写表 201。

（4）警示：设备或系统不应与其他设备接近或叠放使用，如果必须接近或叠放使用，则应观察验证在其使用的配置下能正常运行。

注：设备或系统的制造商可提供该设备或系统已经过接近或叠放试验和允许接近或叠放使用的设备的说明或清单。

（5）对抗扰度试验低于 IEC 60601 试验电平的每个符合电平应说明理由，这些理由应仅基于物理方面、技术方面或生理方面等阻碍其符合 IEC 60601 试验电平的限制。

（6）按 YY 0505—2012 中图 203 的流程逐项填写表 202。

（7）确定为基本性能的功能。

（二）适用于未规定仅在屏蔽场所使用的设备和系统的要求

填写 YY 0505—2012 中表 203 和表 205 或表 204 和表 206。表 203 和表 205 适用于生命支持设备和系统，表 204 和表 206 适用于非生命支持设备和系统。按照 YY 0505—2012 中图 204 的流程逐项填写表 203 和表 205，按照 YY 0505—2012 中图 205 的流程逐项填写表 204 和表 206。

（三）适用于规定仅在屏蔽场所使用的设备和系统的要求

对于规定仅在屏蔽场所使用的设备和系统,随机文件应包含下列信息:

1. 警示:设备或系统应仅在所规定的屏蔽场所内使用。

2. 如果使用 YY 0505—2012 中 36.201.1a)4)中规定的放宽的电磁辐射骚扰限值或电源端骚扰电压限值,那么:

（1）在 YY 0505—2012 中表 201 的第 4、5、6、12、13 行第 2 列中的类后或下面应添加下列内容:[设备或系统]与屏蔽场所相结合,其中,[设备或系统]应由设备或系统的型号或类别代替。

（2）添加下列内容在 YY 0505—2012 中表 201 第 3 列 GB 4824、GB 17625.1 和 GB 17625.2行的合并单元中内容的开头部分。

[设备或系统]必须仅在一定规格的屏蔽场所使用,该场所具有的最低射频屏蔽效能,以及从场所引出的每根电缆的最小射频滤波衰减,都不得低于[屏蔽效能/滤波衰减的技术要求]。其中,[设备或系统]应由设备或系统的型号或类别代替,[屏蔽效能/滤波衰减的技术要求]应由最低射频屏蔽效能和最小射频滤波衰减的技术要求代替,最低射频屏蔽效能和最小射频滤波衰减的技术要求应满足下列要求:

● 所规定的射频屏蔽效能和射频滤波衰减应以 dB 表示,应四舍五入取整数并且至少 20dB;

● 射频屏蔽效能和射频滤波衰减的技术要求应包括射频屏蔽效能和射频滤波衰减适用的频率范围,且该频率范围应至少有十倍频的宽度;

● 在规定的每个频率范围内,最小射频滤波衰减的规定值应同最低射频屏蔽效能的规定值一致;

● 作为本标准的目的,在未规定最低射频屏蔽效能和最小射频滤波衰减或被规定小于 20dB 的频率范围内,射频屏蔽效能和射频滤波衰减应假设为 0dB。

（3）添加下列内容以替代在表 201 第 3 列 GB 4824、GB 17625.1 和 GB 17625.2 行的合并单元中的"[设备或系统]适于":"[设备或系统]安装在这样的屏蔽场所时,适于"。其中,[设备或系统]应由设备或系统的型号或类别代替。

（4）下列注释添加在表 201 的底部:

注:必须验证屏蔽场所的实际射频屏蔽效能和射频滤波衰减以确保其满足或超过规定的最小值。

3. 应制定与设备或系统安装在同一屏蔽场所内的其他设备的发射技术要求、允许的规定设备清单或禁止的设备型号清单[见 YY 0505—2012 中 36.202.3 a)3)和 36.202.6 a)3)],并建议将包含上述信息的提示张贴在屏蔽场所入口处。

4. 填写表 207 或表 208。表 207 适用于生命支持设备和系统,表 208 适用于非生命支持设备和系统。其中,[设备或系统]应由设备或系统的型号或类别代替。

(四)适用于有意应用射频能量进行诊断或治疗的设备和系统的要求

随机文件应包括避免或识别和解决因使用该设备或系统而对其他设备所产生的有害电磁影响的指南。

(五)适用于为其工作目的而有意接收射频能量的设备和系统的要求

随机文件应包括下列信息:

1. 每个接收频率或频带、优选频率或频带,如果适用,以及在这些频段内设备或系统的接收部分的带宽;

2. 警示:即使其他设备符合相应的国家标准的发射要求,设备或系统仍可能被其他设备干扰。

(六)适用于包含射频发射机的设备和系统的要求

随机文件应包括每个发射频率或频带、调制类型和频率特性以及有效辐射功率。

(七)适用于能影响符合 YY 0505—2012 中 36.201 和 36.202 要求的电缆、换能器和其他附件的要求

随机文件应包括下列信息:

1. 列出带有可能使用的附件、换能器或电缆的所有设备和系统,并由这些附件、换能器或电缆的制造商声明,当使用这些附件、换能器或电缆与设备和系统时符合 YY 0505—2012 中 36.201 和 36.202 的要求。有关资料应是明确的(例如制造商和型号或类别);

2. 警示:对规定外的附件、换能器或电缆与设备和系统一起使用,可能导致设备或系统发射的增加或抗扰度的降低。

(八)适用于大型永久安装设备和系统的要求

对于使用 YY 0505—2012 中 36.202.3 b) 9) 规定豁免的大型永久安装设备和系统,随机文件应包括下列信息:

1. 说明:已经使用豁免,并且该设备或系统未在 80MHz ~ 2.5GHz 整个频率范围进行射频辐射抗扰度试验;

2. 警示:设备或系统仅在选择的频率上进行了射频辐射抗扰度试验;

3. 列出用作射频试验源的发射机或设备以及各源的频率和调制特性。

(九)适用于没有基本性能的设备和系统的要求

1. 对于不具有基本性能,并且未进行抗扰度试验或抗扰度符合性准则认为允许所有性能降低的设备和系统,随机文件应包括设备或系统未进行电磁骚扰抗扰度试验的

说明,以代替 YY 0505—2012 中 6.8.3.201 a)5)和 6)、b)、c)3)和 4)及 h)所规定的信息。

2．对于不具有基本性能、并对其功能进行了抗扰度试验,以及抗扰度符合性准则认为适用于所有性能降低的设备和系统,随机文件应包括由 YY 0505—2012 中 6.8.3.201 a)~h)所规定的适合于设备或系统的信息。

(十) 适用于 A 型专用设备和系统的要求

对于预期在家用设施中使用或连接到公共电网的 A 型专用设备和系统 [见 YY 0505—2012 中 36.201.1 a)6)],随机文件应包括设备或系统基频的第三次谐波不满足 GB 4824 2 组 B 类电磁辐射骚扰限值的理由。理由应基于影响符合性的重要物理方面、技术方面或生理方面的限制。随机文件还应包括设备和系统需要在家用设施中使用和连接到公共电网的理由。

通过检查来检验是否符合要求。

(十一) 填表实例

1. 生命支持设备填表举例——某型呼吸机

填表举例见表 2 - 1、表 2 - 2、表 2 - 3 和表 2 - 4。

表 2 - 1　YY 0505—2012 中表 201 的实例——某型呼吸机

指南和制造商的声明——电磁发射		
某型呼吸机预期使用在下列规定的电磁环境下,某型呼吸机的购买者或使用者应该保证它在这样的电磁环境下使用:		
发射试验	符合性	电磁环境——指南
射频发射 GB 4824	1 组	某型呼吸机仅为其内部功能而使用射频能量。因此,它的射频发射很低,并且对附近电子设备产生干扰的可能性很小
射频发射 GB 4824	B 类	
谐波发射 GB 17625.1	A 类	某型呼吸机适于在所有的设施中使用,包括家用设施和直接连接到家用住宅公共低压供电网
电压波动/闪烁发射 GB 17625.2	符合	

表 2-2 YY 0505—2012 中表 202 的实例——某型呼吸机

指南和制造商的声明——电磁抗扰度			
某型呼吸机预期使用在下列规定的电磁环境中,某型呼吸机的购买者或使用者应该保证它在这种电磁环境下使用:			
抗扰度试验	IEC 60601 试验电平	符合电平	电磁环境——指南
静电放电 GB/T 17626.2	±6kV 接触放电 ±8kV 空气放电	±6kV 接触放电 ±8kV 空气放电	地面应该是木质、混凝土或瓷砖,如果地面用合成材料覆盖,则相对湿度应该至少30%
电快速瞬变脉冲群 GB/T 17626.4	±2kV 对电源线 ±1kV 对输入/输出线	±2kV 对电源线 —	网电源应具有典型的商业或医院环境中使用的质量
浪涌 GB/T 17626.5	±1kV 线对线 ±2kV 线对地	±1kV 线对线 ±2kV 线对地	网电源应具有典型的商业或医院环境中使用的质量
电源输入线上电压暂降、短时中断和电压变化 GB/T 17626.11	<5% U_T,持续 0.5 周期 (在 U_T 上,>95%的暂降) 40% U_T,持续 5 周期 (在 U_T 上,60%的暂降) 70% U_T,持续 25 周期 (在 U_T 上,30%的暂降) <5% U_T,持续 5s (在 U_T 上,>95%的暂降)	<5% U_T,持续 0.5 周期 (在 U_T 上,>95%的暂降) 40% U_T,持续 5 周期 (在 U_T 上,60%的暂降) 70% U_T,持续 25 周期 (在 U_T 上,30%的暂降) <5% U_T,持续 5s (在 U_T 上,>95%的暂降)	网电源应具有典型的商业或医院环境中使用的质量。如果某型呼吸机的用户在电源中断期间需要连续运行,则推荐某型呼吸机采用不间断电源或电池供电
工频磁场(50Hz/60Hz) GB/T 17626.8	3A/m	3A/m	工频磁场应具有在典型的商业或医院环境中典型场所的工频磁场水平特性
注:U_T 指施加试验电压前的交流网电压。			

表 2-3 YY 0505—2012 中表 203 的实例——某型呼吸机

指南和制造的声明——电磁抗扰度			
某型呼吸机预期在下列规定的电磁环境中使用,购买者或使用者应该保证它在这样的电磁环境中使用:			
抗扰度试验	IEC 60601 试验电平	符合电平	电磁环境——指南
射频传导 GB/T 17626.6	3V(有效值) 150kHz ~ 80MHz (除工科医频带[a]) 10V(有效值) 150kHz ~ 80MHz (工科医频带[a])	3V(有效值) 10V(有效值)	便携式和移动式射频通信设备不应比推荐的隔离距离更靠近某型呼吸机的任何部分使用,包括电缆。该距离由与发射机频率相应的公式计算。 推荐的隔离距离 $d = 1.2\sqrt{P}$ $d = 1.2\sqrt{P}$

射频辐射
GB/T 17626.3
	10V/m
	80MHz ~ 2.5GHz
		10V/m	$d = 1.2\sqrt{P}$ 80MHz ~ 800MHz
			$d = 2.3\sqrt{P}$ 800MHz ~ 2.5GHz
			式中:
			  P——根据发射机制造商提供的发射机最大额定输出功率,以瓦特(W)为单位;
			  d——推荐的隔离距离,以米(m)为单位[b]。
			  固定式射频发射机的场强通过对电磁场所的勘测[c]来确定,在每个频率范围[d]都应比符合电平低。
			  在标志下列符号的设备附近可能出现干扰。
			
			((●))

注1:在80MHz和800MHz频率上,采用较高频段的公式。			
注2:这些指南可能不适合所有的情况。电磁传播受建筑物、物体和人体的吸收和反射的影响。			

[a] 在150kHz和80MHz之间的工科医频带是指6.765MHz ~ 6.795MHz、13.553MHz ~ 13.567MHz、26.957MHz ~ 27.283MHz和40.66MHz ~ 40.70MHz。

[b] 在150kHz ~ 80MHz内的工科医频带及80MHz ~ 2.5GHz频率范围内的符合电平,是用来减少因移动式/便携式通信装置被偶然带入患者区域时引起干扰的可能性。为此,附加因子10/3用于计算在这些频率范围内发射机的推荐隔离距离。

[c] 固定式发射机,诸如:无线(蜂窝/无绳)电话和地面移动式无线电的基站、业余无线电、调幅和调频无线电广播以及电视广播等,其场强在理论上都不能准确预知。为评定固定式射频发射机的电磁环境,应该考虑电磁场所的勘测。如果测得某型呼吸机所处场所的场强高于上述适用的射频符合电平,则应观测某型呼吸机以验证其能正常运行。如果观测到不正常性能,则补充措施可能是必需的,比如重新调整某型呼吸机的方向或位置。

[d] 在150kHz ~ 80MHz整个频率范围,场强应低于3V/m。

表 2-4　YY 0505—2012 中表 205 的实例——某型呼吸机

便携式及移动式射频通信设备和 A 型呼吸机之间的推荐隔离距离				
某型呼吸机预期在辐射射频骚扰受控的电磁环境中使用。依据通信设备最大额定输出功率,购买者或使用者可通过下面推荐的维持便携式及移动式射频通信设备(发射机)和某型呼吸机之间最小距离来防止电磁干扰				
发射机的最大额定输出功率(W)	对应发射机不同频率的隔离距离(m)			
	150kHz～880MHz(除工科医频带)$d = 1.2\sqrt{P}$	150kHz～880MHz(工科医频带)$d = 1.2\sqrt{P}$	80MHz～800MHz$d = 1.2\sqrt{P}$	800MHz～2.5GHz$d = 2.3\sqrt{P}$
0.01	0.12	0.12	0.12	0.23
0.1	0.38	0.38	0.38	0.73
1	1.2	1.2	1.2	2.3
10	3.8	3.8	3.8	7.3
100	12	12	12	23

对于上表未列出的发射机最大额定输出功率,推荐隔离距离 d,以米(m)为单位,可用相应发射机频率栏中的公式来确定,这里 P 是由发射机制造商提供的发射机最大额定输出功率,以瓦特(W)为单位。

注 1:在 80MHz 和 800MHz 频率点上,采用较高频段的公式。

注 2:在 150kHz 和 80MHz 之间的工科医频带是指 6.765MHz～6.795MHz、13.553MHz～13.567MHz、26.957MHz～27.283MHz 和 40.66MHz～40.70MHz。

注 3:附加因子 10/3 用于计算在 150kHz～80MHz 的工科医频带和 80MHz～2.5GHz 频率范围内的发射机的推荐隔离距离,以减少便携式/移动式通信设备被偶然带入患者区域时能引起干扰的可能性。

注 4:这些指南可能不适合所有的情况。电磁传播受建筑物、物体及人体的吸收和反射的影响。

2. 非生命支持设备填表举例——某型无影灯

填表举例见表 2-5、表 2-6、表 2-7 和表 2-8。

表 2-5　YY 0505—2012 中表 201 的实例——某型无影灯

指南和制造商的声明——电磁发射		
某型吊式手术无影灯预期使用在下列规定的电磁环境中,某型吊式手术无影灯的购买者或使用者应该保证它在这种电磁环境下使用:		
发射试验	符合性	电磁环境
射频发射GB 17743	符合	某型吊式手术无影灯不适合与其他设备互连
谐波发射GB 17625.1	A 类	某型吊式手术无影灯适于在所有的设施中使用,包括家用设施和直接连接到家用住宅公共低压供电网
电压波动/闪烁发射GB 17625.2	符合	

表 2 – 6 YY 0505—2012 中表 202 的实例——某型无影灯

指南和制造商的声明——电磁抗扰度			
某型吊式手术无影灯预期使用在下列规定的电磁环境中,某型吊式手术无影灯的购买者或使用者应该保证它在这种电磁环境下使用:			
抗扰度试验	IEC 60601 试验电平	符合电平	电磁环境
静电放电 GB/T 17626.2	±6kV 接触放电 ±8kV 空气放电	±6kV 接触放电 ±8kV 空气放电	地面应该是木质、混凝土或瓷砖,如果地面用合成材料覆盖,则相对湿度应该至少 30%
电快速瞬变脉冲群 GB/T 17626.4	±2kV 对电源线 ±1kV 对输入/输出线	±2kV 对电源线 —	网电源应具有典型的商业或医院环境中使用的质量
浪涌 GB/T 17626.5	±1kV 线对线 ±2kV 线对地	±1kV 线对线 ±2kV 线对地	网电源应具有典型的商业或医院环境中使用的质量
电源输入线上电压暂降、短时中断和电压变化 GB/T 17626.11	$<5\% U_T$,持续 0.5 周期 (在 U_T 上,$>95\%$ 的暂降) $40\% U_T$,持续 5 周期 (在 U_T 上,60% 的暂降) $70\% U_T$,持续 25 周期 (在 U_T 上,30% 的暂降) $<5\% U_T$,持续 5s (在 U_T 上,$>95\%$ 的暂降)	$<5\% U_T$,持续 0.5 周期 (在 U_T 上,$>95\%$ 的暂降) $40\% U_T$,持续 5 周期 (在 U_T 上,60% 的暂降) $70\% U_T$,持续 25 周期 (在 U_T 上,30% 的暂降) $<5\% U_T$,持续 5s (在 U_T 上,$>95\%$ 的暂降)	网电源应具有典型的商业或医院环境中使用的质量。如果某型吊式手术无影灯的用户在电源中断期间需要连续运行,则推荐采用不间断电源
工频磁场 (50Hz/60Hz) GB/T 17626.8	3A/m	3A/m	工频磁场应具有在典型的商业或医院环境中典型场所的工频磁场水平特性
注:U_T 指施加试验电压前的交流网电压。			

表 2 – 7 YY 0505—2012 中表 204 的实例——某型无影灯

指南和制造商的声明——电磁抗扰度			
某型吊式手术无影灯预期使用在下列规定的电磁环境中,某型吊式手术无影灯的购买者或使用者应该保证它在这种电磁环境下使用:			
抗扰度试验	IEC 60601 试验电平	符合电平	电磁环境
			便携式和移动式射频通信设备不应比推荐的隔离距离更靠近某型吊式手术无影灯的任何部分使用包括电缆,该距离的计算应使用与发射机频率相应的公式。 推荐的隔离距离

表 2-7(续)

指南和制造商的声明——电磁抗扰度

某型吊式手术无影灯预期使用在下列规定的电磁环境中,某型吊式手术无影灯的购买者或使用者应该保证它在这种电磁环境下使用:

抗扰度试验	IEC 60601 试验电平	符合电平	电磁环境
传导射频 GB/T 17626.6	3V(有效值) 150kHz～80MHz	3V(有效值)	$d=1.2\sqrt{P}$
辐射射频 GB/T 17626.3	3V/m 80MHz～2.5GHz	3V/m	$d=1.2\sqrt{P}$　80MHz～800MHz $d=2.3\sqrt{P}$　800MHz～2.5GHz 式中: 　　P——根据发射机制造商提供的发射机最大额定输出功率,以瓦特(W)为单位; 　　d——推荐的隔离距离,以米(m)为单位。 　　固定式射频发射机的场强通过对电磁场所勘测[a]来确定,在每个频率范围[b]都应比符合电平低。 　　在标记下列符号的设备附近可能出现干扰。

注 1:在 80MHz 和 800MHz 频率上,采用较高频段的公式。

注 2:这些指南可能不适合所有的情况,电磁传播受建筑物、物体及人体的吸收和反射的影响。

[a]　固定式发射机,诸如:无线(蜂窝/无绳)电话和地面移动式无线电的基站、业余无线电、调幅和调频无线电广播以及电视广播等,其场强在理论上都不能准确预知。为评定固定式射频发射机的电磁环境,应该考虑电磁场所的勘测。如果测得 B 型吊式手术无影灯所处场所的场强高于上述适用的射频符合电平,则应观测某型吊式手术无影灯以验证其能正常运行。如果观测到不正常性能,则补充措施可能是必需的,如重新对某型吊式手术无影灯定向或定位。

[b]　在 150kHz～80MHz 整个频率范围,场强应该低于 3V/m。

表 2 – 8 YY 0505—2012 中表 206 的实例——某型无影灯

便携式及移动式射频通信设备和 B 型吊式手术无影灯之间的推荐隔离距离			
某型吊式手术无影灯预期在射频辐射骚扰受控的电磁环境中使用。依据通信设备最大额定输出功率,某型吊式手术无影灯的购买者或使用者可通过下面推荐的维持便携式及移动式射频通信设备(发射机)和某型吊式手术无影灯之间最小距离来防止电磁干扰			
发射机的最大额定输出功率 W	对应发射机不同频率的隔离距离/m		
	150 kHz ~ 80 MHz $d = 1.2 \sqrt{P}$	80 MHz ~ 800 MHz $d = 1.2 \sqrt{P}$	800 MHz ~ 2.5 GHz $d = 2.3 \sqrt{P}$
0.01	0.12	0.12	0.23
0.1	0.38	0.38	0.73
1	1.2	1.2	2.3
10	3.8	3.8	7.3
100	12	12	23
对于上表未列出的发射机最大额定输出功率,推荐隔离距离 d,以米(m)为单位,可用相应发射机频率栏中的公式来确定,这里 P 是由发射机制造商提供的发射机最大额定输出功率,以瓦特(W)为单位。 注 1:在 80 MHz 和 800 MHz 频率上,采用较高频段的公式。 注 2:这些指南可能不适合所有的情况,电磁传播受建筑物、物体及人体的吸收和反射的影响。			

3. 仅用于屏蔽场所的非生命支持设备和系统填表举例——某型 MRI 系统

填表举例见表 2 – 9、表 2 – 10 和表 2 – 11。

表 2 – 9 YY 0505—2012 中表 201 的实例——某型 MRI 系统

指南和制造商的声明——电磁发射		
某型 MRI 系统预期在下列规定的电磁环境中使用,购买者或使用者应保证它在这种电磁环境中使用:		
发射试验	符合性	电磁环境——指南
射频发射 GB 4824	2 组	某型 MRI 系统为了完成其预期功能必须发射电磁能。附近的电子设备可能受影响
射频发射 GB 4824	A 类	某型 MRI 系统适于在非家用和与家用住宅公共低压供电网不直接连接的所有设施中使用
谐波发射 GB 17625.1	不适用	
电压波动/闪烁发射 GB 17625.2	不适用	

表 2-10 YY 0505—2012 中表 202 的实例——某型 MRI 系统

指南和制造商的声明——电磁抗扰度			
某型 MRI 系统预期在下列规定的电磁环境中使用,购买者或使用者应该保证它在这种电磁环境中使用:			
抗扰度试验	IEC 60601 试验电平	符合电平	电磁环境——指南
静电放电 GB/T 17626.2	±6kV 接触放电 ±8kV 空气放电	±6kV 接触放电 ±8kV 空气放电	地面应该是木质、混凝土或瓷砖,如果地面用合成材料覆盖,则相对湿度应该至少30%
电快速瞬变脉冲群 GB/T 17626.4	±2kV 对电源线 ±1kV 对输入/输出线	±2kV 对电源线 ±1kV 对输入/输出线	网电源应具有典型的商业或医院环境中使用的质量
浪涌 GB/T 17626.5	±1kV 线对线 ±2kV 线对地	±1kV 线对线 ±2kV 线对地	网电源应具有典型的商业或医院环境中使用的质量
电源输入线上电压暂降、短时中断和电压变化 GB/T 17626.11	$<5\% U_T$,持续 0.5 周期 (在 U_T 上,$>95\%$ 的暂降) $40\% U_T$,持续 5 周期 (在 U_T 上,60% 的暂降) $70\% U_T$,持续 25 周期 (在 U_T 上,30% 的暂降) $<5\% U_T$,持续 5s (在 U_T 上,$>95\%$ 的暂降)	$<5\% U_T$,持续 0.5 周期 (在 U_T 上,$>95\%$ 的暂降) $40\% U_T$,持续 5 周期 (在 U_T 上,60% 的暂降) $70\% U_T$,持续 25 周期 (在 U_T 上,30% 的暂降) $<5\% U_T$,持续 5s (在 U_T 上,$>95\%$ 的暂降)	网电源应具有典型的商业或医院环境中使用的质量。如果某型 MRI 系统的用户在电源中断期间需要连续运行,则推荐某型 MRI 系统采用不间断电源或电池供电
工频磁场(50Hz/60Hz) GB/T 17626.8	3A/m	3A/m	工频磁场应具有在典型的商业或医院环境中典型场所的工频磁场水平特性
注:U_T 指施加试验电压前的交流网电压。			

表 2-11 YY 0505—2012 中表 208 的实例——某型 MRI 系统

指南和制造商声明——电磁抗扰度			
某型 MRI 系统适合在下列规定的电磁环境中使用,购买者或使用者应保证它在这种电磁环境中使用:			
抗扰度试验	IEC 60601 试验电平	符合电平	电磁环境——指南
射频传导 GB/T 17626.6	3V(有效值) 150kHz～80MHz	3V(有效值) 150kHz～10MHz 0.3mV(有效值) 10MHz～20MHz 0.03mV(有效值) 20MHz～80MHz	某型 MRI 系统必须在一定规格的屏蔽场所使用,该场所具有的最低射频屏蔽效能,以及从场所引出的各电缆具有最小射频滤波衰减,都不得低于 10MHz～20MHz 频段为 80dB,20MHz～80MHz 频段为 100dB,而 80MHz～100MHz 频段为 80dB。见使用说明书第 × 页。

表 2 - 11（续）

指南和制造商声明——电磁抗扰度			
某型 MRI 系统适合在下列规定的电磁环境中使用,购买者或使用者应保证它在这种电磁环境中使用:			
抗扰度试验	IEC 60601 试验电平	符合电平	电磁环境——指南
射频辐射 GB/T 17626.3	3V/m 80MHz ~ 2.5GHz	0.3mV/m 80MHz ~ 100MHz 3V/m 100MHz ~ 2.5GHz	在屏蔽场所外部来自固定式射频发射机产生的场强,由电磁场所勘测确定,应小于 3V/m。[a] 在标记下列符号的设备附近可能出现干扰。

注 1:这些指南可能不适合所有的情况,电磁传播受建筑物、物体及人体的吸收和反射的影响。

注 2:必须验证并确保屏蔽场所的实际屏蔽效能和滤波衰减满足规定的最小值。

[a]　固定式发射机,诸如:无线(蜂窝/无绳)电话和地面移动式无线电的基站、业余无线电、调幅和调频无线电广播以及电视广播等,其场强在理论上都不能准确预知。为评定固定式射频发射机的电磁环境,应该考虑电磁场所的勘测。如果测得某型 MRI 系统所使用的屏蔽场所外的场强超过 3V/m,应观测某型 MRI 系统以验证其能正常运行。如果观测到不正常性能,则补充措施可能是必需的,如重新调整某型 MRI 系统的方向或使用具有较高的射频屏蔽效能和滤波衰减的屏蔽场所。

第五节　试验要求

一、概述

医用电气设备的电磁兼容测试内容包括发射和抗扰度两部分,如图 2 - 4 所示。发射是指医用电气设备对周围环境的电磁骚扰,测试项目包括辐射发射、传导发射、谐波失真、电压的波动和闪烁等。抗扰度的测试项目包括静电放电抗扰度、辐射电磁场抗扰度、电快速瞬变/脉冲群抗扰度、浪涌抗扰度、传导骚扰抗扰度、工频磁场抗扰度以及电压暂降、短时中断和电压变化抗扰度等。

二、发射试验

根据 YY 0505 的要求,发射试验涉及无线电业务的保护试验和公共电网的保护试验,包括辐射发射、传导发射、骚扰功率、谐波失真、电压的波动和闪烁等电磁发射试验项目,该项目的试验要求及方法根据产品不同,依据不同的试验标准。

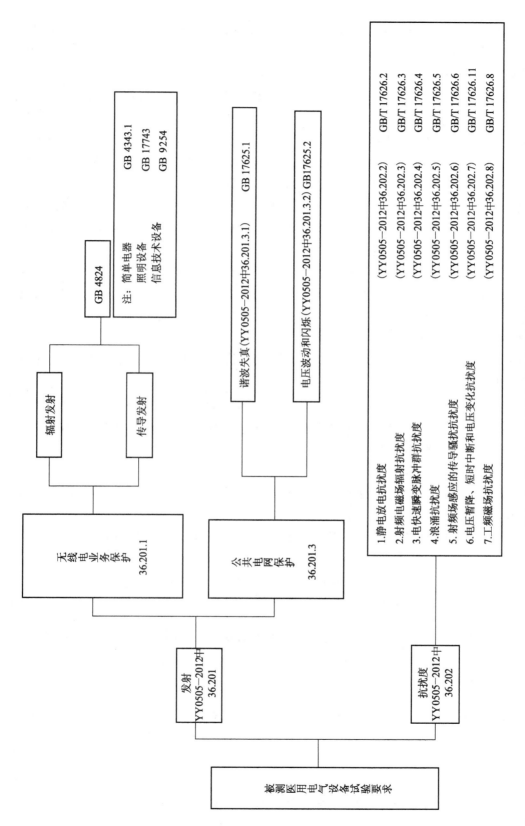

图 2-4 医用电气设备的电磁兼容测试内容

除以下(1)至(3)条规定的设备和系统外,其他设备和系统均应遵照 YY 0505 附录 C 的分类指南,按照 GB 4824 根据制造商规定的预期用途分成 1 组或 2 组和 A 类或 B 类。设备和系统应根据其分类符合 GB 4824 的相关要求。

(1) 对于只包括如电动机和开关一类简单电气器件,以及不使用任何产生或使用 9kHz 以上频率的电子电路(如一些牙钻机、呼吸机和手术台)的医用电气设备,可依据 GB 4343.1 来分类。然而,依据 GB 4343.1 分类仅限于单机设备,不适用于系统或子系统。

(2) 用于医疗用途的照明设备(如 X 光片的照明设备、手术室的照明装置)可按 GB 17743 分类。然而,按 GB 17743 分类仅限于单机设备,不适用于系统或子系统。

(3) 与设备和系统连接的信息技术设备(ITE)可按 GB 9254 分类,但受下列限制: GB 9254 的 B 类设备可与 GB 4824 的 A 类或 B 类系统一起使用,但是 GB 9254 的 A 类设备仅可与 GB 4824 的 A 类系统一起使用。

对于每相额定输入电流小于等于 16A 且预期与公共电网连接的设备和系统,应符合 GB 17625.1 和 GB 17625.2 的要求。如果设备或系统既有长期又有瞬时电流额定值,则应使用两个额定值中较高者来确定是否适用 GB 17625.1 和 GB 17625.2。

发射试验的引用标准主要有以下标准:

(1) GB 4824—2004　工业、科学和医疗(ISM)射频设备电磁骚扰特性限值和测量方法(CISPR 11:2003,IDT)

(2) GB 9254—2008　信息技术设备的无线电骚扰限值和测量方法(CISPR 22:2006,IDT)

(3) GB 17625.1—2003　电磁兼容　限值　谐波电流发射限值(设备每相输入电流≤16A)(IEC 61000 - 3 - 2:2001,IDT)

(4) GB 17625.2—2007　电磁兼容　限值　对每相额定电流≤16A 且无条件接入的设备在公用低压供电系统中产生的电压变化、电压波动和闪烁的限制(IEC 61000 - 3 - 3:2005,IDT)

(5) GB 17743—2007　电气照明和类似设备的无线电骚扰特性的限值和测量方法(CISPR 15:2005,IDT)

(6) GB 4343.1—2009　家用电器、电动工具和类似器具的电磁兼容要求　第 1 部分:发射(CISPR 14 - 1:2005,IDT)

(一) GB 4824—2004《工业、科学和医疗(ISM)射频设备　电磁骚扰特性　限值和测量方法》

1. 适用范围

依据 YY 0505 的要求,GB 4824 适用于除简单电气器件、用于医疗用途的照明设备以及与设备和系统连接的信息技术设备外的其他医用电气设备和系统。

2. 工科医设备使用的频率

我国指配给工科医设备作为基波频率使用的频率,详见表 2 - 12。

表 2－12　工科医设备使用的基波频率

中心频率 MHz	频率范围 MHz	最大辐射限值[a]	对 ITU 无线电规则的指配频率表作出的脚注编号
6.780	6.765～6.795	考虑中	S5.138
13.560	13.553～13.567	不受限制	S5.150
27.120	26.957～27.283	不受限制	S5.150
40.680	40.66～40.70	不受限制	S5.150
2 450	2 400～2 500	不受限制	S5.150
5 800	5 725～5 875	不受限制	S5.150
24 125	24000～24 250	不受限制	S5.150
61 250	61000～61500	考虑中	S5.150
122 500	122 000～123 000	考虑中	S5.138
245 000	244 000～246 000	考虑中	S5.138

[a]"不受限制"适用于指配频段内的基波和所有其他频率分量。

3. 设备的分组和分类

（1）设备的分组

从设备产生和使用射频能量的方式来分,可分为 1 组设备和 2 组设备。

1 组设备为发挥其自身功能的需要而有意产生和（或）使用传导耦合射频能量的所有工科医设备。

大多数设备和系统属于 1 组,如:

① 心电图和心磁图设备和系统;

② 脑电图和脑磁图设备和系统;

③ 肌电图和肌磁图设备和系统。

1 组还包括预期以非射频电磁形式传递能量给患者的设备和系统,例如:

① 医疗成像设备和系统

- X 射线诊断系统,用于一般用途的 X 射线摄影和荧光透视（包括 X 射线电影摄影检查术）,但也有一些特殊用途如血管造影、乳腺 X 射线摄影、治疗计划和牙医术等;

- 计算机体层摄影系统（CT 系统）;

- 核医学系统;

- 超声诊断设备。

② 治疗设备和系统

- X 射线治疗系统;

- 牙科设备;

- 电子束加速器;

- 超声治疗设备；

- 体外碎石设备；

- 输液泵；

- 辐射保暖台；

- 婴儿培养箱；

- 呼吸机。

③ 监视设备和系统

- 阻抗体积描记监视器；

- 脉搏血氧计。

2 组设备为材料处理、电火花腐蚀等功能的需要而有意产生和（或）使用电磁辐射射频能量的所有工科医设备。

只有少数设备属于 2 组，如：

① 医疗成像设备

磁共振成像系统。

② 治疗设备：

- 透热疗法设备（短波、超短波、微波治疗设备）；

- 高热治疗设备。

（2）设备的分类

从设备使用的场所来分，可分为 A 类设备和 B 类设备：

A 类设备为非家用和不直接连接到住宅低压供电网设施中使用的设备。

B 类设备为家用和直接连接到住宅低压供电网设施中使用的设备。

4. 试验要求及方法

电磁发射包括辐射发射（RE）和传导发射（CE）。辐射发射测试是测量受试设备（EUT）通过空间传播的骚扰辐射场强。传导发射测试是测量受试设备（EUT）通过电源线或信号线向外发射的骚扰电压和电流。

（1）传导发射（150kHz～30MHz）

1）试验原理

传导发射测试一般在屏蔽室内进行，测量时需要在电源和被测件（简称 EUT）之间插入一个人工电源网络（LISN 或 AMN），其原理如图 2－5 所示。

人工电源网络的作用是隔离电网和 EUT，使测得的骚扰电压仅是 EUT 发射的，不会有电网的骚扰混入；另一作用是为测量提供一个稳定的阻抗，因为电网的阻抗是不确定的，阻抗不同，EUT 的骚扰电压值也不同，所以要规定一个统一的阻抗，通常为 50Ω。

2）限值要求

传导发射测试是测试被测设备（EUT）通过电源线或信号线向外发射的电磁骚扰，根

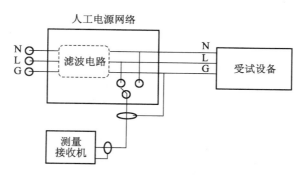

图 2 - 5　传导发射试验示意图

据 GB 4824 的要求,传导发射的测量频率范围为 150kHz ~ 30MHz,传导发射限值根据设备的分组和分类不同在 GB 4824 中有不同的规定,如 A 类设备的发射限值见表 2 - 13,B 类设备的发射限值见表 2 - 14。

表 2 - 13　在试验场测量时,A 类设备电源端子骚扰电压限值

A 类设备限值						
dBμV						
频段 MHz	1 组		2 组		2 组[a]	
	准峰值	平均值	准峰值	平均值	准峰值	平均值
0.15 ~ 0.5	79	66	100	90	130	120
0.50 ~ 5	73	60	86	76	125	115
5 ~ 30	73	60	90 ~ 70 随频率对数线性减小	80 ~ 60 随频率对数线性减小	115	105
注:应注意满足漏电流的要求。						
[a] 电流大于 100A/相,使用电压探头或适当的 V 型网络(LISN 或 AMN)。						

表 2 - 14　在试验场测量时,B 类设备电源端子骚扰电压限值

B 类设备限值		
dBμV		
频段 MHz	1 组和 2 组	
	准峰值	平均值
0.15 ~ 0.50	66 ~ 56 随频率的对数线性减小	56 ~ 46 随频率的对数线性减小
0.50 ~ 5	56	46
5 ~ 30	60	50
注:应注意满足漏电流的要求。		

注:对于诊断用 X 射线发生装置,因以间歇方式工作,其喀呖声限值为 GB 4824—2004 中表 2a 或表 2b 中的连续骚扰准峰值限值加 20dB。

3）试验设备

传导发射试验设备见表 2 – 15。

表 2 – 15 传导发射试验设备

序号	试验设备	备注
1	接收机	9kHz ~ 1GHz
2	线性阻抗稳定网络 LISN/人工电源网络 AMN	—
3	电压探头	—
4	脉冲限幅器	—
5	参考接地平板	—
6	模拟手	—

4）试验场地

屏蔽室。

5）试验方法

① 受试设备的布置

应在符合各种典型应用情况下测量受试设备,通过改变受试设备的试验布置来获得骚扰电平最大值。

对于由互连电缆连接的若干部件组成的设备或系统,互连电缆的型号和长度应该和单个设备技术要求中的规定一致。如果电缆长度可以改变,则在进行场强测量时应选择能产生最大辐射的长度。

如果试验中要采用屏蔽电缆或特种电缆,则应在使用说明书中明确规定。

进行电源端子骚扰电压测量时,电缆的超长部分应在接近其中点处将它捆成 0.3m ~ 0.4m 长度的线束。如果不能这样做,则应在试验报告中详细说明电缆多余长度的布置情况。

在有多个同类型接口的地方,如果增加电缆数量并不会明显影响测量结果,则只要用一根电缆接到该类接口之一即可。

任何一组测量结果都应附有电缆和设备位置的完整说明,以使这种测量结果能够重现。如果有使用条件,则应作出规定,编入使用说明书中以作备用。

假如某一设备能分别执行若干个功能,则该设备在执行每一功能时,都应进行试验。对于由若干不同类型设备组成的系统,每类设备中至少有一个应包括在评价中。

系统如包含若干个相同的设备,则只要评价其中一个设备。若最初评价符合要求,就不需要再作进一步的评价。

在评价与其他设备相联构成系统的设备时,可以用别的设备或模拟器来代表整个系统进行评价。对受试设备的这两种评价方法都应保证系统的其他部分或模拟器影响要满足 GB 4824—2004 中 6.1 对于环境噪声电平的规定。任何用以替代实际设备的模拟器应该能完全代表接口界面的电气和某些情况下的机械特性,特别是射频信号和射频阻抗,电缆布置及其型号。

在试验场测量时应尽可能使用 GB 4824—2004 中 6.2.2 规定的 V 形网络,并应使其最接近受试设备的表面与受试设备的边界之间的最短距离不小于 0.8m。

制造厂提供的电源软线,其长度应为 1m。如果超过 1m,超长部分的电缆应来回折叠成不超过 0.4m 长的线束。

试验场应提供额定电压的电源。

制造厂在安装使用说明书中对电源电缆作出规定时,则在受试设备和 V 形网络之间应该用 1m 长的规定型号的电缆连接。

为了安全目的需要接地时,接地线应接在 V 形网络的参考接地点上。当制造厂没有另外提供或规定连接时,接地线长度应为 1m,并与受试设备电源线平行敷设,其间距不大于 0.1m。

由制造厂规定或提供用作安全接地并连在同一端子上的其他(例如为 EMC 目的)接地线,也应接到 V 形网络的参考接地点。

如果受试系统由几个单元组成,且每个单元都具有自身电源线,V 形网络的连接点按下列规则确定:

a)端接标准电源插头(符合 GB 1002)的每根电源电缆都应分别测量;

b)需连接到系统中另一单元取得供电电源且制造厂未作规定的电源电缆或端子都应分别测量;

c)由制造厂规定须从系统中某一单元取得供电电源的电源电缆或端子都应接至该单元,而该单元的电源电缆或端子要接至 V 形网络;

d)规定特殊连接的场合,在评价受试设备时应使用实现连接所必需的硬件。

② 试验场测量方法

在试验场测量时应使用一个接地平面。受试设备与接地平面之间的关系要相当于实际使用状况,落地式受试设备放在接地平面上或用一块薄绝缘板隔开。便携式或其他非落地式受试设备应放在高出接地平面 0.8m 的非金属台上。端子骚扰电压测量要使用接地平面。

电源端子骚扰电压的测量可按下列规定进行:

a)在辐射试验场上测量时,受试设备应具有和辐射测量时相同的线路接线配置。

b)受试设备应处在比其边界周围至少扩展 0.5m、且最小尺寸为 2m × 2m 的金属接地平面的上方。

c)在屏蔽室内测量时,可用地面或屏蔽室的任意一壁作为接地平面。

当试验场具有金属接地平面时应选用 a)。对于 b)、c)两种情况下,非落地式受试设备应放在离接地平面 0.4m 高处。落地式受试设备应放在接地平面上,接触点应与接地平面绝缘但在其他方面应与正常使用时一致。所有受试设备离开其他金属表面的距离应大于 0.8m，V 形网络的参考接地端应使用尽量短的导线接至接地平面上，见图 2-6 所示。

电源电缆和信号电缆相对于接地平面的走线情况应与实际使用情况等效，并应十分小心地布置电缆，以免造成假响应效应。

当受试设备装有专门的接地端子时，应该用尽量短的导线接地。无接地端子时，设备应在正常连接方式下进行试验，即从电源上取得接地。

对于正常工作时无接地的手持式设备，应使用模拟手进行附加测量。

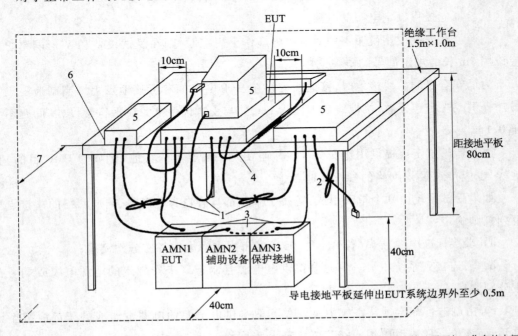

1—离接地平面不足 40 cm 的那些下垂的互连电缆应来回折叠成 30cm~40cm 长的线束，悬垂在接地平面与工作台的中间；
2—连接到外围设备的那些 I/O 电缆应在其中心处捆扎起来，电缆的末端可端接合适的阻抗，其总长度应不超过 1m；
3—EUT 连接到 AMN1。AMN 的测量端必须用 50Ω 端接。AMN 直接放置在水平接地平面上，距离垂直接地平面 40cm；
4—用手操作的装置，如键盘、鼠标等，其电缆应尽可能地接近主机放置；5—EUT 以外的受试组件；6—EUT 及其外围设备的后部都应排列成一排，并与工作台面的后部齐平；7—工作台面的后部应该与搭接到地面上的垂直接地平板相距 40 cm

图 2-6　传导发射试验布置图

（2）辐射发射（9kHz~18GHz）

在 9kHz~30MHz 频率段，测量骚扰的磁场强度，在 30MHz~18GHz 频率段，测量骚扰的电场强度。1GHz 以下使用开阔场地或半电波暗室，模拟半自由空间；1GHz 以上使用全电波暗室，模拟自由空间。

1）试验原理（30MHz~1GHz）

标准要求测试在开阔场地或半电波暗室内进行，场地必须符合 NSA（归一化场地衰减）的要求，受试设备放在一个具有规定高度、并可以旋转的 360°的转台上，以便在测量时寻 EUT 的最大骚扰辐射方向。接收天线的高度应该在 1m～4m(如测量距离为 3m 或 10m)内扫描,以搜索最大的辐射场强。

EUT 的辐射电磁波到达接收天线有两条路径,如图 2-7 所示:一条是直达波,另一条是通过地面的反射后到达接收天线的反射波。天线接收到的总场强为直达波和反射波的矢量和。接收天线在 1m～4m(如测量距离为 3m 或 10m)内扫描,以搜索接收最大的场强。接收到的场强由天线转换为电压,馈送至测量接收机进行测量。

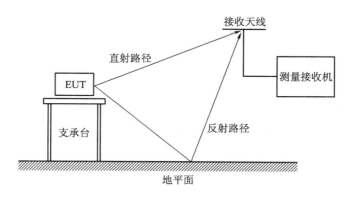

图 2-7　辐射发射试验示意图

2) 限值要求(9kHz～18GHz)

① 9kHz～150kHz 频段

9kHz～150kHz 频段内的辐射骚扰限值正在考虑中。

② 150kHz～1GHz 频段

在该频段,1 组、2 组、A 类、B 类的电磁辐射骚扰限值在 GB 4824 中均有规定,如 1 组 A 类和 B 类设备在 GB 4824—2004 的表 3 中规定,见表 2-16;2 组 B 类设备在 GB 4824—2004 的表 4 中规定,见表 2-18;2 组 A 类设备在 GB 4824—2004 的表 5a 中规定,见表 2-17。在某些情况下,2 组 A 类设备可在试验场 10m 和 30m 之间的距离测量,1 组或 2 组 B 类设备可在 3m 和 10m 之间的距离测量。在有争议的情况下,2 组 A 类设备应在 30m 距离测量,1 组或 2 组 B 类设备(以及 1 组 A 类设备)应在 10m 距离测量。

表 2-16　1 组设备电磁辐射骚扰限值

频段 MHz	在试验场		在现场
	1 组 A 类设备 测量距离 10m dB(μV/m)	1 组 B 类设备 测量距离 10m dB(μV/m)	1 组 A 类设备测量距离 30m (指距设备所在建筑物外墙的距离) dB(μV/m)
0.15～30	在考虑中	在考虑中	在考虑中
30～230	40	30	30
230～1000	47	37	37

注:准备永久安装在 X 射线屏蔽场所的 1 组 A 类和 B 类设备,在试验场进行测量,其电磁辐射骚扰限值允许增加 12dB。不满足表 2 - 16 限值的设备应标明"A 类 + 12"或"B 类 + 12"等记号,其安装说明书中应有下列警示:"警告:本设备仅可安装在对 30MHz ~ 1GHz 频率范围的无线电骚扰至少提供 12dB 衰减的防 X 射线室内"。

表 2 - 17　2 组 A 类设备电磁辐射骚扰限值

频段 MHz	限值(测量距离为 D)	
	D 指与所在建筑物外墙的距离 dB(μV/m)	在试验场,距受试设备的距离 D = 10m dB(μV/m)
0.15 ~ 0.49	75	95
0.49 ~ 1.705	65	85
1.705 ~ 2.194	70	90
2.194 ~ 3.95	65	85
3.95 ~ 20	50	70
20 ~ 30	40	60
30 ~ 47	48	68
47 ~ 53.91	30	50
53.91 ~ 54.56	30(40)[a]	50(60)[a]
54.56 ~ 68	30	50
68 ~ 80.872	43	63
80.872 ~ 81.848	58	78
81.848 ~ 87	43	63
87 ~ 134.786	40	60
134.786 ~ 136.414	50	70
136.414 ~ 156	40	60
156 ~ 174	54	74
174 ~ 188.7	30	50
188.7 ~ 190.979	40	60
190.979 ~ 230	30	50
230 ~ 400	40	60
400 ~ 470	43	63
470 ~ 1000	40	60
[a] 根据我国的情况,53.91MHz ~ 54.56MHz 频段内的限值分别采用 30dB(μV/m)和 50dB(μV/m)。		

表 2 – 18　在试验场测试时, 2 组 B 类设备电磁辐射骚扰限值

频段 MHz	电场强度, 测量距离 10m dB(μV/m)		磁场强度, 测量距离 10m
	准峰值	平均值	准峰值 dB(μA/m)
0.15 ~ 30	—	—	39 ~ 3 随频率对数线性减小
30 ~ 80.872	30	25	—
80.872 ~ 81.848	50	45	—
81.848 ~ 134.786	30	25	—
134.786 ~ 136.414	50	45	—
136.414 ~ 230	30	25	—
230 ~ 1000	37	32	—

注:平均值仅适用于磁控管驱动的设备。当磁控管驱动设备在某些频率超过准峰值限值时,应在这些频率点用平均值检波器进行重新测量,并采用本表中的平均值限值。

③ 1GHz ~ 18GHz 频段

1 组工科医(ISM)设备其限值在考虑中。

2 组工科医(ISM)设备 A 类设备其限值在考虑中。

B 类工作在 400MHz 以下的工科医(ISM)设备其限值在考虑中。

B 类工作在 400MHz 以上的工科医(ISM)设备,1GHz ~ 18GHz 频段内的电磁辐射骚扰限值在表 2 – 19 ~ 表 2 – 21 中规定;工科医设备应满足表 2 – 19 或表 2 – 20 及表 2 – 21 的限值。

表 2 – 19　工作频率在 400MHz 以上,产生连续骚扰的 2 组 B 类
工科医设备的电磁辐射骚扰峰值限值

频段 GHz	场强(测量距离 3m) dB(μV/m)
1 ~ 2.4	70
2.5 ~ 5.725	70
5.875 ~ 18	70

注 1:为了保护无线电业务,国家有关部门可能要求满足更低的限值。

注 2:峰值测量采用 1MHz 分辨率带宽和不小于 1MHz 的视频信号带宽。

表 2-20　工作频率在 400MHz 以上,产生波动连续骚扰的 2 组 B 类

工科医设备的电磁辐射骚扰峰值限值

频段 GHz	场强(测量距离 3m) dB(μV/m)
1 ~ 2.3	92
2.3 ~ 2.4	110
2.5 ~ 5.725	92
5.875 ~ 11.7	92
11.7 ~ 12.7	73
12.7 ~ 18	92

注 1:为了保护无线电业务,国家有关部门可能要求满足更低的限值。

注 2:峰值测量采用 1MHz 分辨率带宽和不小于 1MHz 的视频信号带宽。

注 3:本表限值已考虑到波动骚扰源,如磁控管驱动的微波炉。

表 2-21　工作频率在 400MHz 以上,2 组 B 类工科医设备的电磁辐射骚扰加权限值

频段 GHz	场强(测量距离 3m) dB(μV/m)
1 ~ 2.4	60
2.5 ~ 5.725	60
5.875 ~ 18	60

注 1:为了保护无线电业务,国家有关部门可能要求满足更低的限值。

注 2:加权测量采用 1MHz 分辨率带宽和 10Hz 的视频信号带宽。

注 3:为了检验本表限值,只需环绕 2 个中心频率进行测量:一个在 1005MHz ~ 2395MHz 频段的最大发射,另一
　　　个在 2505MHz ~ 17995MHz(在 5720MHz ~ 5880MHz 频段除外)频段的最大峰值发射。在这两个中心频率
　　　之内用频谱分析仪以 10MHz 间距进行测量。

3)试验设备

辐射发射试验设备见表 2-22。

表 2-22　辐射发射试验设备

序号	试验设备	备注
1	测量接收机	9kHz ~ 18GHz
2	频谱分析仪	1GHz ~ 18GHz
3	接收天线	9kHz ~ 18GHz

4)试验场地

① 半电波暗室;

② 全电波暗室;

③ 开阔场(OATS)。

5) 试验方法

① 受试设备的布置

应在符合各种典型应用情况下测量受试设备,通过改变受试设备的试验布置来获得骚扰电平最大值。

对于由互连电缆连接的若干部件组成的设备或系统,互连电缆的型号和长度应该和单个设备技术要求中的规定一致。如果电缆长度可以改变,则在进行场强测量时应选择能产生最大辐射的长度。

如果试验中要采用屏蔽电缆或特种电缆,则应在使用说明书中明确规定。

在有多个同类型接口的地方,如果增加电缆数量并不会明显影响测量结果,则只要用一根电缆接到该类接口之一即可。

任何一组测量结果都应附有电缆和设备位置的完整说明,以使这种测量结果能够重现。如果有使用条件,则应作出规定,编入使用说明书中以作备用。

假如某一设备能分别执行若干个功能,则该设备在执行每一功能时,都应进行试验。对于由若干不同类型设备组成的系统,每类设备中至少有一个应包括在评价中。

系统如包含若干个相同的设备,则只要评价其中一个设备。若最初评价符合要求,就不需要再作进一步的评价。

在评价与其他设备相联构成系统的设备时,可以用别的设备或模拟器来代表整个系统进行评价。对受试设备的这两种评价方法都应保证系统的其他部分或模拟器影响要满足 GB 4824—2004 中 6.1 对于环境噪声电平的规定。任何用以替代实际设备的模拟器应该能完全代表接口界面的电气和某些情况下的机械特性,特别是射频信号和射频阻抗,电缆布置及其型号。

制造厂提供的电源软线,其长度应为 1m。如果超过 1m,超长部分的电缆应来回折叠成不超过 0.4m 长的线束。

试验场应提供额定电压的电源。

② 试验场测量方法

在试验场测量时应使用一个接地平面。受试设备与接地平面之间的关系要相当于实际使用状况,落地式受试设备放在接地平面上或用一块薄绝缘板隔开。便携式或其他非落地式受试设备应放在高出接地平面 0.8m 的非金属台上。

辐射测量要使用接地平面,辐射试验场的要求符合 GB 4824—2004 中 7.2 的规定。

a) 辐射测量(9kHz ~ 1GHz)

天线和受试设备(EUT)之间的距离应符合标准 GB 4824 的规定。若因为环境噪声电平或其他原因而不能在规定的距离上进行场强测量,则可在更近的距离上测量。这时应在试验报告中记录该距离及测量情况。为了确定合格与否,应采用每 10 倍距离按 20dB

的反比因子将测量数据归一化到规定的距离上。在 3m 距离测量大试品要注意频率接近 30MHz 时近场效应的影响。

对于放置在转台上的受试设备,测量天线处在水平和垂直极化两种状态下,转台都应在所有角度上旋转。应在每个测量频率上记录其辐射骚扰的最高电平。

对于不放置在转台上的受试设备,在水平和垂直极化两种状态下,测量天线应放置在各个不同的方位角上。要注意应在最大辐射方向进行测量,并在每个测量频率上记录其辐射骚扰的最高电平。

b)辐射测量(1GHz～18GHz)

受试设备应放一个高度适当、并提供额定电压电源的转台上。应采用能分别测量辐射场的水平和垂直分量的小口径定向天线进行测量,天线中心离地高度和受试设备的近似辐射中心离地高度相同。接收天线和受试设备(EUT)间的距离为 3m。测量应在自由空间条件下进行,即地面的反射不影响测量数据。应将天线分别处在水平和垂直极化两种状态下进行测量,并使受试设备随转台旋转。应确保在切断受试设备电源时,背景噪声电平应比相应的限值至少低 10dB,否则读数可能会受到环境的很大影响。

③ 现场测量方法

不在辐射试验场测量的设备,可将设备在用户辖区内安装后进行测量,应在安装设备的建筑物的外墙外,以 GB 4824—2004 第 5 章规定的测量距离进行测量。应在实际可能的情况下选取尽量多的测量点,至少应在正交的四个方向上测量,还应在任何可能对无线电系统产生有害影响的方向上进行测量。

(二)GB 9254—2008《信息技术设备的无线电骚扰限值和测量方法》

1. 适用范围

依据 YY 0505 的要求,GB 9254 适用于与医用电气设备和系统连接的信息技术设备。

2. 设备的分类

从设备使用的场所来分,可分为 A 类设备和 B 类设备:

B 类设备是指满足 B 级骚扰限值的那类设备,它主要用于生活环境中,可包括不在固定场所使用的设备,例如由内置电池供电的便携式设备;通过电信网络供电的电信终端设备;个人计算机及相连的辅助设备。

A 类设备是指满足 A 级限值但不满足 B 级限值要求的那类设备。

GB 9254 的 B 类设备可与 GB 4824 的 A 类或 B 类系统一起使用,但是 GB 9254 的 A 类设备仅可与 GB 4824 的 A 类系统一起使用。

3. 试验要求及方法

（1）电源端子和电信端口传导骚扰（150kHz～30MHz）

1）试验原理

试验原理参见 GB 4824 的相关内容。

2）限值要求

① 电源端子传导骚扰限值

电源端子传导骚扰限值见表 2－23 和表 2－24。

表 2－23　A 级 ITE 电源端子传导骚扰限值

频段 MHz	限值 dBμV	
	准峰值	平均值
0.15～0.50	79	66
0.50～30	73	60

注：在过渡频率（0.50MHz）处应采用较低的限值。

表 2－24　B 级 ITE 电源端子传导骚扰限值

频段 MHz	限值 dBμV	
	准峰值	平均值
0.15～0.50	66～56	56～46
0.50～5	56	46
5～30	60	50

注1：在过渡频率（0.50MHz 和 5MHz）处应采用较低的限值。

注2：在 0.15MHz～0.50MHz 频率范围内，限值随频率的对数呈线性减小。

② 电信端口的传导骚扰限值

电信端口的传导骚扰限值见表 2－25 和表 2－26。

表 2－25　A 级电信端口传导共模（不对称）骚扰限值

频段 MHz	电压限值 dBμV		电流限值 dBμA	
	准峰值	平均值	准峰值	平均值
0.15～0.50	97～87	84～74	53～43	40～30
0.50～30	87	74	43	30

注1：在 0.15MHz～0.50MHz 频率范围内，限值随频率的对数呈线性减小。

注2：电流和电压的骚扰限值是在使用了规定阻抗的阻抗稳定网络（LISN）条件下导出的，该阻抗稳定网络对于受试的电信端口呈现 150Ω 的共模（不对称）阻抗（转换因子为 20lg150＝44dB）。

表 2 - 26　B 级电信端口传导共模（不对称）骚扰限值

频段	电压限值		电流限值	
MHz	dBμV		dBμA	
	准峰值	平均值	准峰值	平均值
0.15 ~ 0.50	84 ~ 74	74 ~ 64	40 ~ 30	30 ~ 20
0.50 ~ 30	74	64	30	20

注 1：在 0.15MHz ~ 0.50MHz 频率范围内，限值随频率的对数呈线性减小。

注 2：电流和电压的骚扰限值是在使用了规定阻抗的阻抗稳定网络（LISN）条件下导出的，该阻抗稳定网络对于
受试的电信端口呈现 150Ω 的共模（不对称）阻抗（转换因子为 20lg150 = 44dB）。

3）试验设备

GB 9254 传导发射试验设备见表 2 - 27。

表 2 - 27　GB 9254 传导发射试验设备

序号	试验设备	备注
1	接收机	9kHz ~ 1GHz
2	线性阻抗稳定网络 LISN/人工电源网络 AMN	—
3	脉冲限幅器	—
4	阻抗稳定网络（LISN）	—
5	电流探头	—

4）试验场地

屏蔽室。

5）试验方法

① 受试设备的布置

参见 GB 9254 中 8.2、8.3 和 8.4 的规定。

② 电源端子和电信端口传导骚扰测量方法

电源端子传导骚扰测量方法参见 GB 9254 中 9.5 的规定。

电信端口传导骚扰测量方法参见 GB 9254 中 9.6 的规定。

（2）辐射骚扰（30MHz ~ 6GHz）

在 30MHz ~ 6GHz 频率段，测量骚扰的电场强度，1GHz 以下使用开阔场地或半电波暗
室，模拟半自由空间；1GHz 以上使用全电波暗室，模拟自由空间。

1）试验原理（30MHz ~ 1000MHz）

参见 GB 4824 试验原理。

2）限值要求（30MHz ~ 6GHz）

① 30MHz ~ 1GHz 限值

辐射骚扰限值见表 2 - 28 和表 2 - 29。

表 2 – 28 A 级 ITE 在测量距离 R 处(10m)的辐射骚扰限值

频段 MHz	准峰限值 dB(μV/m)
30 ~ 230	40
230 ~ 1000	47

注 1:在过渡频率(230MHz)处应采用较低的限值。

注 2:当发生干扰时,允许补充其他的规定。

表 2 – 29 B 级 ITE 在测量距离 R 处(10m)的辐射骚扰限值

频段 MHz	准峰限值 dB(μV/m)
30 ~ 230	30
230 ~ 1000	37

注 1:在过渡频率(230MHz)处应采用较低的限值。

注 2:当发生干扰时,允许补充其他的规定。

② 1GHz 以上的限值

辐射骚扰限值见表 2 – 30 和表 2 – 31。

表 2 – 30 A 级 ITE 在测量距离 R 处(3m)的辐射骚扰限值

频段 GHz	平均值 dB(μV/m)	峰值 dB(μV/m)
1 ~ 3	56	76
3 ~ 6	60	80

注 1:在过渡频率(3GHz)处采用较低的限值。

表 2 – 31 B 级 ITE 在测量距离 R 处(3m)的辐射骚扰限值

频段 GHz	平均值 dB(μV/m)	峰值 dB(μV/m)
1 ~ 3	50	70
3 ~ 6	54	74

注 1:在过渡频率(3GHz)处采用较低的限值。

3)试验设备

辐射发射试验设备见表 2 – 32。

表 2 – 32　辐射发射试验设备

序号	试验设备	备注
1	测量接收机	9kHz～6GHz
2	频谱分析仪	1GHz～6GHz
3	接收天线	9kHz～6GHz

4）试验场地

① 半电波暗室；

② 全电波暗室；

③ 开阔场（OATS）。

5）试验方法

① 受试设备的布置

参见 GB 9254—2008 中 8.2、8.3 和 8.4 的规定。

② 辐射骚扰测量方法

参见 GB 9254—2008 第 10 章中的规定。

（三）GB 17625.1—2003《电磁兼容　限值　谐波电流发射限值（设备每相输入电流≤16A）》

1. 适用范围

本标准适用于预期接入到公用低压供电系统的每相输入电流不大于 16A 的电气和电子设备或系统。

YY 0505—2012 中规定，如果设备或系统既有长期又有瞬时电流额定值，则应使用两个额定值中较高的来确定是否适用本标准。

2. 设备的分组和分类

为了确定设备谐波电流的限值，被测设备分为如下四类：

（1）A 类设备：平衡的三相设备；家用电器，不包括列入 D 类的设备；工具，不包括便携式工具；白炽灯调光器；音频设备。

未规定为 B、C、D 类的设备均视为 A 类设备。

（2）B 类设备：便携式工具；不属于专用设备的电弧焊设备。

（3）C 类设备：照明设备。

（4）D 类设备：功率不大于 600W 的下列设备：个人计算机和个人计算机显示器；电视接收机。

3. 试验要求及方法

（1）试验原理

供电网网络中的谐波电流，指的是频率为供电网络基波频率整数倍（倍数大于 1）的正弦波电流分量。单相设备的测量电路如图 2-8 所示,三相设备的测量原理和单相设备的类似。

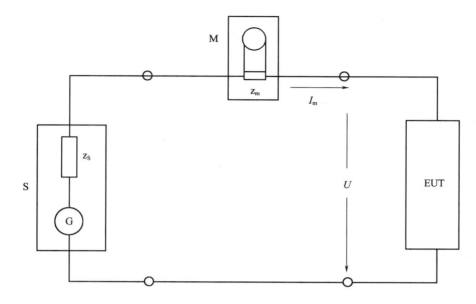

图 2-8　单相设备的谐波测量电路图

其中 S 为 EUT 的供电电源,要求为纯净源,频率稳定,幅度稳定,不会产生额外的谐波。EUT 产生的谐波电流由分流器 Z_m 取样,送入谐波分析仪 M 进行测量。测量得到的谐波电流值和下列限值要求进行比较。

(2)限值要求

1)A 类设备的限值

A 类设备输入电流的各次谐波不应超过表 2-33 给出的限值。

表 2-33　A 类设备的限值

类型	谐波次数 n	最大允许谐波电流/A
奇次谐波	3	2.30
	5	1.4
	7	0.77
	9	0.40
	11	0.33
	13	0.21
	$15 \leqslant n \leqslant 39$	$0.15 \times 15/n$
偶次谐波	2	1.08
	4	0.43
	6	0.30
	$8 \leqslant n \leqslant 40$	$0.23 \times 8/n$

2）B 类设备的限值

B 类设备输入电流的各次谐波不应超过表 2 – 33 给出限值的 1.5 倍。

3）C 类设备的限值

C 类设备的谐波电流限值见 GB 17625.1—2003 中 7.3 的要求。

4）D 类设备的限值

D 类设备的谐波电流限值见 GB 17625.1—2003 中 7.4 的要求。

注意，下列设备的限值在 GB 17625.1 中未作规定：

① 额定功率 75W 及以下的非照明设备；

② 总额定功率大于 1kW 的专用设备；

③ 额定功率不大于 200W 的对称控制加热元件；

④ 额定功率不大于 1kW 的白炽灯独立调光器。

（3）试验设备

① 谐波分析仪；

② 试验电源。

（4）试验场地

普通实验室。

（5）试验方法

1）试验配置

谐波电流测量应在正常状态下，预计产生最大总谐波电流的模式下进行。

限值仅适用于线电流而非中性线电流。

2）测量程序

① 谐波电流的测量要求如下：

• 对于每一次谐波，在每一个 DFT 时间窗口测量 1.5s 的平滑有效值谐波电流；

• 在整个观察周期内，计算由 DFT 时间窗口得到的测量值的算术平均值。

② 用于计算限值的输入功率按下列要求确定：

• 每一个 DFT 时间窗口内测量 1.5s 的平均有功输入功率；

• 在整个观察周期内，由 DFT 时间窗口确定功率的最大测量值。

3）限值的应用

在整个试验观察周期内得到的单个谐波电流的平均值不大于所采用的限值。

对于每一次谐波，所有 1.5s 的谐波电流平滑均方根值不大于所应用限值的 150%。

4）试验观察周期

根据设备的运行类型来确定试验观察周期，一般准稳态、短周期 $T_{cycle} \leqslant 2.5min$，随机、长周期 $T_{cycle} > 2.5min$。表 2 – 34 给出了 4 种不同形式的观察周期。

表 2 - 34 试验观察周期表

设备运行类型	观 察 周 期
准稳态	足够的持续时间以满足重复性的要求
短周期($T_{cycle} \leqslant 2.5\,min$)	$T_{obs} \geqslant 10$ 个周期(参考法)或足够的持续时间或同步,以满足重复性的要求
随机	足够的周期以满足重复性的要求
长周期($T_{cycle} > 2.5\,min$)	一个完整的程序周期(参考法)或 $2.5\,min$

(四)GB 17625.2—2007《电磁兼容 限值 对每相额定电流≤16A 且无条件接入的设备在公用低压供电系统中产生的电压变化、电压波动和闪烁的限制》

1. 适用范围

本标准适用于每相输入电流等于或小于 16A,打算连接到相电压为 220V ~ 250V、频率为 50Hz 的公用低压供电系统,并且无条件连接的电气或电子设备或系统。

注:本标准所给出的限值主要是根据因供电电压的波动使 230V/60W 的螺旋式灯丝的灯产生闪烁的主观严酷程度确定的。对于标称电压小于 220V 或频率为 60Hz 的设备或系统,其限值和参考电路参数在考虑中。

YY 0505—2012 中规定,如果设备或系统既有长期又有瞬时电流额定值,则应使用两个额定值中较高的来确定是否使用本标准。

2. 试验要求及方法

(1)试验原理

本标准主要考核两类指标:电压波动和闪烁。测量电压波动能反映突然较大的电压变化程度,这种突然较大的电压变化对闪烁的测量影响很小,但十分有害。测量闪烁能反映一段时间内连续的电压变化情况。

(2)限值要求

1)P_{st}(短期闪烁指示值)不大于 1.0;

2)P_{lt}(长期闪烁指示值)不大于 0.65;

3)在电压变化期间 $d(t)$ 值超过 3.3% 的时间不大于 500ms;

4)相对稳态电压变化 d_c 不超过 3.3%;

5)最大相对电压变化 d_{max} 不超过:

① 4%,无附加条件;

② 6%,设备为:

• 手动开关,或

• 每天多于 2 次的自动开关,且在电源中断后有一个延时再启动(延时不少于数十

55

秒），或手动再启动。

③ 7%，设备为：

● 使用时有人照看，或

● 每天不多于 2 次的自动开关或打算手动的开关，且在电源中断后有一个延时再启动（延时不少于数十秒），或手动再启动。

（3）试验设备

① 闪烁测量仪（闪烁计）；

② 试验电源。

（4）试验场地

普通实验室。

（5）试验方法

设备应在制造商规定的条件下进行试验，对于未规定试验条件的设备，应在按照说明书或其他可能使用到产生最不利电压变化结果的条件下试验。

观察时间 T_P 为：

① 对 P_{st}，$T_P = 10min$；

② 对 P_{lt}，$T_P = 2h$。

观察时间应包括受试设备在整个运行周期里所产生最不利电压变化结果的那部分时间。

（五）GB 17743—2007《电气照明和类似设备的无线电骚扰特性的限值和测量方法》

1. 适用范围

YY 0505—2012 中规定，用于医疗用途的照明设备（如 X 光片的照明设备、手术室的照明装置）可按 GB 17743 分类。然而，按 GB 17743 分类仅限于单机设备，不适用于系统或子系统。另外，本标准中涉及的紫外线和红外线辐射器具是指医疗和化妆护理器具、工业用器具和紧急区域加热用的器具，本章中器具是指用于居住环境使用的器具。其他器具应符合 GB 4824 的相关规定。

2. 试验要求及方法

（1）插入损耗

1）试验原理

插入损耗通过比较电压 U_1 和电压 U_2 得到，电压 U_1 由转换器的输出端子连接到测量网络的端子之间测量得到，电压 U_2 是将转换器通过灯具连接到测量网络测量得到。

2）限值要求

频率范围为 150kHz ~ 1605kHz 的插入损耗的最小值要求见表 2 – 35。

表 2 - 35　插入损耗最小值

频率范围 kHz	最小值 dB
150 ~ 160	28
160 ~ 1400	28 ~ 20[a]
1400 ~ 1605	20
a 随着频率的对数增加而线性递减。	

3）试验设备

插入损耗试验设备见表 2 - 36。

表 2 - 36　插入损耗试验设备

序号	试验设备	备注
1	射频信号发生器	—
2	平衡/不平衡转换器	—
3	测量接收机和网络	—
4	模拟灯	—

4）试验场地及测量布置

屏蔽室。

5）试验方法

① 试验布置

在转换器和模拟灯输入端子之间无屏蔽连接导线的长度尽可能短,不得超过 0.1m;在灯具和测量网络之间的同轴连接导线的长度不应超过 0.5m;为了避免寄生电容,在测量网络中应只有一个接地点,所有接地端子应连接到该点上。

② 灯具要求

测量使用成品灯具。

当灯具中装有一根以上的灯管时,每根灯管依次使用模拟灯代替,多根灯管并联的灯具插入损耗应对每根灯管进行测量,并应用测得的插入损耗最小值与相关限值比较。

当测量灯管串联工作的灯具时,灯管均用模拟灯代替,一根模拟灯的输入端子应接到平衡/不平衡转换器上,而剩下的一根模拟灯的输入端子应接 150Ω 电阻(高频型)。

如灯具有一个绝缘材料框架,灯具的背面应放在一块金属板上,金属板应连接到测量网络的基准地。

③ 试验步骤

转换器的输出电压 U_1(在 2mV 和 1V 之间)用测量接收机测得,为此,转换器与测量网络的输入端子之间作直接连接,电压 U_1 在测量网络两个输入端子中的任何一个与地之间测得,且两者的数值应大体相同,也就是说与测量网络的布置无关。

将灯具连接到转换器和测量网络之间测得的电压 U_2 可能有不同的数值,因此 U_2 可能取决于测量网络开关的两个位置,记录较高的电压读数为 U_2。插入损耗由公式:$20\lg U_1/U_2$ 计算得出。

(2)骚扰电压

1)试验原理

在全光输出的条件下,在 9kHz ~ 30MHz 的整个频率范围内,进行初步测量或搜寻。另外,在下列频率和初步测量时发现有大量骚扰的所有频率处测量,应在最大负载时调节控制器的设置,以达到最大骚扰。

2)限值要求

表 2 – 37、表 2 – 38 和表 2 – 39 给出了随频率范围变化的限值,没有规定限值的频率处,不需进行测量。

表 2 – 37　电源端子骚扰电压限值

频率范围	准峰值[dB(μV)][a]	平均值[dB(μV)]
9kHz ~ 50kHz	110	—
50kHz ~ 150kHz	90 ~ 80[b]	—
150kHz ~ 0.5MHz	66 ~ 56[b]	56 ~ 46[b]
0.5MHz ~ 5.0MHz	56[c]	46[c]
5MHz ~ 30MHz	60	50

[a] 在转换频率处用较低限值;

[b] 在 50kHz ~ 150kHz 和 150kHz ~ 0.5MHz 范围内,限值随着频率的对数增加而线性递减;

[c] 对无极灯及其灯具,在频率范围为 2.51MHz ~ 3.0MHz 之间的准峰值为 73dB(μV),平均值为 63dB(μV)。

表 2 – 38　负载端子骚扰电压限值

频率范围 MHz	限值 dB(μV)[a]	
	准峰值	平均值
0.15 ~ 0.50	80	70
0.50 ~ 30	74	64

[a] 在转换频率处,应用较低限值。

表 2 – 39　控制端子骚扰电压限值

频率范围 MHz	限值 dB(μV)	
	准峰值	平均值
0.15 ~ 0.50	84 ~ 74	74 ~ 64
0.50 ~ 30	74	64

注 1:在 0.15MHz ~ 0.5MHz 范围内,限值随着频率的对数增加而线性递减。

注 2:电压骚扰限值来自于连接到控制端子的共模(不对称模式)阻抗为 150Ω 的阻抗稳定网络(ISN)。

3）试验设备

本章电源端子骚扰电压测试应参照 GB 4824 中电源端子骚扰测试的试验设备要求。

4）试验场地

本章电源端子骚扰电压测试应参照 GB 4824 中电源端子骚扰测试的测量方法要求。

5）试验方法

① 电源端子骚扰电压

a）当灯具装有一个以上光源,所有光源应同时工作。如果使用者可能以不同方式将光源插入到照明设备中,则应对所有情形进行测量,并用最大值与有关的限值作比较。

b）如果灯具有一个接地端子,则该接地端子应连接到 V 型人工电源网络的参考地上。该连接应通过灯具电源线中的接地导体实现,当这种布置不是通常实际情况时,应用与电源线等长的导线实现接地连接,且导线应与电源线平行,相距不超过 0.1 m。

c）如果灯具具有一个接地端子,但是制造厂说明该设备不必接地时,应测量两次:一次用接地连接,一次不用接地连接。在两种情况下,照明设备都应满足要求。

d）测量在屏蔽室进行,灯具的基座与屏蔽室的参考墙壁平行放置,并与屏蔽室其他外表面距离至少 0.8 m。

e）落地式灯具的测量布置参照 GB 4824 中落地式设备端子骚扰电压布置要求。

② 负载端子电压测量

在负载端子测量时,应使用一个电压探头,包括一个与电容器串联的阻值至少为 1500 Ω 电阻,电容器的电阻抗相对于该电阻的阻值(0.15 MHz ~ 30 MHz 范围内)可忽略不计。

③ 控制端子电压测量

控制端子测量应使用阻抗稳定网络。阻抗稳定网络应接地,测量时应在稳定工作模式下进行,即有稳定的光输出。

6）特殊灯具的要求

① 紫外线和红外线辐射的器具:

- 当器具中既有紫外线辐射源,又有红外线辐射源,如果红外线辐射源的工作频率是电源频率,则红外线辐射源应忽略;

- 应在光源安装就位后,对器具进行测量。在测量前,高型光源应经过 5 min 的稳定,低型光源应经过 15 min 的稳定。

② 自容式应急照明灯具:

- 自容式应急照明灯具在电源供电模式下,当电池充电时,光源可能通电或可能断电,应在光源通电的情况下进行测量;

- 自容式灯具若含有一个以上单元,如带有分离的控制装置的灯具,所有单元均应放在一块厚(12 ± 2)mm 的绝缘材料上,并用制造厂规定的最大长度的互连电缆。这种布置应被视为灯具加以测量;

- 灯具若含一个以上光源时,应按以下方法测量灯具,只要灯具设计成在电源供电模式下光源是工作的,灯具在该模式下试验时,这些光源应通电。只要灯具设计成在应急模式下光源是工作的,灯具在该模式下试验时,这些光源应通电。

（3）辐射电磁骚扰(9kHz～30MHz)

1）试验原理

用电流探头(1V/A)和 GB/T 6113.101 测量接收机来测量在环形天线中的感应电流。利用同轴开关可依次测得 X、Y、Z 三个方向的场强。每个场强都应该满足要求。

2）限值要求

辐射电磁骚扰限值见表 2 - 40。

表 2 - 40　9kHz～30MHz 频率范围内的辐射电磁骚扰限值

频率范围	不同直径环形天线的限值[dB(μA)][a]		
	2m	3m	4m
9kHz～70kHz	88	81	75
70kHz～150kHz	88～58[b]	81～51[b]	75～45[b]
150kHz～3.0MHz	58～22[b]	51～15[b]	45～9[b]
3.0MHz～30MHz	22	15～16[c]	9～12[c]

[a] 在频率转换处,使用较低的限值;

[b] 随着频率的对数增加而线性递减。对无极灯及其灯具,在 2.2MHz～3.0MHz 频率范围内,当天线直径为 2m 时限值为 58dB(μA),当天线直径为 3m 时,限值为 51dB(μA),当天线直径为 4m 时限值为 45dB(μA)。

[c] 随着频率的对数增加而线性递增。

3）试验设备

① 环天线系统;

② 测量接收机。

4）试验场地环境

环天线的外径与附近物体(如地板和墙壁)之间的距离至少为 50cm。由射频环境场在环天线内感应的电流来判断。

5）试验方法

为了避免 EUT 与环天线之间的无用电容性耦合,EUT 的最大尺寸应使得 EUT 与环天线的标准直径为 2m 的大环天线之间至少有 20cm。

为了得到最大的电流感应值,应选择最佳的电源线位置。一般,当 EUT 符合传导发射限值时,这个位置不应是临界位置。

在大型 EUT 情况下,LAS 的大环天线直径可能要增加到 4m。此时测得的电流按表 2 - 40 的要求,EUT 的最大尺寸应是 EUT 与大环之间的距离至少为 $0.1 \times D(m)$,在此,是非标准的大环直径。

（4）辐射电磁骚扰(30MHz～300MHz)

1）试验原理、方法、场地、设备

此项试验原理、方法、设备均参照 GB 4824 中辐射电磁骚扰测量要求。

2）限值要求

辐射电磁骚扰限值见表 2 – 41。

表 2 – 41   10m 测量距离下,30MHz ~ 300MHz 频率范围内的辐射电磁骚扰限值

频率范围 MHz	准峰值限值 dB(μV/m)
30 ~ 230	30
230 ~ 300	37
注:在频率转换处,应用较低的限值。	

3）限值的应用

除自镇流灯以外,发射要求不适用于光源,也不适用于装在灯具、自镇流灯或半灯具内的附件。

由连接或断开电源的手动或者自动控制开关(设备内或设备外)引起的骚扰应忽略不计。它包括手动通/断开关,比如,由传感器或脉冲抑制器驱动的开关,但是反复动作的开关(如广告标志灯的开关)不属于此类。

① 室内灯具要求:

● 在交流电或直流电下工作,未装有调光装置或电子开关的白炽灯灯具,是不产生电磁骚扰的,因此,认为它们满足本标准中所有有关要求,不需要进一步试验;

● 荧光灯灯具是启动器开关工作型,并且设计成表 2 – 42 中之一的光源类型时,其插入损耗最小值要符合限值要求;

表 2 – 42   荧光灯型

荧光灯型	标称直径 mm	其他
管型	15,25,38	—
环形	28,32	—
U 型	15,25,38	—
单端	15	没有整体式启动器
双管、四边形的管型单端	12	—

● 除上述灯具外,其他室内灯具应符合电源端子电压限值的规定;

● 灯电流工作频率超过 100Hz 的灯具需要符合辐射骚扰限值要求。

● 灯具的光输出是由单独控制线的外部装置调节时,控制端子应符合骚扰电压要求。

② 紫外线和红外线辐射器具:

● 对于不含任何有源电子元件,只装有电源频率下工作的白炽辐射光源(红外发射

61

器)的器具,应参考室内白炽灯要求;

● 使用的紫外线灯与上述荧光灯类型相同,且可替换启动器工作的紫外线器具,应符合上述插入损耗的要求;

● 其他紫外红外产品也应符合上述其他类型室内照明灯具要求。

③ 自容式应急照明灯具:

● 在电源供电模式下,应测电源端子骚扰电压,工作频率超过 100Hz,需要测辐射骚扰,如果灯具的光输出是由控制线的外部装置调节,控制端子骚扰电压应符合要求;

● 在应急模式下的测量,即电源中断后的工作条件,工作频率超过 100Hz 的灯具,在应急模式下,应符合电源端子骚扰电压限值和辐射骚扰限值。

根据上述描述,医用电气设备中的灯具,主要符合的限值要求是,电源电压端子,辐射发射,插入损耗的要求。其中辐射发射要求工作频率在 100Hz 以上设备,插入损耗也需要满足上述灯型设备,紫外灯及红外灯要求类似。

4) 设备工作条件

① 设备工作电源电压和频率,电源应在额定电压的 ±2% 范围内,若电源电压是一个范围,应该在范围内每个电压的 ±2% 内进行测量,频率为设备的额定频率;测量应在常规实验室条件下,环境温度为 15℃ ~25℃ 范围内;

② 端子骚扰电压和辐射场的测量应使用照明设备设计的光源,并且应使用照明设备允许的最大额定功率;

③ 光源的老化时间:测量时,白炽灯应至少工作 2h,荧光灯和其他放电灯应至少工作 100h;

④ 光源的稳定时间:测量时,应使得光源工作状态稳定,除非制造厂另有规定,白炽灯为 5min,荧光灯为 15min,其他灯具 30min。

(六)GB 4343.1—2009《家用电器、电动工具和类似器具的电磁兼容要求 第 1 部分:发射》

1. 适用范围

YY 0505 中规定只包括象电动机和开关一类简单电气器件,以及不使用任何产生或使用 9kHz 以上频率的电子电路的医用电气设备,可依据 GB 4343.1 来分类。然而,依据 GB 4343.1 分类仅限于单机设备,不适用于系统或子系统。

2. 试验要求及方法

(1) 连续骚扰

1) 试验原理

① 端子电压测量

　　主要测量 EUT 沿着电源线向电网发射的骚扰电压,测量频率为 0.15MHz ~ 30MHz。测量时需要在电网和 EUT 之间插入一个人工电源网络(LISN 或 AMN),参见图 2 - 6 所示。对仅带有一根电源线的 EUT 选用图 2 - 9。

　　测量时 EUT 和 AMN 的布置、连接线的长度和走向等都应按标准规定的要求进行。AMN 外壳要良好接地,否则将影响电网和 EUT 之间的隔离。

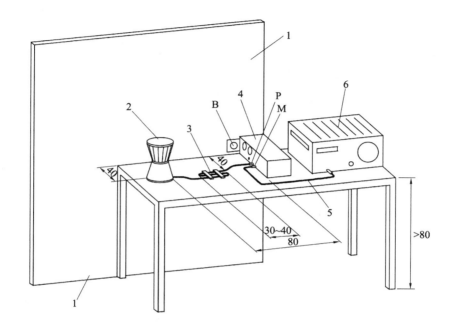

1—2 m×2 m 的金属壁;2—EUT;3—往返折叠成(3 cm×40 cm)的超长电源线;

4—"V"型电源网络;5—同轴电缆;6—测量接收机;B—参考接地连接点;M—至

测量接收机输入端;P—至 EUT 的电源

图 2 - 9　仅带有一根电源线的 EUT 可选的试验布置图

② 骚扰功率

　　当测量频率升高到 30MHz 以上时,人工电源网络 AMN 内的电感、电容器分布参数影响加大,使其不能起到良好的隔离和滤波作用;所以应采用功率吸收钳进行测量(图 2 - 10)。

　　应注意的是功率吸收钳虽然是加在电源线上进行测试,但是测量的实际上并不是传导发射,而是辐射发射。EUT 的辐射发射有二种类型,一类是 EUT 内部各种电流环路中的差模电流产生的电磁波,通过机箱壳体的缝隙向外的辐射,另一类是共模电流辐射。共模电流辐射需要共模源和天线,由于电路设计或布线不当,在 EUT 内部形成等效的共模源;等效共模天线的一部分是外接电缆,另一部分则是 EUT 内部的地和金属机箱。当机箱尺寸接近被测频率的四分之一波长时,机箱作为等效共模天线的一部分

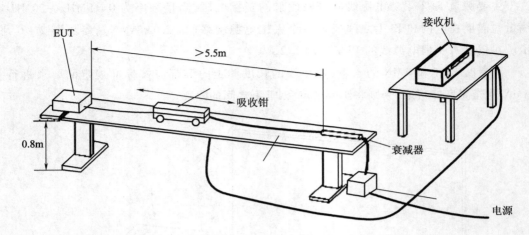

图 2 - 10　测量布置图

发射效率将大大提高,这是吸收钳法不适合评价 EUT 全部辐射能力的原因之一。此外如果 EUT 除电源线外还有其他外接电缆,这些电缆也可能有共模电流辐射。所以用吸收钳法来评价 EUT 全部辐射能力的限制条件是:小型 EUT、30MHz~300MHz 频率段、单电缆连接。

2)限值要求

① 端子电压的限值

端子骚扰电压的限值由表 2 - 43 给出。在每一个端子与地之间进行骚扰电压的测量。

端子是适用于与外部电路进行可重复使用的电气连接的导电部件。

a)除电动工具外的所有器具,电源的相线和中线端子都应符合表 2 - 43 第 2 栏和第 3 栏的限值。

b)对器具的附加端子以及装有半导体装置的调节控制器的负载和附加端子,适用表 2 - 43 第 4 栏和第 5 栏"附加端子"给出的放宽限值。

既可作为电源端子也可作为负载附加端子的端子应符合电源端子的限值。

不能由使用者轻易延长(永久连接,或带有专用连接器),长度短于 2m,用于将辅助器具或装置与设备相连(例如半导体速度控制器,带有 AC - DC 转换器的电源插头),这些引线无适用的端子电压限值。

c)电动工具电源端子的限值按电动机的额定功率在表 2 - 43 第 6 栏至第 11 栏中给出,任何加热装置的功率(例如塑料焊接吹风机的加热功率)都除外。对于电动工具的负载端和附加端,适用表 2 - 43 第 4 栏和第 5 栏,没有进一步放宽。

d)对于能够接到市电的电池驱动的器具(内置或外接电池),电源端子适用表 2 - 43 的第 2 栏和第 3 栏的限值。

不能接到市电的内置电池器具不规定射频骚扰值。

外接电池的器具,如果器具与电池间的连线短于 2m,则不规定任何限值。如果器具与电池间的连线长于 2m 或者可由使用者不专用工具就可延长,则这些导线适用表 2-43 的第 4 栏和第 5 栏的限值。

② 骚扰功率的限值

a)除了对于 b)第二段至 d)规定的器具以外,所有器具都应符合表 2-44 第 2 栏和第 3 栏的限值。

b)对于能够接到市电的电池驱动的器具(内置或外接电池),适用表 2-44 第 2 栏和第 3 栏的限值,及 c)和 d)。

不能接到市电的(内置电池)器具不规定骚扰功率限值。

c)对于电动工具,骚扰功率的限值按电动机的额定功率但不包括任何加热装置的功率(例如塑料焊接吹风机的加热功率)在表 2-44 第 4 栏至第 9 栏给出。

表 2-43　频率范围为 148.5kHz～30MHz 的端子电压限值

家用电器和产生类似骚扰的设备及装有半导体装置的调节控制器				
频率范围	在电源端子上		在负载端子和附加端子上	
1	2	3	4	5
MHz	dB(μV) 准峰值	dB(μV) 平均值[a]	dB(μV) 准峰值	dB(μV) 平均值[a]
0.15～0.50	随频率的对数线性减小 66～56	59～46	80	70
0.50～5	56	46	74	64
5～30	60	50	74	64

电动工具电源端子						
1	6	7	8	9	10	11
频率范围	电动机额定功率≤700W		700W＜电动机额定 功率≤1000W		电动机额定功率＞1000W	
MHz	dB(μV) 准峰值	dB(μV) 平均值[a]	dB(μV) 准峰值	dB(μV) 平均值[a]	dB(μV) 准峰值	dB(μV) 平均值[a]
0.15～0.35	随频率的对数线性减小 66～59	59～49	70～63	63～53	76～69	69～59
0.35～5	59	49	63	53	69	59
5～30	64	54	68	58	74	64

[a] 当使用带准峰值检波器接收机测量时,如果符合用平均值检波器测量的限值,则认为受试设备符合两种限值,不必要用带平均值检波器接收机进行测量。

注:使用平均值检波器的测量限值是暂定值,经过一段实践后可能会被修改。

d)装有半导体装置的调节控制器、电栅栏激发器、整流器、电池充电器和变换器等,如果不包含工作频率高于 9kHz 的内部频率或时钟发生器,则在 30MHz～300MHz 的频段内不规定骚扰功率限值。

表 2－44 骚扰功率的限值

项目	家用及类似电器		电动工具						
1	2	3	4	5	6	7	8	9
频率范围 MHz	—		电动机额定功率≤700W		700W＜电动机额定 功率≤1000W		电动机额定功率 ＞1000W	
	dB(pW) 准峰值	dB(pW) 平均值[a]	dB(pW) 准峰值	dB(pW) 平均值[a]	dB(pW) 准峰值	dB(pW) 平均值[a]	dB(pW) 准峰值	dB(pW) 平均值[a]
30～300	随频率线性增大							
	45～55	35～45	45～55	35～45	49～59	39～49	55～65	45～55

[a] 当使用带准峰值检波器接收机测量时,如果符合用平均值检波器测量的限制,则认为受试设备必然符合两种限值,不必要用带平均值检波器接收机进行测量。

注:使用平均值检波器测量的限值是暂时的,经过一段实践后可能会被修改。

3)试验设备

辐射发射试验设备见表 2－45。

表 2－45 辐射发射试验设备

序号	试验设备	备注
1	测量接收机	—
2	人工电源网络	—
3	电压探头	—
4	模拟手	—
5	功率吸收钳	—

4)试验场地

屏蔽室。

5)试验方法

① 端子电压骚扰试验方法

a)受试器具引线的布置

a. 电源引线

在所有的端子电压(电源端子或其他端子)骚扰测量中,V 型人工电源网络应连接到电源端以提供一个规定的终端。V型网络的位置应与器具相距0.8m。

骚扰电压通常在引线的插头末端进行测量。

如果受试器具的电源引线超过连接到V型人工电源网络所需的长度,应将超出0.8m的部分平行于电源引线来回折叠形成一个长0.3m～0.4m的线束。如果事关禁止销售或取消型式认可方面的争论时,可用1m长类似质量的引线代替电源引线。

如果所要测量的引线短于器具与V型人工电源网络之间要求的距离,引线应延长到必要的长度。

如果受试器具的电源引线中有接地导线,接地导线的插头末端应与测量装置的参考地连接。

当需要接地导线,而接地导线又不包含在电源引线内时,应用导线将受试器具的接地端与测量装置的参考地连接,导线长度不超过连接到V型人工电源网络所需的长度,且导线应与电源引线平行,相距不超过0.1m。

如果器具没有提供电源引线,应用不超过1m的引线(包括插头或插座)将器具与V型人工电源网络连接。

b. 其他引线

除非本部分中有其他描述,连接器具和辅助装置的引线和连接调节控制器或电池供电器具的电池的引线应按照a.处理。

b) 受试器具的布置及其与V型人工电源网络的连接

a. 通常不接地的非手持式器具

器具应放置在尺寸至少为2m×2m的接地导电平面上方0.4m,与V型人工电源网络之间的距离为0.8m,并且与其他接地导电表面保持至少0.8m的距离。如果测量在屏蔽室内进行,0.4m的距离可以指到屏蔽室的任一墙面。

由于设计和/或自重原因,使用时经常放在地上的器具(即落地式器具)应同样满足上述规定。

但是:

ⅰ)器具应放置在水平金属接地平板上(参考接地平板),但用高度为0.1(1±25%)m的非金属支撑隔开(例如平板架);

ⅱ)引线应沿着受试器具向下至非金属支撑面高度水平地连接到V型人工电源网络;

ⅲ)V型人工电源网络应与参考接地平板有良好的连接(见GB/T 6113.201—2008);

参考接地平板至少超出受试器具边缘0.5m,尺寸至少为2m×2m。

b. 通常不接地的手持式器具

首先,器具应按照a.进行测量。然后按下文所述"d)装有半导体装置的调节控制器"的规定使用模拟手进行附加测量。使用模拟手的一般原则是用金属箔包裹器具附带的所有手柄,包括固定式和可拆卸式手柄,且 M 端应同时连接到按 ii)到 iv)规定的裸露的、非旋转的金属件上。

表面覆盖涂料或油漆的金属件被认为是裸露金属件,应直接与 RC 元件的 M 端相连。

模拟手的应用仅在手柄和把手及制造商规定的那些部分。如果没有制造商的说明,模拟手应按下述应用:

i)当器具的外壳完全是金属时,不需要金属箔,但是 RC 元件的 M 端应直接连接到器具的壳体上。

ii)当器具的外壳是绝缘材料时,金属箔包裹在手柄上,如图 2 – 11 中手柄 B,如果有的话,也包括手柄 D。60mm 宽的金属箔也应包裹壳体 C,此点为电动机铁芯处,或者如果齿轮引起较高的骚扰电平则包裹齿轮箱。所有的金属箔,卡圈或挡圈 A,如果有的话,应连接在一起,再接至 RC 元件的 M 端。

iii)当器具的外壳部分是金属,部分是绝缘材料,并且有绝缘手柄时,金属箔应包裹在手柄上,如图 2 – 11 中的手柄 B 和 D。如果电动机位置的外壳为非金属的,则应用 60mm 宽的金属箔包裹在电动机铁芯处的壳体 C 上,或者包裹齿轮箱,如果它是绝缘材料的并且引起较高的骚扰电平。壳体的金属部分,A 点,包裹手柄 B 和 D 的金属箔,壳体 C 上的金属箔应连接在一起,再接到 RC 元件的 M 端。

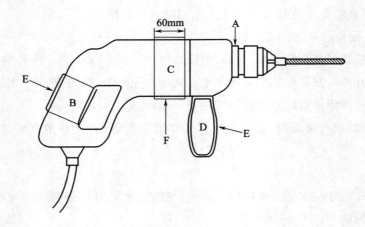

A—卡圈或挡圈;B—手柄;C—壳体;D—辅助手柄(如安装有);E—包裹在手柄上的
金属箔;F—包裹在电机定子铁芯前端或齿轮箱处壳体上的金属箔

图 2 – 11 手持式电钻

iv)当 II 类器具有两个绝缘手柄 A、B 和金属壳体 C 时,例如(电圆锯图 2 – 12),金属箔应包裹手柄 A 和 B。A 和 B 的金属箔和金属壳体 C 应连接在一起,再接到 RC 元件的 M 端。

c. 通常要求接地操作的器具

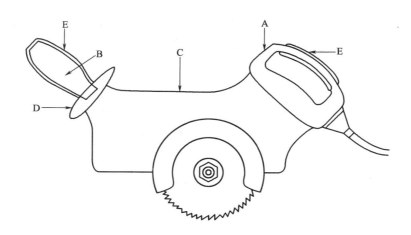

A—绝缘手柄；B—绝缘手柄；C—金属壳体；D—手柄挡板（如安装有）；

E—包裹在手柄上的金属箔

图 2 - 12 手持式电锯

器具的放置应与 V 型人工电源网络相距 0.8m，骚扰电压按上文所述"a）受试器具引线的布置"进行测量。测量应在器具的接地端子连接到测量装置的参考地的条件下进行。

如果器具不带接地线，应用与电源引线平行，并且长度相同，与电源引线相距小于 0.1m 的引线将器具的接地端子与测量装置的参考地连接。

如果器具的外壳是非导电材料，器具应按 a. 进行测量。

由于设计和/或自重原因，使用时经常放在地上的器具（即落地式器具）应同样满足上述规定。

但是：

ⅰ）器具应放置在水平金属接地平板上（参考接地平板），但要用高度为 0.1（1 ± 25%）m 的非金属支撑隔开（例如平板架）。如果测量在屏蔽室内进行，0.1（1 ± 25%）m 的距离是指距屏蔽室的金属地面；

ⅱ）器具的边缘到尺寸至少为 2m × 2m 的接地垂直导电平面的距离至少为 0.4m。如果测量在屏蔽室内进行，0.4m 的距离可以指到最近的墙面的距离；

ⅲ）参考接地平板至少超出受试器具边缘 0.5m；

ⅳ）V 型人工电源网络应用金属带与参考接地平板有良好的连接（见 GB/T 6113.201—2008）；

ⅴ）参考接地平板应通过低阻抗与垂直平面有良好的连接。

c）在非电源引线的引线端连接有辅助装置的器具

注 1：装有半导体器件的调节控制器不包含在此条内，这些器具包含在下文所述"d）装有半导体装置的调节控制器"中。

注 2：当辅助设备不是器具运行所必需的，并且在本部分中其他地方有规定的单独的测量程序（例如真空吸尘器的动力吸嘴），本条不适用。主体器具作为独立器具进行测量。

超过 1m 的连接引线按照上文所述"a）受试器具引线的布置"中"a. 电源引线"的规定布置。

当器具和辅助装置之间的连接引线是永久地固定在二者的端部，且引线的长度短于 2m，或者引线是屏蔽的，屏蔽引线端子连接在器具和辅助装置的金属外壳上，此种情况下不需进行测量。

对长于 2m 且短于 10m 的不可拆卸引线，其端子电压测量的起始频率应按下式计算：

$$F_{start} = 60/L$$

式中：

F_{start}——端子电压测量的起始频率，单位为兆赫兹（MHz）；

L——器具与辅助装置间连接引线的长度，单位为米（m）。

注：此计算公式是基于辅助引线的长度不应超过测量的起始测量频率波长的 1/5 的要求而规定的。

a. 测量布置

受试器具应按上文中"b）受试器具的布置及其与 V 型人工电源网络的连接"所述处理，并符合下列附加要求：

ⅰ）辅助装置应像器具主体一样放置在与接地导电表面相同高度和相同距离处。如果辅助引线足够长，应放置在距离器具主体 0.8m 处，参见图 2 - 9。

如果辅助引线短于 0.8m，则辅助装置应放置在距器具主体尽可能远的距离。

如果辅助引线长于 0.8m，则超出 0.8m 部分的辅助引线应平行于本身折叠形成一个长 0.3m ~ 0.4m 间的水平线束。

辅助引线应沿电源引线相反方向延伸。

当辅助装置包含控制器时，其操作布置不能明显地影响骚扰电平。

ⅱ）如果包含辅助装置的器具接地，则不应接模拟手。如果器具本身是手持式的，模拟手应接到器具上而不能接到任何辅助装置上。

ⅲ）如果器具不是手持式的，辅助装置不接地而且是手持式的，则辅助装置应与模拟手连接；如果辅助装置也不是手持式的，应按上文中"b）受试器具的布置及其与 V 型人工电源网络的连接"中"a. 通常不接地的非手持式器具"中所述规定放在接地导电平面上。

b. 测量程序

除了在电源连接端子上测量外，应在其他所有的引入和引出线（例如控制线和负载线）端子上用电压探头串联在测量接收机的输入端子上进行测量。

应接上辅助装置，控制器或负载，以使测量在所有提供的运行条件下且在器具和辅助装置相互作用期间进行。

器具的端子和辅助器具的端子都应进行测量。

d）装有半导体装置的调节控制器

a. 调节控制器的布置如图 2 – 13 所示。控制器的输出端子应用 0.5m～1m 长的引线连接到正确的额定负载上。除非制造商另有规定,负载应由白炽灯组成。

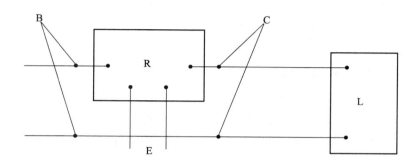

B—电源端子;C—负载端子;E—至遥控部分;L—负载;R—调节控制器

图 2 – 13　调节控制器测量布置

b. 当调节控制器或其负载需接地操作时(例如Ⅰ类设备),则调节控制器的接地端子应连接到 V 型人工电源网络的接地端子。负载如有接地端子,应接到调节控制器的接地端子,或者如果调节控制器没有接地端子,则直接接到 V 型人工电源网络的接地端子。

c. 首先,调节控制器按上文中“b)受试器具的布置及其与 V 型人工电源网络的连接”中“a.通常不接地的非手持式器具”或“c.通常要求接地操作的器具”的规定测量。

d. 其次,负载端骚扰电压的测量用电压探头串联在接收机的输入端进行测量。

e. 对具有连接遥感器或控制部件的附加端子的调节控制器,需进一步符合下述规定:

ⅰ）附加端子应用 0.5m～1m 的引线接到遥感器或控制部件。如果装有特殊的引线,超出 0.8m 的引线应折叠,且平行于引线,从而形成长尾 0.3m～0.4m 之间的水平线束。

ⅱ）调节控制器的附加端子的骚扰电压测量应按 d)d. 。用对负载段子规定的相同方法进行。

e）减少非受试设备产生的骚扰

不是由受试设备引起(由电源或外部场引起)的任何可测量的骚扰电压,在测量装置上给出的指示值应至少比所要测量的最低骚扰电压低 20dB。

背景噪声应比测量电平至少低 20dB,否则应在测量结果中说明。

不是由受试设备产生的骚扰电压应在设备连接但不运行的情况下进行测量。

② 骚扰功率的测量方法

a）在电源引线上的测量程序

a. 受试器具应放置在与其他导电体距离至少 0.4m 的非金属台上。测量引线应延长成一直线，以保证足够的长度容纳吸收钳和允许与频率协调时必要的测量位置调节。吸收钳应环绕引线放置以便测量出与引线上骚扰功率成比例的数值。

b. 吸收钳的放置应使每一测量频率上指示出最大值：吸收钳应沿引线移动直到在靠近器具的位置和与器具相距半个波长的距离之间找到最大值。

注：最大值可能出现在距器具较近的位置。

c. 被测引线的拉直部分之所以约 6m 长，是因为这个长度等于 $(\lambda_{max}/2+0.6)\mathrm{m}$，目的是允许随时为吸收钳和为附加隔离的另一只铁氧体吸收钳的定位。

如果器具原来的引线短于所需的长度，应延长或用类似质量的电源引线代替。

应拆去任何由于尺寸原因不能通过吸收钳的插头或插座，或者特别是在事关禁止销售或取消型式认可的争论时，引线应由所需长度的类似质量的引线代替。

注：λ_{max} 对应所要测量的最低频率点的波长，例如在 30MHz 时为 10m。

d. 如果在电源与在器具一侧的吸收钳之间的射频隔离不足，应在离器具 6m 处沿引线放置一个固定的铁氧体吸收钳（见 GB/T 6113.103—2008），这样可提高负载阻抗稳定性和减少来自电源的外部噪声。详见 GB/T 6113.103—2008 中第 4 章。

b）在非电源引线端连接有辅助装置的器具的特殊要求

a. 测量布置

ⅰ）辅助引线通常可由使用者延长时，例如带一个自由端，或者在一端或两端装有（由使用者）容易替换的插头或插座的引线，应按 a)c.延长至大约 6m 的长度。

应拆去任何由于尺寸原因不能通过吸收钳的插头或插座（见 a)c.）。

ⅱ）如果辅助引线是永久地固定到器具和辅助装置且：

● 短于 0.25m 的，不在该引线上测量；

● 长于 0.25m 但是短于吸收钳长度两倍的，应延长到吸收钳长度的两倍；

● 长于吸收钳长度的两倍的，使用原引线进行测量。

当辅助装置不是主体器具运行所必需的（如真空吸尘器的动力吸嘴）以及本部分的其他地方规定有辅助装置的单独试验程序时，应只接引线而不接辅助装置（按 b.在器具主体上所有的测试都应进行）。

b. 测量程序

ⅰ）首先，在器具主体电源引线上按 a)用吸收钳进行骚扰功率的测量。如果不影响器具的运行，连接器具主体到辅助装置上的任何引线都应断开，或者通过靠近器具的铁氧体环（或吸收钳）隔离。

ⅱ）其次，在接到或可能接到辅助装置的每根引线上进行类似的测量，而无论器具运行时是否需要该引线；吸收钳的电流互感器指向器具主体。电源引线和其他引线的隔离或断开按ⅰ）进行。

　　注：对于短的、永久地连接的引线，吸收钳的移动受引线长度的限制。

　　ⅲ）此外，测量仍按上述方法进行，但吸收钳的电流互感器指向任一辅助装置，除非辅助装置是器具主体运行所不需要的而且另外规定有单独的试验程序（在此情况下其他引线不必断开或射频隔离）。

　　（2）断续骚扰

　　1）试验原理

　　在自动程序控制的机械和其他电气控制或操作的设备中，开关操作会产生断续骚扰，它产生的危害不仅与幅度大小有关，还和它的持续时间、间隔时间、发生次数有关，这种断续骚扰一般用咔呖声来描述，其测量方法如图2-14。图中EUT发出的骚扰经人工电源网AMN送至骚扰测量仪，进行幅度测量。测量仪的中频输出则送到咔呖声分析仪进行时域分析，判断其是否属于咔呖声。

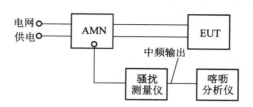

图2-14　咔呖声的测量布置

　　2）限值要求

　　咔呖声（端子电压）频率范围148.5kHz～30MHz。

　　咔呖声是骚扰持续时间小于200ms而相邻两个骚扰的间隔时间大于200ms的断续骚扰。图2-15列出了咔呖声的例子。

　　咔呖声发生的频度用咔呖声率N来表示，N是1min内的咔呖声次数，它决定了咔呖声的危害程度。N越大越接近连续骚扰，其幅度限值L_g，应等同于连续骚扰的限值L。N越小危害程度越小，其幅度限值L_g应该放宽，放宽程度由下式决定：

$$L_g(dB) = \begin{cases} L + 44 & [dB], & N < 0.2 \\ L + 20\lg\left(\dfrac{30}{N}\right) & [dB], & 0.2 \leq N < 30 \\ L & [dB], & N \geq 30 \end{cases}$$

　　EUT产生的咔呖声骚扰是否合格，应按"上四分位法"来确定，即在观察时间内记录的咔呖声如有1/4以上其幅度超过咔呖声限值L_g，则判断产品不合格。

　　咔呖声例外情况如下：

　　① 单个开关操作

　　由装在器具内或者为下述目的使用的开关或控制器上直接或间接的，手动或类似动作引起的单个开关操作的骚扰，从检测器具符合本部分射频骚扰限值的目的出发是可以

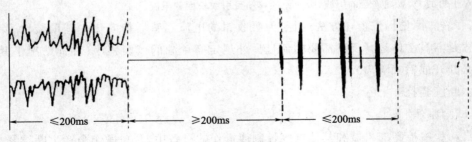

a) 二次咯呖声

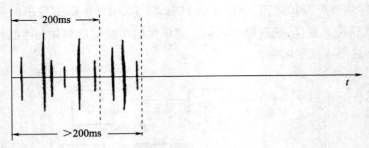

b) 非咯呖声之一

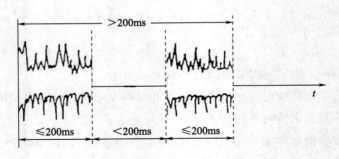

c) 非咯呖声之二

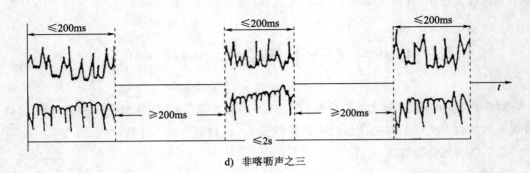

d) 非咯呖声之三

图 2 - 15 咯呖声的例子

忽略的：

    a）只有接通或断开电源的作用；

    b）只有程序选择的作用；

    c）通过在有限的固定位置间的开关切换进行能量或速度控制；

    d）如脱水的变速装置或电子温控器的可连续调节控制器的人工设定的变化。

    ② 时帧小于 600ms 的喀呖声组合

对于程度控制的器具，在每一个选择的程度周期允许有一个小时小于 600ms 的喀呖声组合。

对于其他器具，在最小观察时间内允许有这样的一个喀呖声组合。这也适用于恒温控制的三相开关在三相中的每相及中线相继引起的 3 个骚扰，这些喀呖声的组合被认为是一个喀呖声。

    ③ 瞬时开关

符合下列条件的设备：

a）喀呖声率不大于 5；

b）没有持续时间长于 20ms 的喀呖声；

c）90% 的喀呖声持续时间小于 10ms。

被认为满足限值要求，而与喀呖声的幅度无关。如果其中有一个条件不符合，则应用限值。

    ④ 喀呖声间隔时间小于 200ms

对于喀呖声率小于 5 的器具，任何两个持续时间最多为 200ms 的骚扰应评定为两个喀呖声，即使骚扰之间的间隔小于 200ms。

举例：图 2 - 15b）、图 2 - 15c）、图 2 - 15d）都不能算喀呖声，图 2 - 15b）中脉冲串的连续时间太长超过 200ms。图 2 - 15c）是相邻两次骚扰的间隔时间小于 200ms，图 2 - 15d）虽然是喀呖声，但发生的频度太高，2s 内超过 2 次，总体上看也不属于喀呖声。

    3）试验设备

喀呖声分析仪。

    4）试验场地

屏蔽室。

    5）试验方法

喀呖声通常由开关操作产生而且是具有最大的频谱特性在 2MHz 以下的带宽骚扰。因此，只在规定数量的频率点上进行测量是足够的。骚扰的影响不仅取决于喀呖声的幅度也取决于持续时间、分布和重复率。因此喀呖声不仅通过频率范围也要通过时间间隔来评定。由于喀呖声的幅度和持续时间不是恒定的，测试结果所需的重复性要求应用统计方法。为此，应用"上四分位法"。按照 GB 4343.1—2009 中图 9 规定的测量流程进行测量，如图 2 - 16 所示。

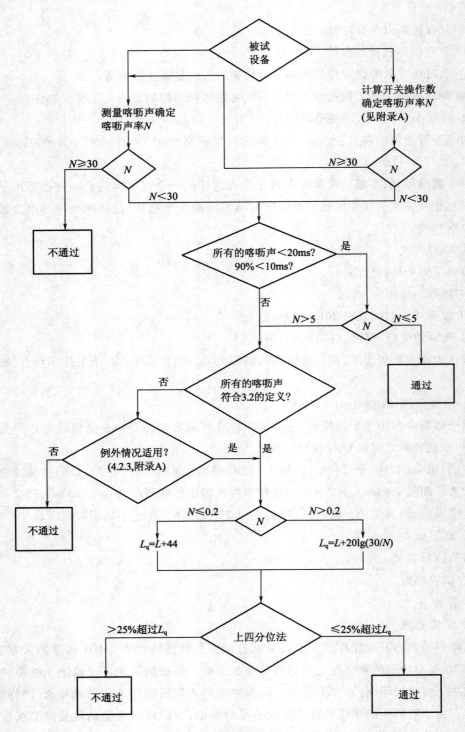

图 2 - 16 断续骚扰测量流程图

三、抗扰度试验

（一）总则

随着医用电气设备和系统越来越多地采用低功耗、高速度、高集成度的电路而使得这些设备和系统比以往任何时候更容易受到电磁干扰的威胁。与此同时，大功率及自动化仪器设备的增多，以及移动通讯、无线寻呼的广泛应用等，又大大增加了电磁骚扰的发生源。

全国医用电器标准化技术委员会对 YY 0505—2005 进行了修订，为了与基础标准一致，"辐射的射频电磁场"改为"射频电磁场辐射"，"RF 场感应的传导骚扰"改为"射频场感应的传导骚扰"。鉴于 YY 0505 的要求本章将引用基础标准的相关要求进行介绍。

1. GB/T 17626 系列标准的结构

GB/T 17626 系列标准的结构遵循 IEC 导则 107,该系列中的基础性试验标准的结构如下：
（1）范围；
（2）规范性引用文件；
（3）术语和定义；
（4）试验等级/限值；
（5）试验设备；
（6）试验配置；
（7）试验程序；
（8）试验结果的评价；
（9）试验报告。

注：GB/T 17626 系列标准中有些标准不是基础性试验标准（如 GB/T 17626.7），它们是与测量有关的（仪器和程序）标准,不必遵循上述结构。

2. YY 0505 标准引用 GB/T 17626 系列标准及简短解释

（1）按照 GB/T 17626.2 进行的试验——静电放电抗扰度
通常,静电放电抗扰度试验适用于在可能产生静电放电环境中使用的所有设备。直接和间接放电都应考虑。限于在 ESD 控制环境条件使用的设备和非电子类产品可除外。

（2）按照 GB/T 17626.3 进行的试验——射频电磁场辐射抗扰度
辐射抗扰度试验适用于在射频电磁场环境中使用的所有设备,非电子类设备可除外。

（3）按照 GB/T 17626.4 进行的试验——电快速瞬变脉冲群抗扰度
电快速瞬变脉冲群抗扰度试验用于与供电网络连接或有电缆（信号和控制）靠近供

电线路的设备。

（4）按照 GB/T 17626.5 进行的试验——浪涌抗扰度

浪涌抗扰度试验通常适用于与建筑物外的网络或电网连接的设备。

（5）按照 GB/T 17626.6 进行的试验——射频场感应的传导骚扰抗扰度试验

传导骚扰抗扰度试验适用于有射频磁场的存在而且连接到电网或其他网络（通过信号或控制线）的设备。

（6）按照 GB/T 17626.8 进行的试验——工频磁场抗扰度

工频磁场抗扰度试验亦限于对磁场敏感的设备（如霍尔效应装置，阴极射线管及安装在强磁场环境中的专用装置）。用于小磁场环境的设备可除外。

（7）按照 GB/T 17626.11 进行的试验——电压暂降、短时中断和电压变化抗扰度

该项试验适用于连接到交流电网，每相额定输入电流不大于 16A 的设备。

3．设备的运行模式

在抗扰度试验期间，设备或系统每项与基本性能有关的功能均应以对患者后果最具不利的方式进行试验，使用的设备装置、电缆布局和典型配置中的全部附件应与正常使用时一致。如果设备或系统在连续负载下未达到额定状态，运行模式可选用在合适的试验持续时间内得到可靠运行的运行模式来代替。

4．试验结果的评价

（1）抗扰度标准试验结果评定分类

试验结果应依据受试设备在试验中的功能丧失或性能降低现象进行分类，相关的性能水平由设备的制造商或需要方确定，或由产品的制造商和购买方双方协商同意。推荐按如下要求分类：

① 在制造商、委托方或购买方规定的限值内性能正常；

② 功能或性能暂时丧失或降低，但在骚扰停止后能自行恢复，不需要操作者干预；

③ 功能或性能暂时丧失或降低，但需操作者干预才能恢复；

④ 因设备硬件或软件损坏，可编程参数的改变或数据丢失而造成不能恢复的功能丧失或性能降低。

在抗扰度试验中对受试设备符合性分类记录，是按基础标准客观的评价，YY 0505 的符合性判定依据才是最终的结果。

（2）YY 0505 符合性准则

YY 0505 符合性准则见表 2 - 46。

（二）静电放电抗扰度

1．概述

静电放电试验是模拟人体自身所带的静电在接触电子电气设备表面或周围金属物品

表 2 - 46 YY 0505 符合性准则

在 36.202 规定的试验条件下,设备或系统应能够提供基本性能并保持安全性,不允许下列与基本性能和安全性有关的性能降低:	
项目编号	试验状况
1	器件故障
2	可编程参数的改变
3	工厂默认值的复位(制造商的预置值)
4	运行模式的改变
5	虚假报警
6	任何预期运行的终止或中断,即使伴有报警
7	任何非预期运行的产生,包括非预期或非受控的动作,即使伴有报警
8	显示数值的误差大到足以影响诊断和治疗
9	会干扰诊断、治疗或监护的波形噪声
10	会干扰诊断、治疗或监护的图像伪影或失真
11	自动诊断或治疗设备和系统在进行诊断或治疗时失败,即使伴随报警
注 对于多功能的设备和系统,该准则适用于每种功能、参数和通道。	

时的放电。由于这种放电会通过近场的电磁变化引起正在工作的电子电气设备的误动作或通过器件对静电放电的能量吸收而动作或通过器件对静电放电的能量吸收而造成设备损坏,所以相关认可机构要求采用相应的标准来测试其可靠性。

YY 0505—2012 中 36.202 指出,使用环境期望电磁特性有较高抗扰度要求时,这些较高抗扰度试验电平应优先采用。因技术方面或生理方面的限制能证明较低的抗扰度符合电平是合理的,允许较低的抗扰度符合电平。

2. 试验等级

(1)通用标准 GB/T 17626.2—2006 要求试验等级见表 2 - 47。

表 2 - 47 试验等级

1a 接触放电		1b 空气放电	
等级	试验电压/kV	等级	试验电压/kV
1	2	1	2
2	4	2	4
3	6	3	8
4	8	4	15
×[a]	特殊	×[a]	特殊
[a] "×"是开放等级,该等级必须在专用设备的规范中加以规定,如果规定了高于表格中的电压,则可能需要专用的试验设备。			

接触放电是优先选择的试验方法,空气放电则用在不能使用接触放电的场合中。每种试验方法的电压列于表 2 – 47 试验等级 1a 和 1b 中,由于试验方法的差别,每种方法所示的电压是不同的。两种试验方法的严酷程度并不表示相等的。

试验还应满足表 2 – 47 中所列的较低等级。

（2）YY 0505 试验要求

设备和系统,在空气放电为 ± 2kV、± 4kV 和 ± 8kV,接触放电为 ± 2kV、± 4kV 和 ± 6kV 时的抗扰度试验电平应符合 YY 0505—2012 中 36.202.1j)的要求。

通过试验来检查符合性,并在试验中和试验后依据设备或系统每个等级的每次放电时的响应情况,根据 YY 0505—2012 中 36.202.1j)的要求判定是否符合要求。

接触放电是优先选择的试验方法,空气放电则用在不能使用接触放电的场合中。

3. 试验设备

静电发生器。

4. 试验配置

试验配置由试验发生器、受试设备和受试设备直接和间接放电时所需的辅助仪器组成,如辅助试验台及耦合板等。

（1）实验室试验配置

实验室地面应设置接地参考平面。即地面铺设 0.25mm 以上的铜板或铝板,在选用其他金属材料时,厚度至少是 0.65mm。

接地参考平面的最小尺寸为 1m²,实际的尺寸取决于受试设备的尺寸,每边至少应伸出受试设备或耦合板之外 0.5m,并将它与保护接地系统相连。四边超出试验桌面水平耦合板或地面设备每一边距离 0.5m 以上,并和实验室保护地相连。

受试设备与实验室墙壁和其他金属性结构之间的距离最小为 1m。

受试设备应按其使用要求布置和连线。

按照受试设备的安装技术条件,应该将它与接地系统相连接。不允许有其他附加的接地线。

电源与信号电缆的布置应能反映实际安装条件。

静电放电发生器的放电回路电缆应与接地参考平面连接,电缆的总长度一般为 2m。

如果这个长度超过所选放电点需要的长度,可将多余的长度以无感方式离开接地参考平面放置,且与试验配置的其他导电部分保持不小于 0.2m 的距离。

与接地参考平面连接的接地线和所有连接点均应是低阻抗的,例如在高频场合下采用夹具等。

规定使用耦合板的地方,耦合板与参考接地之间要连接静电泄放电缆,其结构是两端带有 470kΩ 电阻。

（2）实验室试验设备布局

1）台式设备

试验设备包括一个放在接地参考平面上 0.8m 高的木桌。

放在桌面上的水平耦合板（HCP）面积为 1.6m×0.8m，并用一个厚 0.5mm 的绝缘衬垫将受试设备和电缆与耦合板隔离。

如果受试设备过大而不能保持与水平耦合板各边的最小距离为 0.1m，则应使用另一块相同的水平耦合板，并与第一块短边侧距离 0.3m。但必须将桌子扩大或使用两个桌子，这些水平耦合板不必焊在一起，而应经过另一根带 470kΩ 电阻的电缆接到接地参考平面上。

台式设备试验配置的布局见图 2-17。

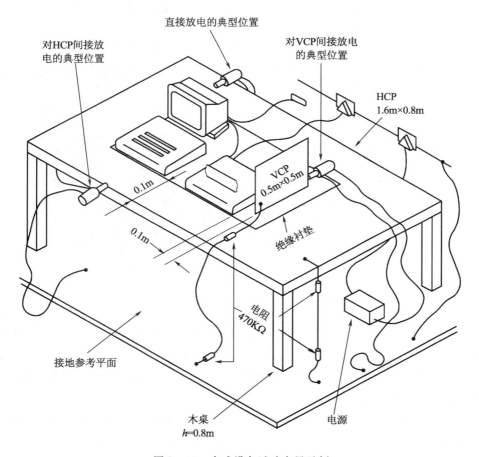

图 2-17　台式设备试验布局示例

2）落地式设备

受试设备与电缆用厚度约为 0.1m 的绝缘支架与接地参考平面隔开。

落地设备试验配置的实例见图 2-18。

3）不接地设备

设备或设备部件，包括便携式、电池供电和双重绝缘设备（Ⅱ类设备）。

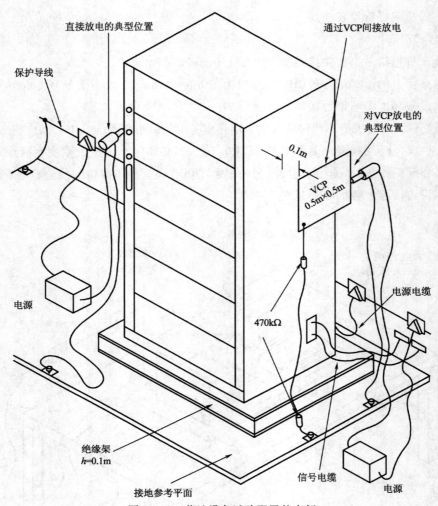

直接放电的典型位置

通过VCP间接放电

保护导线

对VCP放电的典型位置

0.1m

VCP
0.5m×0.5m

电源

470kΩ

电源电缆

绝缘架
h=0.1m

信号电缆

电源

接地参考平面

图 2 - 18　落地设备试验配置的实例

　　基本原理:不接地设备或设备的不接地部件如不能自行放电。在下一个静电放电脉冲施加前电荷未消除,受试设备或受试设备的部件上的电荷累积可能使电压为预期试验电压的两倍。因此,双重绝缘设备的绝缘体电容经过几次静电放电积累,可能充电至异常高,然后以高能量在绝缘击穿电压处放电。

　　为模拟静电放电(空气放电或者接触放电)过程,在施加每个静电放电脉冲之前应消除受试设备上的电荷。即在施加每个静电放电脉冲之前,应消除施加静电放电脉冲的金属点或部位上的电荷,如连接器外壳、电池充电插脚、金属天线。

　　当对一个或几个可接触到的金属部分进行静电放电试验,由于不保证能给出产品上该点和其他点间的电阻,应消除施加静电放电点的电荷。

　　应使用类似于水平耦合板和垂直耦合板用的带有470kΩ泄放电阻的电缆。

　　因受试设备和水平耦合板(台式)之间以及受试设备和接地参考平面(落地式)之间的电容取决于受试设备的尺寸,静电放电试验时,如果功能允许,应安装带泄放电阻的电缆。放电电缆的一个电阻应尽可能靠近受试设备的试验点,最好小于20mm。第二个电阻应靠近电缆的末端,对于台式设备电缆连接于水平耦合板上(见图2-19),对于立式设备电缆连接于接地参考平面上(见图2-20)。

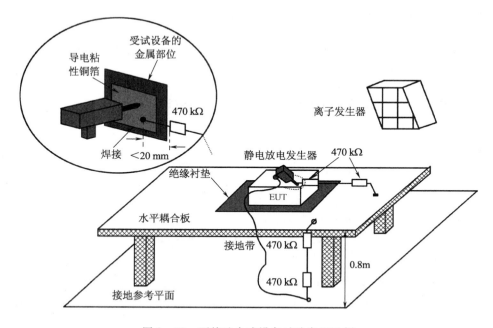

图2-19 不接地台式设备试验布置示例

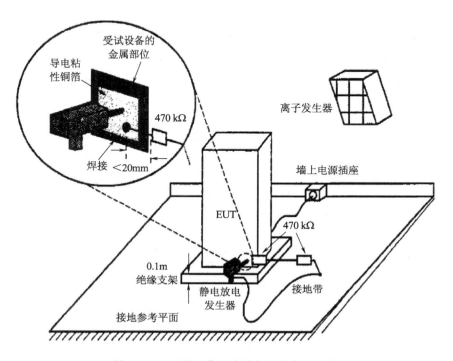

图2-20 不接地落地式设备试验布置示例

带泄放电阻电缆的存在会影响某些设备的试验结果。有争议时,若在连续放电之间电荷能有效地衰减,施加静电放电脉冲时断开电缆的试验优先于连接上电缆的试验。

任何替代方法的使用应在试验报告中注明。

静电放电发生器的电极头应垂直于受试设备的表面。

5. 试验程序

(1) 气候条件

静电放电试验中气候条件可能影响试验结果。气候条件如下:

① 环境温度:15℃~35℃;

② 相对湿度:30%~60%;

③ 大气压力:86kPa~106kPa;

(2) 试验的实施

1) 对受试设备直接施加的放电

除非在通用标准、产品标准或产品类标准中有其他规定,静电放电只施加在正常使用时人员可接触到的受试设备上的点和面。

以下是例外的情况(即放电不施加在下述点):

① 在维修时才接触得到的点和表面。这种情况下,特定的静电放电简化方法应在相关文件中注明。

② 最终用户保养时接触到的点和表面。这些极少接触到的点,如换电池时接触到的电池、录音电话中的磁带等。

③ 设备安装固定后或按使用说明使用后不再能接触到的点和面,例如底部和/或设备的靠墙面或安装端子后的地方。

④ 外壳为金属的同轴连接器和多芯连接器可接触到的点。该情况下,仅对连接器的外壳施加接触放电。

非导电(例如塑料)连接器内可接触到的点,应只进行空气放电试验。试验使用静电放电发生器的圆形电极头。

⑤ 由于功能原因对静电放电敏感并有静电放电警告标签的连接器或其他接触部分可接触到的点,如测量、接收或其他通讯功能的射频入端。

通常,应考虑的六种情况见表 2-48。

表 2-48　试验应考虑的六种情况

情况类别	连接器外壳	涂层材料	空气放电	接触放电
1	金属	无	—	外壳
2	金属	绝缘	涂层	可接触的外壳
3	金属	金属	—	外壳和涂层

续表 2－48

情况类别	连接器外壳	涂层材料	空气放电	接触放电
4	绝缘	无	a	—
5	绝缘	绝缘	涂层	—
6	绝缘	金属	—	涂层

注:若连接器插脚有防静电放电涂层,涂层或设备上采用涂层的连接器附近应有静电放电警告标签。

a　若产品(类)标准要求对绝缘连接器的各个插脚进行试验,应采用空气放电。

为了确定故障的临界值,试验电压应从最小值到选定的试验电压值逐渐增加。最后的试验值不应超过产品的规范值,以避免损坏设备。

试验以单次放电的方式进行。在预选点上,至少施加 10 次单次放电。

连续单次放电之间的时间间隔为 1s,但为了确定系统是否会发生故障,可能需要较长的时间间隔及取较多的试验点。

静电放电发生器要保持与实施放电的表面垂直,以改善试验结果的可重复性。

接触放电应施加于设备或系统的可触及导电部件和耦合平面。

对于表面涂漆的情况,应采用以下的操作程序:

a) 如设备制造厂家未说明涂膜为绝缘层,则发生器的电极头应穿入漆膜,以便与导电层接触。如厂家指明涂漆是绝缘层,则只进行空气放电。表面不再进行接触放电试验。

b) 如果设备或系统的连接器附近标有 GB/T 5465.2—5134,则该连接器免于此项试验。

c) 在空气放电的情况下,放电电极的圆形放电头应尽可能快地接近并触及受试设备(不要造成机械损伤)。每次放电之后,应将静电放电发生器的放电电极从受试设备移开,然后重新触发发生器,进行新的单次放电,这个程序应当重复至放电完成为止。

2) 对受试设备间接施加的放电

对放置于或安装在受试设备附近的物体的放电应用静电放电发生器对耦合板接触放电的方式进行模拟。

① 水平耦合板施加

水平耦合板放电应在 EUT 的下面水平方向对其边缘施加。

在距受试设备每个单元(若适用)中心点前面的 0.1m 处水平耦合板边缘,至少施加 10 次单次放电(以最敏感的极性)。放电时,放电电极的长轴应处在水平耦合板的平面,并与其前面的边缘垂直。

放电电极应接触水平耦合板的边缘(见图 2－19)。

另外,应考虑对受试设备的所有面都施加放电试验。

② 垂直耦合板施加

对耦合板的一个垂直板的中心至少施加 10 次的单次放电(见图 2-17 和图 2-18),应将尺寸为 0.5m×0.5m 的耦合板平行于受试设备放置且与其保持 0.1m 的距离。

放电应施加在耦合板上,通过调整耦合板位置,使受试设备四面不同的位置都受到放电试验。

3)YY 0505 对静电放电试验的要求

① 放电间隔时间起始值应为 1s,为了能够区分单次放电响应和多次放电响应,可能要求更长的放电间隔时间。

② 接触放电应施加于设备或系统的可触及导电部件和耦合平面。

③ 空气放电应施加于设备或系统的非导电的可触及部件和可触及部件中不可触及的导电部分,如果设备或系统的连接器附近标有 GB/T 5465.2—5134 符号,则该连接器免于此项试验。

④ 对于内部电源供电、Ⅱ类或含有电气上与保护接地隔离的设备和系统,应以确保在各次放电试验之间不存在明显的电荷滞留的方式进行试验。在各次放电试验之间可通过两个串联的 470kΩ 电阻暂时将设备或系统与地连接,使设备或系统的电位等于接地平板的电位。在实施放电试验期间,应断开该等电位的连接,并将其从设备或系统移走。

⑤ 试验可在设备或系统的任一标称输入电压和频率的供电下进行。

(三)射频电磁场辐射抗扰度

1. 概述

电磁辐射以某种方式影响大多数的电子电气设备,各个电子电气设备在同一空间中同时工作时,总会在它周围产生一定强度的电磁场,这些电磁场通过一定的途径(辐射、传导)把能量耦合给其他的设备,使其他设备不能正常工作,同时这些设备也会从其他电子设备产生的电磁场中吸收能量,使自己不能正常工作。如维修和保安人员使用的小型无线电收发机、固定的无线电广播、电视台的发射机、车载无线电发射机和各种工作电磁源均会频繁地产生这种辐射。近年来,无线电话及其他无线电发射装置的使用显著增加,其使用频率在 0.8GHz~3GHz 之间,其中有许多设备使用的是非恒定包络调制技术(如 TDMA),对电子电气设备的辐射抗扰度提出了更高的要求。

除了有意产生的电磁能以外,还有一些设备产生杂散辐射,如电焊机、晶闸管装置、荧光灯、感性负载的开关操作等,同样会对电子电气设备产生影响。

该部分的目的是建立对各种 EUT 均可获得充分重复性测试结果的测量方法,包括试验等级、原理、设备、配置、步骤和程序,以及 EUT 受到射频电磁场辐射时的性能评定依据。

2.试验等级

（1）通用标准 GB/T 17626.3—2006 要求的试验等级

表 2－49 列出了优先选择的试验等级,频率范围为 80MHz～1000MHz。

表 2－49 试验等级

等级	试验场强/（V/m）
1	1
2	3
3	10
×	特定
注:×是一开放的等级,可在产品规范中规定。	

（2）保护(设备)抵抗数字无线电话射频辐射的试验等级

表 2－50 给出了频率范围为 800MHz～960MHz 以及 1.4GHz～2GHz 优先选择的试验等级。

表 2－50 频率范围为 800MHz～960MHz 以及 1.4GHz～2GHz 优先试验等级

等级	试验场强/（V/m）
1	1
2	3
3	10
4	30
×	特定
注:×是一开放的等级,可在产品规范中规定。	

试验场强列给出的是未调制的载波信号。作为试验设备,要用 1kHz 的正弦波对载波信号进行 80% 的幅度调制来模拟实际情况(见图 2－21)。

如果产品仅需符合有关方面的使用要求,则 1.4GHz～2.0GHz 频率的试验范围可缩小至仅满足我国规定的具体频段,此时应在试验报告中记录缩小的频率范围。

有关专业标准化技术委员会应对每个频率范围规定合适的试验等级。

（3）YY 0505 规定的试验等级

1）概述

非生命支持设备和系统,除以下 3）规定或以下 4）规定的占用频带外,应在 80MHz～2.5GHz 的整个频率范围内,在 3V/m 抗扰度试验电平上符合 YY 0505—2012 中 36.202.1j)的要求。

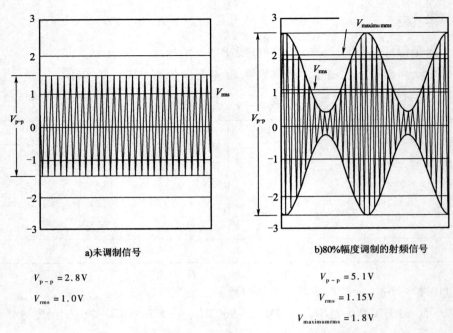

a)未调制信号

$V_{p-p} = 2.8V$

$V_{rms} = 1.0V$

b)80%幅度调制的射频信号

$V_{p-p} = 5.1V$

$V_{rms} = 1.15V$

$V_{maximumrms} = 1.8V$

图 2－21 规定的试验等级和信号发生器输出端波形

2）生命支持设备和系统

生命支持设备和系统,除以下3)规定的或以下4)规定的独占频带外,应在 80MHz～2.5GHz的整个频率范围内,在 10V/m 抗扰度试验电平上符合 YY 0505—2012 中 36.202.1j)的要求。

3）规定仅用于屏蔽场所的设备和系统

规定仅用于屏蔽场所的设备和系统,除以下4)规定的独占频带外,可以上述1)或2)规定的试验电平降低(如适用)后的抗扰度试验电平上符合 YY 0505—2012 中 36.202.1j)的要求。如果射频屏蔽效能和射频滤波衰减满足 YY 0505—2012 中 6.8.3.201c)2)规定的要求,则该抗扰度试验电平与最低射频屏蔽效能和最小射频滤波衰减的适用的规定值成比例。

4）含有射频电磁能接收机的设备和系统

为其运行目的而接收射频电磁能的设备和系统,在占用频带内免于 YY 0505—2012 中 36.202.1j)基本性能的要求;然而,在占用频带内,如适用,设备或系统应保持安全,并且设备或系统的其他功能应符合上述1)或2)中规定的要求。在占用频带外,如适用,设备和系统应符合上述1)或2)规定的要求。

通过下列试验来检验是否符合要求,并在试验中和试验后根据 YY 0505—2012 中 36.202.1j)来判定。

试验等级应用参考:根据 GB/T 17626.3 和 YY 0505 中的要求,通过按产品以及试验等级应用,可以总结如表 2－51 所示。

表 2 - 51　医疗设备辐射骚扰抗扰度试验等级简表

分类		试验等级	备注
非生命支持设备和系统	一般要求	2(3V/m)	80MHz～2.5GHz 的整个频率范围
	仅用于屏蔽场所的设备和系统	2(3V/m)	根据射频屏蔽效能和射频滤波衰减满足 YY 0505—2012 中 6.8.3.201c)2)规定的要求,使用降低后的试验等级
	含有射频电磁能接收机的设备和系统	2(3V/m)	占用频带内免于 YY 0505—2012 中 36.202.1j)基本性能的要求,频带外使用 3V/m 试验等级[a]
生命支持设备和系统	一般要求	3(10V/m)	80MHz～2.5GHz 的整个频率范围
	仅用于屏蔽场所的设备和系统	3(10V/m)	根据射频屏蔽效能和射频滤波衰减满足 YY 0505—2012 中 6.8.3.201c)2)规定的要求,使用降低后的试验等级
	含有射频电磁能接收机的设备和系统	3(10V/m)	占用频带内免于 YY 0505—2012 中 36.202.1j)基本性能的要求,频带外使用 10V/m 试验等级[b]

[a] 在占用频带内,如使用 3V/m 的试验等级,设备或系统应保持安全,并且其他功能满足 YY 0505—2012 中 36.202.1j)基本性能的要求。

[b] 在占用频带内,如使用 10V/m 的试验等级,设备或系统应保持安全,并且其他功能满足 YY 0505—2012 中 36.202.1j)基本性能的要求。

3. 试验设备

(1) 推荐下列类型的试验设备

① 电波暗室;

② 电磁干扰(EMI)滤波器;

③ 射频信号发生器;

④ 功率放大器;

⑤ 发射天线;

⑥ 记录功率电平的辅助设备;

⑦ 场强探头。

(2) 试验设施的描述

由于试验所产生的场强高,应在屏蔽室中进行试验,以便遵守有关禁止对无线通信干扰的规定。在抗干扰试验过程中大多数采集数据的设备对试验所产生的电磁场很敏感,屏蔽室在 EUT 与测试设备之间提供了一层"屏障"。应注意确保穿过屏蔽室的连线对传导和辐射有充分的衰减,以保持 EUT 的信号和功率响应的真实性。

优先采用的试验设施为安装有吸波材料的屏蔽室,且屏蔽室应具有足够的空间以适应 EUT 尺寸和对试验场强的充分控制能力。相关屏蔽室应适合于安放发生场强的设备、监视设备和遥控 EUT 的装置。试验设施包括电波暗室或可调式半电波暗室,如图 2 – 22 所示。

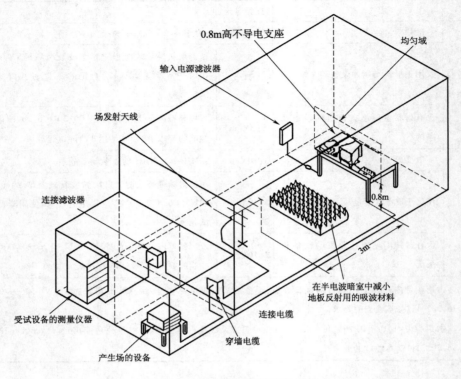

图 2 – 22 典型的试验设施举例

4. 试验配置

所有 EUT 应尽可能在实际工作状态下运行,布线应按生产厂推荐的规程进行,除非另有说明,设备应放置在其壳体内并盖上所有盖板。

若设备被设计安装在支架上或柜中,则应在这种状态下进行试验。

不要求有金属接地板。当需要某种装置支撑 EUT 时,应该选用不导电的非金属材料制作。但设备的机箱或外壳的接地应符合生产厂的安装条件。

当 EUT 由台式和落地式部件组成时,要保持正确的相对位置。

(1)台式设备的配置

EUT 应放置在一个 0.8m 高的绝缘试验台上。

注:使用非导体支撑物可防止 EUT 偶然接地和场的畸变。为了保证不出现场的畸变,支撑体应是非导体,而不是由绝缘层包裹的金属构架。

根据设备相关的安装说明连接电源和信号线。

台式设备的配置布局见图 2 – 23。

(2)落地式设备的配置

落地式设备应置于高出地面 0.1m 的非导体支撑物上,使用非导体支撑是为了防止

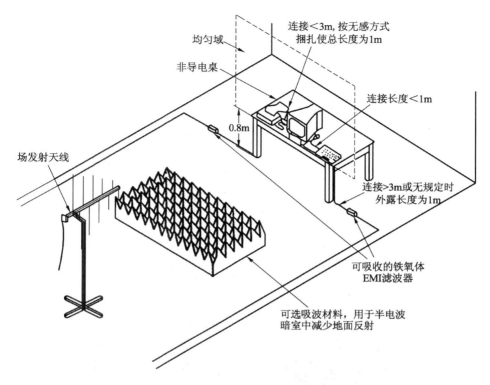

均匀域

非导电桌

连接<3m,按无感方式
捆扎使总长度为1m

0.8m

连接长度<1m

场发射天线

连接>3m或无规定时
外露长度为1m

可吸收的铁氧体
EMI滤波器

可选吸波材料,用于半电波
暗室中减少地面反射

图 2 - 23　台式设备的试验布置举例

EUT 的偶然接地和场的畸变。为了保证不出现场的畸变,支撑物应为非导体,而不是绝缘层包裹的金属构架。如果有关专业标准化技术委员会提出的特别要求,且 EUT 又不是太大和太重,提升高度也不会造成安全事故的话,落地式设备可以在 0.8m 高的平台上进行试验。

落地式设备的配置布局见图 2 - 24。

(3) 布线

如果对 EUT 的进、出线没有规定,则使用非屏蔽平行导线。从 EUT 引出的连线暴露在电磁场中的距离为 1m。

EUT 壳体之间的布线按下列规定:

① 使用生产厂规定的导线类型和连接器;

② 如果生产厂规定导线长度不大于 3m,则按生产厂规定长度用线,导线捆扎成 1m 长的感应较小的线束;

③ 如果生产厂规定导线长度大于 3m,或未规定,则受辐射的线长为 1m,其余长度为去耦部分,比如套上射频损耗铁氧体管。

采用电磁干扰滤波器不应妨碍 EUT 运行,使用的方法应在试验报告中记录。

EUT 的边线应平行于均匀域布置,以使影响最小。

所有试验结果均应附有连线、设备位置及方向的完整描述,使结果能够被重复。

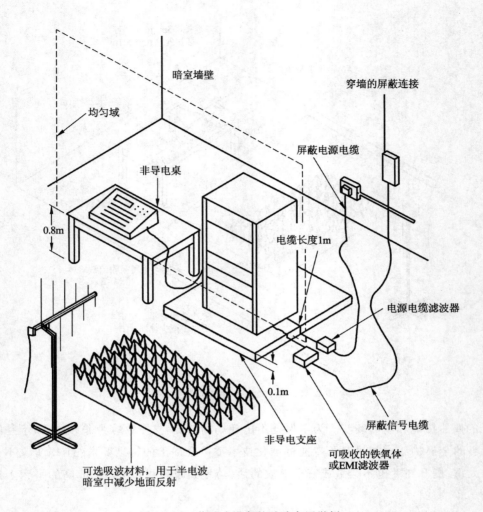

图 2 – 24　落地式设备的试验布置举例

外露捆绑导线的那段长度应按能基本模拟正常导线布置的方式,即绕到 EUT 侧面,然后按安装说明规定向上或向下布线。垂直、水平布线有助于确保处于最严酷的环境,如图 2 – 25 和图 2 – 26。

(4) 人身携带设备的布置

人身携带设备的试验可按与台式设备相同的方法进行。但可能由于未考虑人身的某些特点而使试验不足或过强,因此,建议产品委员会规定使用一个有适当绝缘特性的人体模拟器。

5. 试验程序

EUT 应在其预定的运行和气候条件下进行试验。应在试验报告中记录温度、相对温度。

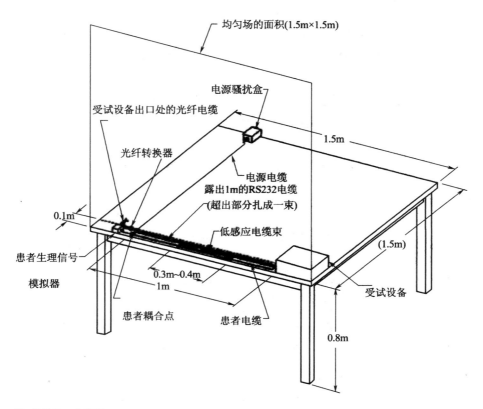

注:仅展示一个方向。

图 2 – 25　辐射抗扰度试验用电缆布置举例

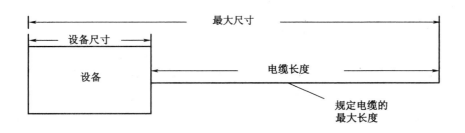

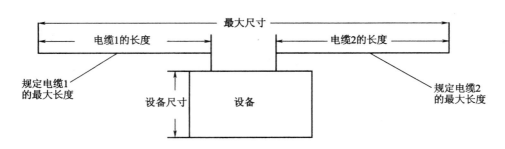

图 2 – 26　有一根电缆和两根电缆的设备最大尺寸示意图

试验前,应该用场强探头在校准栅格某一节点上检查所建立的场强强度,发射天线和电缆的位置应与校准时一致,测量达到校准场所需的正向功率,应与校准均匀域时的记录一致。抽检应在预订的频率范围内对校准栅格上的一些节点以水平和垂直两种极化方式进行。

对校准场验证后可以运用校准中获得的数据产生试验场。

将 EUT 置于使其某个面与校准的平面相重合的位置。

用 1kHz 或 2Hz 的正弦波对信号进行 80% 的幅度调制,在 80MHz ~ 2.5GHz 频率范围内进行扫描试验。当需要时,可以暂停扫描以调整射频信号电平或振荡器波段开关和天线。

对于要求在 2Hz 下试验的设备和系统不必在 1kHz 下附加试验。对于预定用于监视或测量生理参数的设备和系统,应使用表 2 – 52 规定的生理模拟频率限值。对于预定用于控制生理参数的设备和系统,应使用表 2 – 52 规定的工作频率限值。

表 2 – 52　调制频率、生理模拟频率和工作频率

预期用途	调制频率	生理模拟频率和工作频率
控制、监视或测量生理参数	2Hz	<1Hz 或 >3Hz
其他所有设备	1kHz	不适用

每一频率点上,最小驻留时间应基于设备或系统运行(如果适用)和对试验信号充分响应所需的时间,对于以 2Hz 调制频率试验的设备和系统,驻留时间应至少 3s,其他所有设备和系统应至少 1s,并且应不小于最慢响应功能的响应时间加上射频辐射抗扰度试验系统的调整时间。对数据取时间平均值的设备和系统,其快速响应信号不能用来确定试验信号对设备或系统的影响,驻留时间应不小于平均周期的 1.2 倍。如果平均周期是可调的,则用来确定驻留时间的平均周期应是设备或系统预期用于临床应用中最常使用的。对于能用快速响应信号来确定试验信号对设备或系统影响的设备和系统,如果快速响应信号能得到监视,则驻留时间可减少。在这种情况下,驻留时间应不小于信号或监视系统的响应时间的较长者加上射频辐射抗扰度试验系统的响应时间的总和。但是,在任何情况下对以 2Hz 调制频率试验的设备和系统驻留时间应不小于 3s,对所有其他设备和系统不小于 1s。对于带有多个独立参数或分系统的设备和系统,每个参数或分系统会产生不同的驻留时间,采用的值应是确定的单个驻留时间的最大者。

频率步长应不超过基频的 1%。(下一个试验频率小于或等于前一个试验频率的 1.01 倍)。

发射天线应对 EUT 的四个侧面逐一进行试验。当 EUT 能以不同方向(如垂直或水平)旋转使用时,各个侧面均应试验。

注:若 EUT 由几个部件组成,当从各侧面进行照射试验时,无需调整其内部任一部件的位置。

对 EUT 的每一侧面需在发射天线的两种极化状态下进行试验,一次天线在垂直极化的位置,另一次天线在水平极化位置。在试验过程中应尽可能使 EUT 充分运行,并在所有选定的敏感运行模式下进行抗扰度试验。

在均匀场校准和抗扰度试验过程中,除设备或系统以及必需的模拟装置外,不应将其他物体引入试验区域或发射天线与设备或系统的位置之间。必需的模拟装置应尽可能选择和定位得对均匀场的干扰最小。对用来确定性能的监视设备,如照相机和设备或系统的导电连接件应予特别注意。

具有射频电磁能接收部分的设备和系统的试验条件:

设备和系统的接收部分应调谐至优选的接收频率。如果设备或系统没有优选的接收频率,则设备或系统的接收部分应调谐到可选接收频段的中心;扩频接收器例外,应允许其正常工作。

在试验期间所用的患者耦合电缆,应按随机文件规定采用制造商允许的最大长度。患者耦合点对地应无有意的导体或电容连接,包括通过患者生理信号模拟器接地(若使用)。患者耦合点对地的分布电容应该不大于 250pF。患者生理信号模拟器(若使用)与设备或系统的接口,应定位在距设备或系统同一方位上的均匀场区垂直平面 0.1m 的范围内。

结构上不可实现子系统模拟运行的大型永久性安装设备和系统,可免于 GB/T 17626.3 所规定的试验要求。如果使用该豁免,那么这类大型永久性安装设备和系统应当在安装现场或开阔试验场,利用出现在典型健康监护环境中的射频源[如无线(蜂窝或无绳)电话、对讲机和其他合法发射机]进行型式试验。另外,试验使用的频率应是 80MHz～2.5GHz 频率范围中 ITU 指配的工科医设备(ISM)的使用频率。除了可使用实际的调制外[例如无线(蜂窝或无绳)电话、对讲机等],还应调整源的功率和距离以提供 YY 0505—2012 中 36.202.3a)规定的合适的试验电平。

试验时,设备或系统可以在任何一种名义输入电压和名义频率下来供电。

(四) 电快速瞬变脉冲群抗扰度

1. 概述

电快速瞬变脉冲群试验是一种将由许多快速瞬变脉冲组成的脉冲群耦合到电气和电子设备的电源端口、控制端口、信号端口和接地端口的一种试验。试验的要点是瞬变的高幅值、短上升时间、高重复率和低能量。

本试验是为了验证电气和电子设备对诸如来自切换瞬态过程(切断感性负载、继电器触点弹跳等)的各种类型瞬变骚扰的抗扰度。

2. 试验等级

(1) GB/T 17626.4—2008 试验等级

试验等级的设置通常根据预期使用环境分为 5 级:

① 1 级：有良好的保护环境（环境无骚扰）；

② 2 级：受保护的环境（环境较轻骚扰）；

③ 3 级：典型的工业环境；

④ 4 级：严酷的工业环境；

⑤ 5 级：特殊使用环境。

对设备的电源、接地、信号和控制端口进行电快速瞬变试验时应优先采用的试验等级见表 2 – 53。

表 2 – 53 试验等级

	开路输出试验电压和脉冲的重复频率			
	在供电电源端口，保护接地（PE）		在 I/O（输入/输出）信号、数据和控制端口	
等 级	电压峰值 kV	重复频率 kHz	电压峰值 kV	重复频率 kHz
1	0.5	5 或者 100	0.25	5 或者 100
2	1	5 或者 100	0.5	5 或者 100
3	2	5 或者 100	1	5 或者 100
4	4	5 或者 100	2	5 或者 100
×	特定	特定	特定	特定

注 1：传统上用 5kHz 的重复频率，然而 100kHz 更接近实际情况。专业标准化技术委员会应决定与特定的产品或者产品类型相关的频率。

注 2：对于某些产品，电源端口和 I/O 端口之间没有清晰的区别，在这种情况下，应根据试验目的来确定如何进行。

（2）YY 0505 要求的试验等级

设备和系统，在交流和直流电源线的抗扰度试验电平为 ±2kV，信号电缆和互连电缆的抗扰度试验电平为 ±1kV 时，应符合 YY 0505—2012 中 36.202.1j）的要求。由设备或系统的制造商规定（即限定）长度小于 3m 的信号电缆和互连电缆以及所有的患者耦合电缆不进行直接试验。然而，应考虑涉及直接试验电缆和不直接试验电缆间的任何耦合影响。

通过下列试验来检验是否符合要求，并在试验中和试验后根据 YY 0505—2012 中 36.202.1j）来判定。

注：某些医疗器械产品在专用标准中对"重复频率"有专门的要求。

3. 试验设备

① 脉冲群发生器；

② 交流/直流电源端口的耦合/去耦网络；

③ 容性耦合夹。

4.试验配置

试验应按照出厂安装说明书布置受试设备,带有探头的设备探头应处于工作状态。

(1)试验配置包括下列设备/设施(见图2-27)

① 接地参考平面;

② 耦合装置(耦合网络或耦合夹);

③ 去耦网络;

④ 试验发生器。

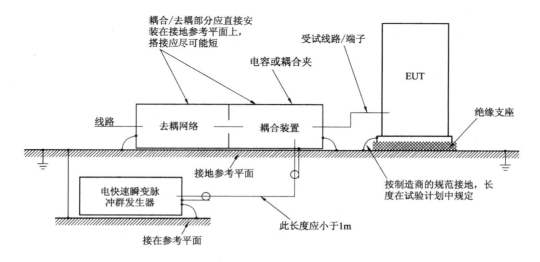

图2-27 电快速瞬变脉冲群抗扰度试验方框图

(2)实验室进行型式试验的试验配置

1)试验配置

落地式设备或台式设备和其他配置中的设备,都应放置在接地参考平面上,并用厚度为0.1m的绝缘支座与之隔开(见图2-28)。

对于台式设备,受试设备应放置在接地参考平面上方0.1m处(见图2-28)。安装在天花板或者墙壁的设备应按台式设备试验,并放置于接地参考平面上方0.1m处。

试验发生器和耦合/去耦网络应直接放置在参考接地平面上,并与之搭接。

接地参考平面应为一块厚度不小于0.25mm的金属板(铜或铝);也可以使用其他的金属材料,但其厚度至少应为0.65mm。

接地参考平面的最小尺寸为1m×1m,其实际尺寸取决于受试设备的尺寸。

接地参考平面的各边至少应比受试设备超出0.1m。

接地参考平面应与保护地相连接。

受试设备应该按照设备安装规范进行布置和连接,以满足它的功能要求。

受试设备和所有其他导电性结构(例如屏蔽室的墙壁)之间的最小距离应大于0.5m。

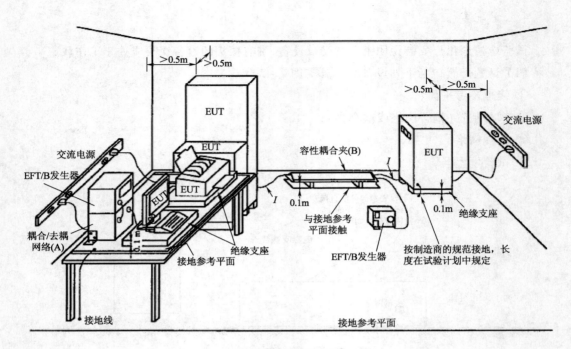

图 2 - 28　试验配置

与受试设备相连接的所有电缆应放置在接地参考平面上方 0.1m 的绝缘支撑上。不经受电快速瞬变脉冲的电缆布线应尽量远离受试电缆，以使电缆间的耦合最小化。

受试设备应按照制造商的安装规范连接到接地系统上，不允许有额外的接地。

耦合/去耦网络连接到接地参考平面的接地电缆，以及所有的搭接所产生的连接阻抗，其电感成分要小。

采用直接耦合或容性耦合夹施加试验电压。试验电压应耦合到受试设备的所有端口，包括受试设备两单元之间的端口。

设备单元之间互连线的长度小于 3m 时无此试验要求（见 YY 0505—2012 中 36.202.4a)＊）。

采用去耦网络保护辅助设备和公共网络。

在使用耦合夹时，除耦合夹下方的接地参考平面外，耦合板和所有其他导电性结构之间的最小距离为 0.5m。

除非其他产品标准或者产品类标准另有规定，耦合装置和受试设备之间的距离为 0.5m。

如果制造商提供的与设备不可拆卸的电源电缆长度超过 0.5m，那么电缆超出长度的部分应折叠，以避免形成一个扁平的环形，并放置于接地参考平面上方 0.1m 处。

图 2 - 29 和图 2 - 30 给出了实验室试验的试验配置实例。

2）把试验电压耦合到受试设备的方法

把试验电压耦合到受试设备的方法取决于受试设备的端口类型（如下所述）。

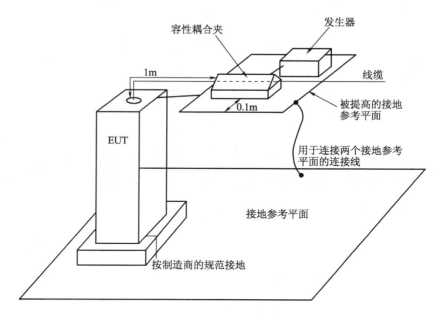

图 2 - 29　落地安装设备的试验配置示例

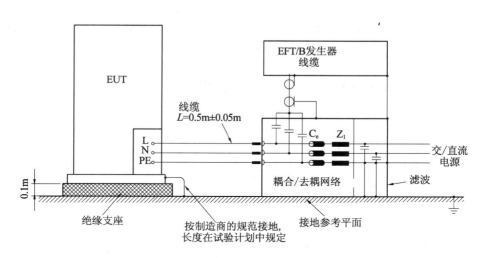

注 1：直流端子按类似方式处理；

注 2：若产品或产品类标准中有规定,耦合/去耦网络和受试样品之间的信号和电源线缆可长至 1m。

图 2 - 30　试验电压直接耦合到交流/直流电源端口/端子的试验示例

① 供电电源端口

试验配置如图 2 - 30,耦合/去耦网络直接耦合电快速瞬变脉冲群骚扰电压的实例。

② 输入/输出端口和通信端口

使用容性耦合夹将试验电压施加到输入/输出端口和通信端口见图 2 - 31 的示例。

当采用容性耦合夹的方法时,连接受试设备的非受试或者辅助设备应适当去耦。

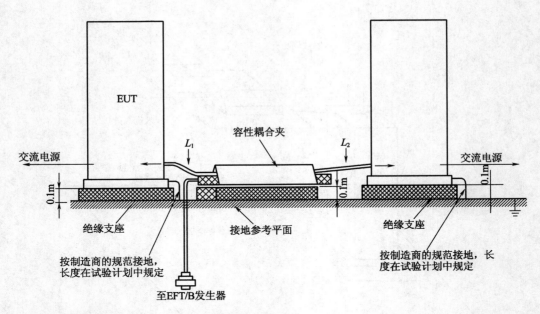

注：电快速瞬变脉冲群发生器必需搭接到接地参考平面。

图 2 - 31　用于试验室试验的利用容性耦合夹进行试验的试验配置示例

③ 机柜接地端口

机柜上的测试点应是保护接地点的导电端子,应通过一个 33nF 的耦合电容将试验电压施加到保护地连接点,见图 2 - 32。

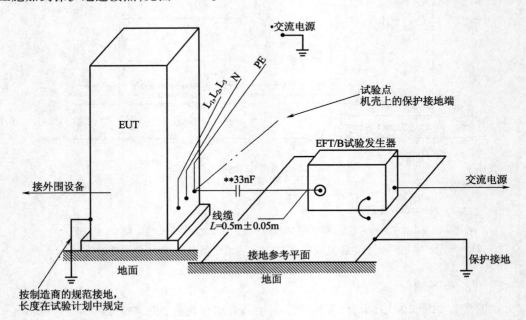

图 2 - 32　落地式设备交流/直流电源端口或保护接地端子安装后试验示例

3）现场安装产品的试验配置

这种试验是可选用的,只有在特殊条件下经同意后才可进行这些试验。但必须考虑到试验本身可能对受试设备有破坏性,位于同一地点的其他设备可能会损坏或者受到不可接受的影响。

应该按照设备或系统的最终状态进行试验。为了尽可能逼真地模拟实际的电磁环境,在进行安装后试验时应该不用耦合/去耦网络。

当对两台受试设备同时进行试验时;受试设备与耦合夹的距离 $L_1 = L_2 = 0.5\,\mathrm{m}$。当只对一台受试设备进行试验时,容性耦合夹和非受试设备之间必须插入一个去耦网络。

在试验过程中,除了受试设备以外,如果有其他装置受到不适当的影响,经用户和制造商双方同意可以使用去耦网络。

5. 试验程序

试验前应检查试验设备的性能,通常限于检查发生器在耦合装置输出端产生的脉冲群是否存在。

（1）气候条件

除非负责通用标准或产品标准的委员会有其他规定,实验室的气候条件应在受试设备制造商及试验设备制造商规定的限值之内。

若相对湿度过高,以致引起受试设备或试验设备凝露,试验不应进行。

（2）试验的实施

应根据试验计划进行试验,试验计划包括技术规范所规定的受试设备性能的检验。

受试设备应处于正常的工作状态。

试验计划应该规定以下内容:

① 将要进行的试验的类型;

② 试验等级;

③ 试验电压的极性（两种极性均为强制性）;

④ 内部或外部发生器;

⑤ 试验的持续时间不短于1min（选择1min是为了加快试验）,为了避免同步,试验时间可分为 6 个 10s 的脉冲群,间隔时间为 10s;

⑥ 施加试验电压的次数;

⑦ 待试验的受试设备的端口;

⑧ 受试设备的典型工作条件;

⑨ 依次对受试设备各端口或对属于两个以上电路的电缆等施加试验电压的顺序;

⑩ 辅助设备。

（五）浪涌

1. 概述

雷击是普通的物理现象,输电线路中的开关动作也能产生许多高能量的脉冲。开关动作或雷击可以在电网或通信上产生暂态过电压或过电流。通常将这种过电压或过电流称作浪涌或者冲击(surge,以下简称"浪涌")。浪涌呈脉冲波,其波前时间为数微秒,脉冲半峰值时间从几十微秒到几百微秒,幅度从几百伏到几万伏,或从几百安到上百千安,是一种能量较大的骚扰。

浪涌可能引起电子电气设备的数据失真和丢失,甚至造成电子设备损坏。随着科技进步,电子系统集成度不断提高,但同时其耐受浪涌的能力却在下降,导致因浪涌引起的电子信息系统对数据丢失或损坏而造成的损失逐年增加。为此,许多国际和国内标准都提出要做浪涌试验。

浪涌抗扰度试验也称雷击试验,是模拟:①雷电击中外部(户外)线路,有大量电流流入外部线路或接地电阻,因而产生的干扰电压;②间接雷击(如云层间或云层内的雷击)在外部线路上感应出的电压和电流;③雷电击中线路附近物体,在其周围产生的强大电磁场,在外部线路上感应出电压;④雷电击中附近地面,地电流通过公共接地系统时所引进的干扰。切换瞬变则模拟:①主电源系统切换时的干扰(如电容器组的切换);②同一电网,在靠近设备附近的一些较小开关跳动时形成的干扰;③切换伴有谐振线路的可控硅设备;④各种系统性故障,如设备接地网络或接地系统间的短路和飞弧故障。

2. 试验等级

不同的设备对浪涌的敏感度不同,因而需要采用相应的试验方法和不同的试验等级。
(1)GB/T 17626.5—2008 要求的试验等级
GB/T 17626.5—2008 的试验等级范围,见表 2 – 54。

表 2 – 54　试验等级

等级	开路试验电压 (±10%)kV
1	0.5
2	1.0
3	2.0
4	4.0
X	特定

注:"X"可以是高于、低于或在其他等级之间的任何等级。该等级可以在产品标准中规定。

试验的严酷等级取决于环境(遭受浪涌可能性的环境)及安装条件,安装类别分别是:

0 类:保护良好的电气环境,常常在一间专用房间内。

所有引入电缆都有过压(一次和二次)保护。各电子设备单元由设计良好的接地系统相互连接,并且该接地系统根本不会受到电力设备或雷击的影响。浪涌电压不能超过 25V。

1 类:有部分保护的电气环境。

所有引入室内的电缆都有过压(一次)保护。各设备单元由地线网络相互良好连接,并且该地线网络不会受电力设备或雷电影响。浪涌电压不能超过 500V。

2 类:电缆隔离良好,甚至短走线也隔离良好的电气环境。

设备组合通过单独的地线接至电力设备的接地系统上,该接地系统几乎都会遇到由设备组合本身或雷电产生的干扰电压。电子设备的电源主要靠专门的变压器来与其他线路隔离。本类设备组合存在无保护线路,但这些线路隔离良好,且数量受到限制。浪涌电压不能超过 1kV。

3 类:电源电缆和信号电缆平行敷设的电气环境。

设备组合通过电力设备的公共接地系统接地。该接地系统几乎都会遇到由设备组合本身或雷电产生的干扰电压。浪涌电压不能超过 2kV。

4 类:互连线按户外电缆沿电源电缆敷设并且这些电缆被作为电子或电气线路的电气环境。

设备组合接到电力设备的接地系统,该接地容易遭受由设备组合本身或雷电产生的干扰电压。浪涌电压不能超过 4kV。

5 类:在非人口稠密区电子设备与通信电力和架空电力线路连接的电气环境。

所有这些电缆和线路都有过压(一次)保护。在电子设备以外,没有大范围的接地系统(暴露的装置)。试验等级 4 包括了这一类的要求。

X 类:在产品技术要求中规定的特殊环境。

(2)YY 0505—2012 要求的试验等级

设备或系统,应在交流电源线对地的抗扰度试验电平为 ±0.5kV、±1kV 和 ±2kV,及交流电源线对线的抗扰度试验电平为 ±0.5kV 和 ±1kV 时符合 YY 0505—2012 中 36.202.1j)的要求。设备和系统的所有其他电缆不直接试验。对本要求符合性的确定,应基于设备或系统每一次浪涌时的响应,并考虑在直接试验电缆和不直接试验电缆之间的任何耦合效应。

应通过以下试验(见表 2 - 55)来验证是否符合,并在试验中和试验后按照 YY 0505—2012 中 36.202.1j)判定。

表 2 - 55　YY0505 对浪涌抗扰度试验电平要求

等级	线 - 线 kV	线 - 地 kV
1	0.5	0.5
2	1.0	1.0
3	—	2.0

3. 试验设备

① 组合波发生器；
② 耦合/去耦网络。

4. 试验配置

医用电气设备只进行电源线浪涌抗扰度测试,图2-33和图2-34是单相电源线路上的试验配置图。图2-35和图2-36是三相电源线路上的试验配置图。从图中可以看出,浪涌经电容耦合网络加到电源端上,为避免对同一电源供电的非受试设备产生不利影响,并为浪涌波提供足够的去耦阻抗,以便将规定的浪涌施加到受试线缆上,需要使用去耦网络。

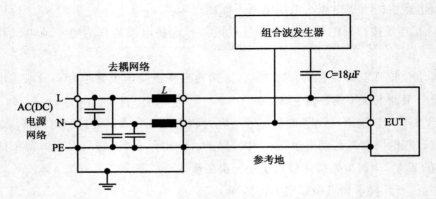

图2-33 单相交/直流线上电容耦合测试配置:线-线耦合

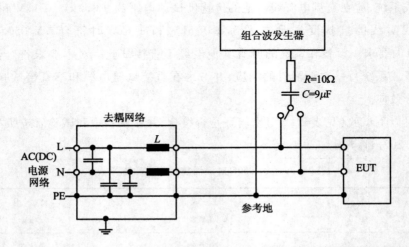

图2-34 单相交/直流线上电容耦合测试配置:线-地耦合

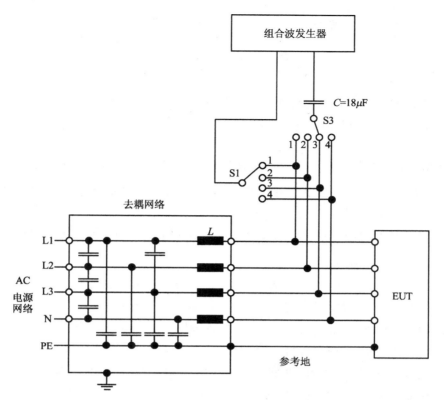

图 2-35 交流线(三相)上电容耦合的试验配置示例:线 L3-线 L1 耦合

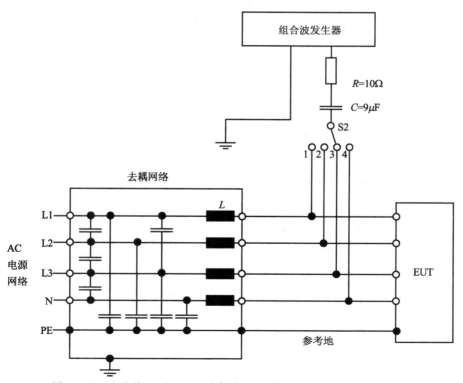

图 2-36 交流线(三相)上电容耦合的试验配置示例:线 L3-地耦合

从图中还可以看出,做线－线和做线－地试验的耦合/去耦网络是不同的,线－线试验的耦合电容是 18μF;线－地的耦合电路由电容和电阻串联组成,其中电容为 9μF,电阻为 10Ω。

只有直接连接到交流和直流电源系统的端口才被认为是电源端口,如果没有其他规定,EUT 和 CDN 之间的电源电缆长度应不超过 2m。

5. 试验程序

根据 EUT 的实际使用和安装条件进行布局和配置,如有辅助设备(AE)需连接相应辅助设备进行测试。

仅对电源线和交/直流转换器及电池充电器的交流输入线进行试验,然而,在试验时应连接上所有设备和系统的电缆。

应在每个电压电平和极性上,对每根电源线在以下的每个交流电压波形相角 0° 或 180°、90° 和 270° 上各施加浪涌五次,每次浪涌的最大重复率为 1 次/min。

注:除 90° 和 270° 外,当允许在 0° 和 180° 两个相角上都试验时,要求只试验其中的一个。

在初级电源电路中没有浪涌保护装置的设备和系统,可只做 ±2kV 线对地和 ±1kV 线对线的试验。但在有争议时,设备或系统应符合 YY 0505—2012 中 36.202.5a)* 规定的所有抗扰度试验电平的要求。

注:浪涌试验主要是试验电源耐受高能脉冲的能力。如果设备或系统中没有安装浪涌保护装置,则试验仅在 YY 0505—2012 中 36.202.5 规定的交流电源线对地 ±2kV 和交流电源线对线 ±1kV 的最高抗扰度试验电平上试验,这将是最不利的情况。在这种情况下,在较低的抗扰度试验电平上试验是不适用的,也不会提供额外信息。如果浪涌保护装置安装在设备或系统中,则在较低的抗扰度试验电平上试验来验证浪涌保护装置的正确运行是必要的。

对于没有交流或直流电源输入选件的内部电源供电的设备和系统,该试验不适用。

对于电源输入具有多路电压设定或自动变换电压范围能力的设备和系统,试验应在最小和最大额定输入电压上进行。试验时,设备或系统可以在任何一种名义电源频率下供电。

对于有内部备用电池的设备和系统,应在本条款规定的试验后验证设备或系统仅在网电源供电时继续工作的能力。

考虑到 EUT 电压－电流转换特性的非线性,试验电压应该逐步增加到产品标准的规定值,以避免试验中可能出现的假象(高电压试验时,若 EUT 中有某个薄弱器件击穿,旁路了试验电压,试验得以通过。然而在低电压试验时,则可能由于薄弱器件未被击穿,使得试验电压加在试验设备上,而使试验无法通过)。

试验室的气候条件应该在 EUT 和试验仪器各自的制造商规定的设备正常工作的范围内,如果相对湿度很高,以至于在 EUT 和试验仪器上产生凝露,则不应进行测试。

（六）射频场感应的传导骚扰抗扰度

1. 概述

本部分是关于医疗电气设备对来自 9kHz～80MHz 频率范围内射频发射机电磁骚扰的传导骚扰抗扰度要求。在通常情况下,被干扰设备的尺寸要比频率较低的干扰波,(例如 80MHz 以下频率)的波长小很多,相比之下,设备引线(包括电源线及其架空线的延伸,通信线和接口电缆线等)的长度则可能达到干扰波的几个波长(或更长)。这样,设备引线就变成被动天线,接受射频场的感应,变为传导干扰侵入设备内部,最终以射频电压和电流形成的近场电磁场影响设备的工作。

传导骚扰抗扰度是以共模电压的形式把干扰叠加到受试设备的各种电源端口和信号端口上,并以共模电流的形式注入到受试设备的内部电路中,或直接以共模电流的形式注入到被测产品的内部电路中,共模电流在受试设备内部传输的过程中,会转化成差模电压并干扰内部电路正常工作电压。

2. 试验等级

（1）GB/T 17626.6—2008 试验等级范围(见表 2-56)
在 9kHz～150kHz 频率范围内,对射频电磁场所引起的感应骚扰不要求测量。

表 2-56　试验等级

频率范围 150kHz～80MHz		
试验等级	电压（e. m. f）	
	$U_0/dB \mu V$	U_0/V
1	120	1
2	130	3
3	140	10
X	特定	

注:X 是一个开放等级。

如表 2-56 所示,以有效值(r. m. s.)表示未调制骚扰信号的开路试验电平(e. m. f.)。

1 级为低辐射环境,如离电台,电视台 1km 以上,附近只有小功率移动电话在使用。

2 级为中等辐射环境,如在不近于 1m 处使用小功率移动电话,为典型的商业环境。

3 级为较严酷的辐射环境,如在 1m 以内使用移动电话,或附近有大功率发射机或工、科、医射频设备在工作,为典型的工业环境。

X 级为待定级,可由制造商和用户协商,或在产品的技术条件中加以规定。

在耦合和去耦合装置的受试设备端口上设置试验电平,测量设备时,该信号是用 1kHz 正弦波调幅(80% 调制度)来模拟实际骚扰影响。

（2）YY 0505 要求的试验等级

1）概述

非生命支持的设备和系统,除下面 3）、4）和 5）规定外,应从 YY 0505—2012 中 36.202.6规定的起始频率起并延续至 80MHz 的频率范围内,在有效值为 3V 抗扰度试验电平上符合 YY 0505—2012 中 36.202.1j）的要求。

2）生命支持设备和系统

生命支持的设备和系统,在有效值为 3V 抗扰度试验电平上符合 YY 0505—2012 中 36.202.1j）的要求,工科医设备（ISM）频段内,在有效值为 10V 抗扰度试验电平上符合 YY 0505—2012 中 36.202.1j）的要求。

3）规定仅用于屏蔽场所的设备和系统

规定仅用于屏蔽场所的设备和系统,抗扰度试验电平上符合 YY 0505—2012 中 36.202.1j）的要求。如果射频屏蔽效能和滤波衰减的技术要求满足 YY 0505—2012 中 6.8.3.201c）2）规定的要求,则该抗扰度试验电平与最低射频屏蔽效能和最小射频滤波衰减的适用的规定值成比例。

4）用于接收射频电磁能的设备和系统

为其运行目的而需接收射频电磁能的设备和系统,在独占频带内免予 YY 0505—2012 中 36.202.1j）的基本性能的要求。然而,在独占频带内,设备或系统应保持安全,并且设备或系统的其他功能应符合上述 1）或 2）规定的要求（如适用）。在独占频带外,设备和系统应符合上述 1）或 2）规定的要求（如适用）。

5）内部电源供电设备

在电池充电期间不能使用、包括所有连接电缆的最大长度在内其最大尺寸小于 1m 以及未与地、通信系统、任何其他设备或系统或者患者相连的内部电源设备,免予 YY 0505—2012 中 36.202.6 的要求。

3. 试验设备

试验信号包括在所要求点上以规定的信号电平将骚扰信号施加给每个耦合装置输入端口的全部设备和部件。以下部件的典型组装可以是分立的,也可以组合为一个或多个测量设备。

① 射频信号发生器;

② 宽带功率放大器;

③ 电压表式功率计;

④ 衰减器;

⑤ 耦合和去耦网络;

⑥ 电流钳；

⑦ 电磁钳；

⑧ 去耦网络。

4. 试验配置

（1）实验室试验要求

受试设备应放在接地参考平面0.1m高的绝缘支架上。所有与被测设备连接的电缆应放置于接地参考平面上方至少30mm的高度上。

如果设备被设计为安装在一个面板、支架和机柜上，那么它应该在这种配置下进行测试。当需要用一种方式支撑测试样品时，这种支撑应由非金属、非导电材料构成。设备的接地应与生产商的安装说明一致。

在需要使用耦合和去耦装置的地方，它们与被测设备之间的距离应在0.1m～0.3m之间。这个距离是从被测设备对接地参考平面的投影到耦合和去耦装置的水平测量距离。

如果受试设备有其他接地端子，则应通过耦合/去耦网络 CDN－M1 与参考接地板相连。

如果受试设备有键盘或手提式附件，那么模拟手（模拟在一般操作条件下的人体阻抗的电气网络）应放在该键盘上或缠绕在附件上，并连接到参考接地板上。

所有与受试设备有关的设备及保证数据传输和性能评估所必须的辅助设备应通过耦合/去耦网络与受试设备连接，但待试电缆数目应尽可能限制在必不可少的数量范围内。

（2）试验配置

1）当用耦合和去耦网络注入时，需要采取以下测量措施：

如果辅助设备位于接地参考平面之上，那么它要放在高于接地参考平面0.1m处。

一个耦合和去耦网络应接在被测试的端口上，而一个接50Ω负载的耦合和去耦网络连接在另一个端口。去耦网络应安装在所有其他连接电缆的端口。

被端接的耦合和去耦网络的选择应遵循以下的优先次序：

① CDN－M1 用于连接地终端；

② CDN－Sn（$n=1,2,3,\cdots$）最靠近注入点（到测试口最短的几何距离）；

③ CDN－M2,CDN－M3,CDN－M4,或 CDN－M5,用于电源；

④ 其他耦合和去耦网络，最靠近注入点（到测试点最短的几何距离）。

如果被测设备只有一个端口，这个端口连接到耦合和去耦网络上用作注入用途。

如果至少有一个辅助设备连接到被测设备，其中有一个耦合和去耦网络可以连接到被测设备上，根据上述的优先次序，辅助设备的一个端口应连接到50Ω终端负载的耦合和去耦网络，且辅助设备的其他连接要做去耦处理。

2）当满足共模阻抗要求时的钳注入时：

当用钳注入法时，辅助设备的配置应呈现尽可能的接近要求的共模阻抗。每一个用于钳注入的辅助设备应尽可能的代表功能性安装条件。为了满足近似所需的共模阻抗的要求，应采取以下措施：

用于钳注入的每一个辅助设备应放置在距接地参考平面 0.1m 高度的绝缘支撑上。

去耦网络应安装在辅助设备与被测设备之间的每一条电缆上，被测电缆除外。

连接到每一个辅助设备的所有线缆，除了被连接到被测设备上的电缆，应为其提供去耦网络。

连接到每个辅助设备的去耦网络（除了在被测设备和辅助设备之间的电缆上的网络）距辅助设备的距离不应超过 0.3m。辅助设备与去耦网络之间的电缆或辅助设备与注入钳之间的电缆既不捆扎，也不盘绕，且应保持在高于接地参考平面 30mm ~ 50mm 的高度。

当用多个注入钳时，每根电缆上的注入测试应一根接一根依次进行。被选择用注入钳测试的电缆在没有测试的情况下也应进行去耦处理。

5. 试验程序

（1）气候条件

被测设备应在预期的运行和气候条件下进行测试。温度和相对湿度应记录在测试报告中。

（2）环境要求

对于来自测试布置的辐射应遵守当地有关的干扰法规。当辐射能量超过允许的电平时，应使用屏蔽室进行测试。

（3）试验室设备布局

依次将试验信号发生器连接到每个耦合装置上（耦合和去耦网络、电磁钳、电流注入探头）。其他所有非测试电缆或不连接（当功能允许）。或使用去耦网络或只使用非端接的耦合和去耦网络。

在测试信号发生器的输出端可能会需要一个低通滤波器和/或高通滤波器（例如100kHz 截止频率），以防止（高次或亚）谐波对被测设备的干扰。低通滤波器的带阻特性应该对谐波有足够的抑制，使得他们不影响测试结果。这些滤波器应该在设置测试电平之前插入在测试信号发生器之后。

（4）试验的实施

扫频范围是从 150kHz ~ 80MHz，在设置步骤的过程中设置信号电平，骚扰信号是1kHz 正弦波调幅信号，调制度 80% 的射频信号，如果必要，可以暂停调整射频信号电平或改变耦合装置。频率递增扫频时，步进尺寸不应超过先前频率值的 1%。在每个频率，幅度调制载波的驻留时间应不低于被测设备运行和响应的必要时间，但是最低不应低于1s。

对于以 2Hz 调制频率试验设备和系统的驻留时间应至少 3s(本部分应参见 YY 0505 的要求)。敏感的频率(例如时钟频率)应单独进行分析。

在测试过程中,应尝试充分运行被测设备,并充分质询用于敏感度测试所选择的所有运行模式。

建议使用特殊的运行程序。

(七)电压暂降、短时中断和电压变化的抗扰度

1.概述

本试验规定了与低压供电网连接的电气和电子设备对电压暂降、短时中断和电压变化的抗干扰度试验方法和优选的试验等级范围,适用于额定输入电流每相不超过 16A 连接到 50Hz 或者 60Hz 交流网络的电气和电子设备。

2.试验等级

(1) GB/T 17626.11—2008 试验要求

本试验以设备的额定工作电压作为规定电压试验等级的基础.当设备有一个额定电压范围时,应采用如下规定:

1)如果额定电压的范围不超过其低端的电压值的 20%,则在该范围内可规定一个电压作为试验等级的基准。

2)在其他情况下,应在额定电压范围规定的最低端电压和最高端电压下试验。

例如:额定电压为 110V~240V,则在此种情况下需要选取 110V 和 240V 两个电压作为试验等级的基准。

具体试验电平见表 2-57 和表 2-58。

表 2-57 电压暂降的抗扰度试验电平

电压试验电平 U_T/%	电压暂降 U_T/%	持续时间(周期)
<5	>95	0.5
40	60	5
70	30	25
注:U_T 指施加试验电平前的交流网电压。		

表 2-58 电压中断的抗扰度试验电平

电压试验电平 U_T/%	电压暂降 U_T/%	持续时间/s
<5	>95	5
注:U_T 指施加试验电平前的交流网电压。		

GB/T 17626.11 的范围限于额定输入电流不超过每相 16A 的设备。然而,标准对因

危急应用的生命支持设备和系统扩展了 GB/T 17626.11 每相超过 16A 的应用范围。

本标准对所有的设备和系统进行 5s 中断试验并可伴有偏离 YY 0505—2012 中 36.202.1j）要求的允差。

（2）YY 0505 试验要求

1）额定输入功率为 1kVA 或低于 1kVA 的设备和系统以及所有生命支持的设备和系统，应在表 2 - 57 规定的抗扰度试验电平上符合 YY 0505—2012 中 36.202.1j）的要求。对于额定输入功率大于 1kVA 和额定输入电流小于或等于每相 16A 的非生命支持设备和系统，只要设备或系统保持安全，不发生组件损坏并通过操作者干预可恢复到试验前状态，则允许在表 2 - 57 规定的抗扰度试验电平上偏离 YY 0505—2012 中 36.202.1j）的要求。确定是否符合要求是依据设备或系统在试验过程中和试验后的性能。额定输入电流超过每相 16A 的非生命支持设备和系统，免于表 2 - 57 规定的试验。

2）只要设备或系统保持安全，不发生组件损坏并通过操作者干预可恢复到试验前状态，则允许设备和系统在表 2 - 58 规定的抗扰度试验电平上偏离 YY 0505—2012 中 36.202.1j）的要求。符合性的确定是依据设备或系统在试验过程中和试验之后的性能。生命支持设备和系统在使用时，如果偏离 YY 0505—2012 中 36.202.1j）要求的这个允差，应提供适用的符合国际标准的报警，以指示与基本性能有关的预期运行的终止或中断。

对于该试验，"较低的符合电平"（见 YY 0505—2012 中 36.202.1a）*）是指较短的电压暂降或中断周期，或者较少的暂降电压。

3. 试验设备

试验由变压器和电子开关共同组成发生器，其中变压器来实现输出电压的调节控制，电子开关来完成输出电压的切换。

4. 试验配置

（1）实验室试验要求

用 EUT 制造商规定的，最短的电源电缆把 EUT 连接到试验发生器上进行试验。如果无电缆长度规定，则应是适合于 EUT 所用的最短电缆。试验原理见图 2 - 37。

更多试验原理图详见 GB/T 17626.11—2008 附录 C 试验仪器。

电压暂降——70% 电压暂降正弦波波形见图 2 - 38。

（2）实验室试验设备布局

对一个给定的 EUT，在试验开始之前，应先准备一份试验计划。试验计划应该代表系统实际使用的方法。

要对系统作一次正确的预估，以确认被测的哪一种系统构成是能够体现现场情况的。

在试验报告中必须对试验的情况作解释与说明。

建议试验计划包含以下项目：

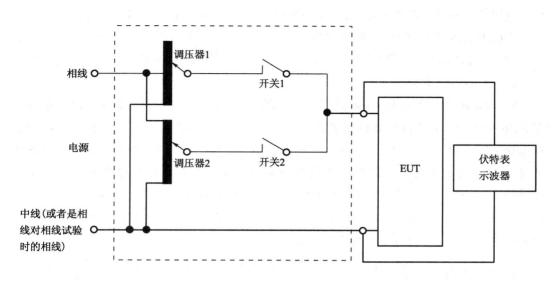

图 2-37 采用调压器和开关进行电压暂降、短时中断和电压变化的试验原理图

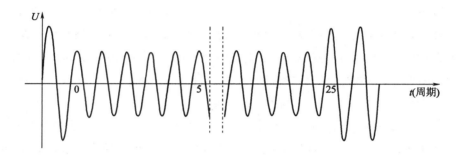

注：电压减少到 70%，持续 25 个周期，在过 0 处突变。

图 2-38 70% 电压暂降正弦波波形

① EUT 的类型；

② 有关连接(插座、端子等)和相应的电缆以及辅助设备的资料；

③ EUT 的输入电源端口；

④ EUT 的典型运行方式；

⑤ 技术规范中采用和定义的性能判据；

⑥ 设备的运行方式；

⑦ 试验布置的描述。

如果没有 EUT 实际运行用的信号源，则可以模拟它们。

5. 试验程序

对每一项试验，应记录任何性能降低的情况，监视设备应能显示试验中和试验后 EUT
运行的状态，每组试验后，应进行一次全面的性能检查。

具体试验方法适用 GB/T 17626.11 规定的方法和设备,但有以下的修改:

1)多相设备和系统应逐相进行试验;即对每一相分别独立进行试验。

2)试验电压应步进式改变并从过零点开始。对多相设备和系统,过零点应参照受试相。

3)拟使用交/直流转换器的直流电源输入的设备和系统,应使用符合设备或系统制造商技术要求的转换器进行试验。抗扰度试验电平应施加于转换器的交流电源输入端。

4)对于电源输入具有多路电压设定或自动变换电压范围能力的设备和系统,应以最小和最大额定输入电压进行试验。试验应在最小额定电源频率下进行。

5)对于有内部备用电池的设备和系统,应在表 2－57 和表 2－58 规定的试验后验证设备或系统仅在网电源供电时继续工作的能力。

(八)工频磁场抗扰度

1. 概述

工频磁场是由导体中的工频电流产生的,或极少量的由附近的其他装置(如变压器的漏磁通)所产生。在有电流流过的地方都伴有磁场,由于实际工作中磁场的产生有两种方式:一是由正常的工作电流所产生的稳定的、场强相对较小的磁场,另一种是由非正常的工作电流所产生的持续时间短但场强很大的磁场。

根据研究及相关测试表明,不同产品对磁场的敏感性不一样。工频磁场主要是那些对工频磁场敏感的设备产生影响,不是所有的设备都受到影响,例如计算机的 CRT 监视器,电子显微镜等这类设备,在工频磁场的作用下会产生电子束的抖动;电度表等这类的设备,在工频磁场的作用下会产生程序紊乱、内存数据丢失和计算误差;内部由霍尔元件等这类对磁场敏感的元器件所构成的设备,在工频磁场的作用下会产生误动作(例如电感式开关,在磁场的作用下,可能会出现定位不准确)。

工频磁场试验的国家标准为 GB/T 17626.8(本章以 GB/T 17626.8—2006 为依据编写,等同国际标准 IEC 61000－4－8:2001)。标准规定了检验设备处于与其特定位置和安装条件(例如设备靠近骚扰源)相关的工频磁场时,对磁场骚扰的抗扰度能力和试验方法。其目的是建立一个具有共同性和重复性的标准来评价处于工频磁场影响下的设备和系统的性能。

2. 试验等级

(1) GB/T 17626.8—2006 要求的试验等级

稳定持续和短时作用的磁场试验等级如表 2－59 和表 2－60 所示。

表 2-59 稳定持续磁场试验等级

等级	磁场强度 A/m
1	1
2	3
3	10
4	30
5	100
X	特定
注:"X"是一个开放等级,可在产品规范中给出。	

表 2-60 1s~3s 的短时试验等级

等级	磁场强度 A/m
1	—
2	—
3	—
4	300
5	1000
X	特定
注:"X"是一个开放等级,可在产品规范中给出。	

注:在自由空间中,3.00A/m 的抗扰度试验电平等于 3.78uT(0.0378Gs)的磁通密度。

根据安装的实际情况和环境条件,磁场试验的等级选择导则如下:

1)1级:有电子束的敏感装置能使用的环境水平

监视器、电子显微镜等是典型的这类装置。

注:90% 的计算机屏幕只能容忍 1A/m,因此如果屏幕接近骚扰源,例如变压器或电力线路,则产品标准应制定较高耐受水平(亦可采用其他方法,例如将屏幕移到远离骚扰源处)。

2)2级:保护良好的环境

这类环境的特征是:不存在如变压器等可能产生漏磁通的电气设备;不受高压母线的影响。远离雷电接地保护系统、办公机械和医用设备等受保护的区域、工业设备区和高压变电站等区域为这类环境的代表。

3)3级:受保护的环境

商业区、控制楼、非重工业区以及高压变电站的计算机室为这类环境的代表。其特征是:有可能产生漏磁通或磁场的电气设备或电缆;有邻近保护系统的接地回路导体的区域;有远离有关设备的中压和高压母线。

4)4级:典型的工业环境

这类环境的特征是:有短支路电力线如母线;有可能产生漏磁通的大功率电气设备;

有保护系统的接地导体;有与有关设备相对距离为几十米的中压回路和高压母线。重工业厂矿和发电厂的现场以及高压变电站的控制室可作为这类环境的代表。

5)5 级:严酷的工业环境

这类环境的特征是:载流量为数十千安的线路、中压和高压母线;有保护系统的接地导线;有邻近中压和高压母线的区域;有邻近大功率电气设备的区域。重工业厂矿的开关站、中压和高压变电站可作为这类环境的代表。

（2）YY 0505 要求的试验等级

设备和系统,应在 3A/m 的抗扰度试验电平上符合 YY 0505—2012 中 36.202.1j)的要求。

通过试验来验证是否符合要求,并在试验中和试验后按照 YY 0505—2012 中 36.202.1j)来确定。

3. 试验设备

① 电流源;
② 感应线圈。

4. 试验配置

试验配置有接地参考平面(GRP)、受试设备、试验发生器、感应线圈。如果试验用磁场附近有敏感设备,有可能被磁场骚扰,则应采取预防措施。

图 2-39 和图 2-40 分别为台式设备和立式设备试验布置的示意图。

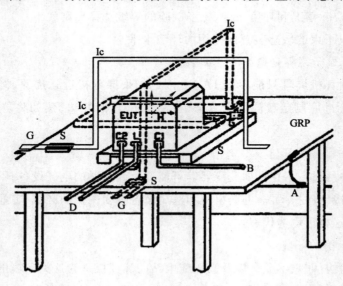

GRP—接地平面;A—安全接地;S—绝缘支座;EUT—受试设备;Ic—感应线圈;

C1—供电回路;C2—信号回路;L—通信线路;B—至电源;D—至信号源、模拟器;

G—至试验发生器

图 2-39 台式设备的试验布置

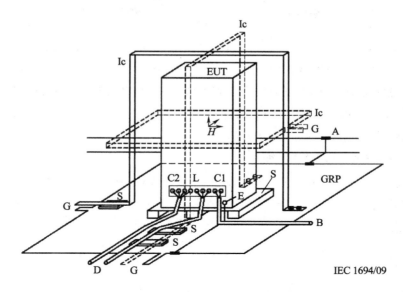

IEC 1694/09

GRP—接地平面;A—安全接地;S—绝缘支座;EUT—受试设备;Ic—感应线圈;
E—接地端子;C1—供电回路;C2—信号回路;L—通信线路;B—至电源;
D—至信号源、模拟器;G—至试验发生器
图 2 - 40　立式设备的试验布置

（1）接地参考平面

接地参考平面是 0.25mm 厚的非磁性金属薄板（铜或铝），也可用厚度至少为 0.65mm
的其他金属薄板，它的最小尺寸为 1m×1m，但是最终尺寸取决于受试设备的大小。接地
参考平面应与试验室的安全接地系统连接（图 2 - 39 和图 2 - 40 中 A 处），受试设备和辅
助设备应放在接地参考平面上，并与其连接。

（2）受试设备

受试设备应按正常使用来进行布置和连接，且要完成其正常使用时的功能要求。受
试设备置于接地参考平面上，两者之间有 0.1m 厚的绝缘（如干木块）支撑。受试设备外
壳应经其接地端子，用最短的连接与接地参考平面上的安全接地直接连接。

受试设备应使用制造商提供或推荐的电缆连接好，若没有推荐，则采用无屏蔽的电
缆，所有电缆应有 1m 长度暴露于受试磁场中。防逆滤波器与受试设备之间有 1m 长的电
缆，并与接地平面连接。应使用技术规范或标准中规定的通信线（数据线）电缆连接到受
试设备。 ﹐

（3）试验发生器

试验发生器不应放在感应线圈附近，否则会影响试验磁场。

（4）感应线圈

感应线圈应包围受试设备。受试设备应置于感应线圈 3dB 测试容积内，选择不同的
感应线圈来测试受试设备的不同侧面。校验过的感应线圈应按照规定的方式与试验发生
器相连。所选择的感应线圈应在测试计划中说明。

5. 试验程序

（1）实验室参考条件

1）气候条件

——温度：15℃～35℃；

——相对湿度：25%～75%；

——大气压力：86kPa～106kPa。

注：其他的取值可以在产品规范中给出。

2）电磁条件

实验室的电磁条件应能保证正确操作 EUT，而不致影响结果。否则，试验应在法拉第笼中进行。特别是，实验室的背景电磁场应至少比所选择的试验等级低 20dB。

（2）试验程序

试验应根据事先制定的测试计划进行，对技术要求或产品规范中所规定的受试设备性能的校验。设备应在其规定的额定范围内使用。如果不能提供实际的操作信号，则可采用模拟信号。采用浸入法对受试设备施加试验磁场，试验等级根据 YY 0505 的要求，采用连续场 3A/m 进行试验。

为了确定受试设备的最敏感侧面/位置（主要是对固定式的设备而言），可采用邻近法进行试验，如图 2-41 所示。这种方法不适用于对受试设备的正式检验。

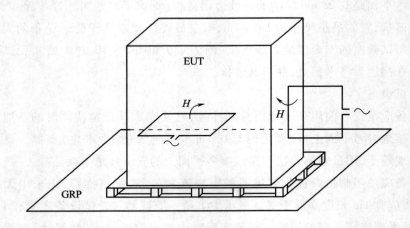

注：为了试验人员的人身安全，应根据关于人体暴露的要求注意安全，如果没有人体
暴露的要求，建议人与设备之间采用 2m 的安全距离。

图 2-41　用邻近法探测磁场敏感性

对于台式受试设备，按图 2-39 所示的布置，使其置于标准尺寸（1m×1m）的感应线圈产生的试验磁场中；随后感应线圈应旋转 90°，以使其暴露在不同方向的试验磁场中。

对于立式受试设备，按图 2-40 所示的布置，使其处于规定的适当大小的感应线圈所产生的试验磁场中。试验应通过移动感应线圈来重复进行，以试验受试设备的整个体积在不同垂直方向的情况,以线圈最短边的50%为步长,将线圈沿受试设备的侧面移动到不同的位置重复进行(以线圈最短一边的50%为步长移动感应线圈,产生重叠的试验磁场)。为了使受试设备暴露在不同方向的试验磁场中,感应线圈应旋转90°接着按相同的过程进行试验。

工频磁场试验的试验等级和试验时间根据稳定和短时两种情况来确定。但是YY 0505对此做出了修改,只进行连续场试验,不进行短时试验,除非医疗器械安全专用标准里有特殊的试验规定。并且:

1)应在50Hz和60Hz两频率上进行,除非设备和系统规定仅用其中的一个,只须在该频率上试验。在任一情况下,在试验期间设备或系统应以与施加的磁场相同的频率供电。

2)如果设备或系统是内部电源供电或由外部直流电源供电,则应在50Hz和60Hz两频率上进行。除非设备和系统预期仅在一个频率的供电区内使用,只须在该频率上进行试验。

3)试验时,设备或系统可以任一标称电源电压来供电。

第三章　试验场地与测试设备

电磁兼容的各个测试项目都要求有特定的试验场地和专门的测试设备,本章将对开阔场、电波暗室、屏蔽室和 TEM 室等重要电磁兼容试验场地的构造特征、设计原理和电性能进行阐述,并介绍 EMI 接收机、天线、功放、人工电源网络等关键测试设备的结构原理、典型技术指标和选型。

第一节　试验场地

CISPR 标准和有关国标规定辐射发射测试应在开阔试验场或电波暗室内进行;传导骚扰及骚扰功率测试在屏蔽室内进行;辐射抗扰度测试可在开阔试验场、半电波暗室、TEM 室、GTEM 室或混响室内进行;传导抗扰度测试应在屏蔽室或电磁环境比标准相应限值要求低 20dB 的试验场地内进行。其中以辐射发射和辐射抗扰度测试对场地的要求最为严格。这些场地可为测试提供一个稳定可靠的试验环境,尽量减少测试环境与周围环境的相互影响。

一、开阔试验场

开阔试验场(Open Area Test Site,OATS)是电磁兼容测试中非常重要的试验场地,通常作为标准测试场地。在辐射骚扰测量中,场地对测试结果的影响非常明显,为此,国际和国内电磁兼容相关标准中均明确规定,不同测试场地造成的测试结果差异,应以开阔试验场的测试结果为准。ANSI C63.4、GB/T 6113.104(CISPR 16 - 1 - 4)和 GB 9254(CISPR 22)等相关标准对开阔试验场的基本构造、归一化场地衰减等作了较详细的介绍。开阔试验场的选址和建造需考虑周围电磁环境这一重要因素,CNAS CL16《检测和校准实验室能力认可准则在电磁兼容检测领域的应用说明》中规定了开阔试验场周围电磁环境质量评估等级的划分:第一级为比相应限值低 6dB 的电磁环境;第二级为环境中有些电磁发射比相应限值低,但小于 6dB;第三级为环境中有些电磁发射比相应限值高,这些发射可能是非周期性的(即相对于测试,该发射之间的间隔足够长),也可能是连续的,但都在有限的可识别频率上;第四级为在大部分测试频率内,环境电磁发射都高于相应限值,且是连续的。其中第四级场地不符合测试要求。

(一)构造特征

开阔试验场是一个周围空旷、无反射物、平坦而导电率均匀的金属接地表面。场地按菲涅尔椭圆形设计,如图 3 - 1 所示。记椭圆焦距为 D,则场地长度不小于 $2D$,宽度不小

于 $\sqrt{3}D$，具体尺寸一般视测试频率下限对应波长而定。如测试频率下限为 30MHz，波长为 10m，则选择椭圆焦距为 10m。在电磁辐射发射测试时，受试设备（EUT）与接收天线分别置于椭圆的两个焦点处，接收天线接收的场强为空间直射波与地面反射波的矢量叠加，辐射信号传播路径如图 3-2 所示。

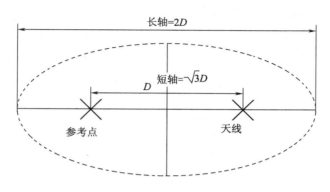

图 3-1　开阔试验场基本结构示意图

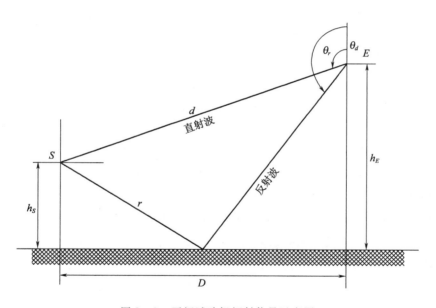

图 3-2　开阔试验场辐射信号示意图

相关电磁兼容标准规定了辐射发射测试及开阔场场地校验应在 3m、10m 或 30m 测试距离下进行，俗称 3m 法、10m 法、30m 法。如要满足 30m 法测试，场地应不小于 60m× 52m；10m 法测试，场地不小于 20m×18m，尺寸的大小决定着测试场地建造成本的高低。

开阔场的反射地面须用高导电率的金属材料构成，通常用实心或网状的镀锌钢板或铝板制造，板与板之间采用焊接，确保无大的漏缝或孔洞。为避免 EMI 信号失真，反射地面须满足由瑞利规则确定的平整度要求见式（3-1）：

121

$$b < \frac{\lambda}{8\sin\alpha} \quad\cdots\cdots\cdots\cdots\cdots\cdots\cdots\cdots\cdots\cdots\cdots\cdots \quad (3-1)$$

式中：b——地面最大变化高度；

$\qquad\lambda$——波长；

$\qquad\alpha$——入射波擦地角。

可见，b 是 EUT 和接收天线高度、间距及信号波长的函数。例如，在 1000MHz，EUT 和接收天线分别在 1m 和 4m 高度，则 3m 法开阔场地面最大允许起伏为 4.5cm，在 30m 法场地为 14.7cm。

影响开阔场测试的主要环境因素是天气。为了避免气候影响，保障 EUT 正常工作，需要设置一个保护罩。保护罩的材料应具有良好的射频透明性，可以是薄的玻璃纤维、塑料，或经过特殊处理的木头及纤维材料，以避免造成不需要的反射和受试设备辐射场强的衰减，使电磁波的传输损耗尽量小，保证开阔试验场场地的有效性。考虑到成本因素，一般只在 EUT 与转台区域设置保护罩。如彩图 1 所示。

开阔试验场宜选择电磁环境纯净、本底电平低的地方建造，或者比标准规定的限值至少低 10dB，应避开建筑物、电力线、篱笆和树木等，避免周围环境的电磁干扰对试验区电磁场的扰动。

（二）归一化场地衰减

CISPR 16 标准规定用"归一化场地衰减（Normalized Site Attenuation，NSA）"来评定开阔试验场的有效性，亦即 NSA 是衡量开阔场能否作为合格场地进行 EMC 测试的关键技术指标。NSA 定义为：采用认可的方法在试验场地上测得的发射天线与接收天线之间的传输损耗。NSA 可用式（3-2）表达：

$$A_N = U_T - U_R - AF_T - AF_R \quad\cdots\cdots\cdots\cdots\cdots\cdots\cdots\cdots\cdots\cdots \quad (3-2)$$

式中：U_T——发射天线输入电压，dBμV；

$\qquad U_R$——接收天线终端测得的接收电压，dBμV；

$\qquad AF_T$——发射天线的天线系数，dB；

$\qquad AF_R$——接收天线的天线系数，dB。

由式（3-2）可见，NSA 只与场地特性和测试点几何位置有关，与收、发天线本身特性无关。GB 9254/CISPR 22 标准规定，开阔试验场应按标准要求每年进行一次 NSA 测量评估，以保证其满足 ±4dB 的可接受准则。

（三）归一化场地衰减的测试

测量 NSA 的方法主要有两种：一种是离散频率法，即使用调谐偶极子天线，针对所需频率调整其长度进行测量的方法；另一种是扫描频率法，即用宽带天线进行扫频测量。具体采用哪一种方法，主要取决于所用的测量仪器以及天线的类型。测量时，两天线应分别在垂直极化和水平极化两个方向上进行，以得到不同极化方向的 NSA。

用离散频率法测试开阔试验场的 NSA,应注意:

（1）用作发射天线与接收天线的两副调谐偶极子天线最好是相同的天线,且其平衡/不平衡变换器损耗应小于 0.5dB;天线处于谐振长度位置时,测得天线输入端电压驻波比应小于 1.2。

（2）在垂直极化情况下测量 NSA 时,应使所用连接电缆尽量垂直于天线,以减小电缆对测试的影响。

（3）接收天线升降时,应注意寻找和读取最大接收电平值。

用扫描频率法测量开阔试验场的 NSA,应注意预先仔细校准宽带天线的天线系数。

（四）开阔试验场的应用

开阔试验场主要用于 30MHz～1GHz 频率范围的电磁辐射骚扰测试,并适合于较大尺寸 EUT 的测试。理想的开阔试验场可作为最终判定测量结果的标准测试场地。开阔场也可用于辐射抗扰度测试,但不宜施加过大的场强,以免对外界环境造成电磁干扰。

在计量测试领域,开阔试验场占有重要地位,如天线系数的校准,国际间的比对均要求在标准开阔场中进行。随着广播、电视、无线通信技术的高速发展,空间电磁环境日趋复杂,这给开阔场的选址、建造以及使用带来了不少问题。选择远离城市的郊外地区,虽可减少和避开电磁干扰,但却给日常维护和试验带来诸多不便。此外,开阔试验场位于室外、自然气候的影响也使其不能全天候的工作,这也制约了开阔场的广泛使用。

开阔试验场在大于 1GHz 频率范围的应用及其归一化场地衰减理论值的计算与测试,国际电工委员会电磁兼容技术分会（IEC/TC 77）和国际无线电干扰特别委员会（CISPR）等有关专家尚在研究之中。

二、电波暗室

上已述及,开阔试验场有一定的局限性:易受周围电磁环境和恶劣天气的影响。为了解决这个问题,一种替代试验场地——电波暗室应运而生。电波暗室（Anechoic Chamber）也称电波消声室或电波无反射室。在结构上,电波暗室是屏蔽室和吸波材料二者的结合物。在工程应用上,电波暗室可分为:半电波暗室（Semi – Anechoic Chamber,SAC）和全电波暗室（Full Anechoic Chamber,FAC）,其示意图如图 3 – 3 和图 3 – 4 所示。

由图 3 – 3 和图 3 – 4 可见,半电波暗室是除了地面（金属接地平板）之外,其余五面都装有吸波材料的屏蔽室,它可模拟开阔试验场,主要用于辐射发射测试。全电波暗室是内壁六面均装贴吸波材料的屏蔽室,可模拟自由空间传播环境,主要用于辐射抗扰度、天线性能、雷达散射截面（RCS）等测量。半电波暗室与全电波暗室的实景见彩图 2 和彩图 3 所示。

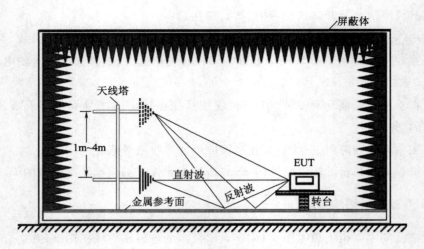

图 3 - 3 半电波暗室示意图

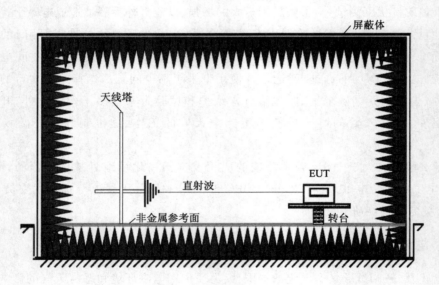

图 3 - 4 全电波暗室示意图

（一）半电波暗室的总体设计

半电波暗室的建设应基于技术先进性、配置合理性、功能完善性、最优效费比的设计原则,总体上主要包括暗室尺寸的确定、吸波材料的选择和布置、接口设计、高架地板和电源等内容。

1. 暗室尺寸

半电波暗室中的测试环境是模拟开阔试验场中电磁波的传播条件,因此暗室尺寸应以开阔试验场的要求为依据:测试距离 R 一般为 3m、5m、10m,测试空间的长度为 $2R$,宽

度为 $\sqrt{3}R$，高度 $\dfrac{\sqrt{3}R}{2}+2$。高度考虑到测试接收天线需要 1m～4m 范围内变化、垂直极化天线自身高度以及与顶部吸波材料的距离（一般要求大于 0.25m）通常还需要一定的空间余量。表 3-1 给出了常见的 3m 法、5m 法、10m 法半电波暗室的标准尺寸，仅供参考。暗室实际设计尺寸根据应用标准、所选择吸波材料的不同、静区大小等因素综合考虑，不同厂家的具体尺寸有些差异。

表 3-1　半电波暗室标准尺寸（参考值）

暗室类型	长 × 宽 × 高
3m 法	9m × 6m × 6m
5m 法	11m × 7m × 9m
10m 法	19m × 12m × 9m

2. 吸波材料的选择和布置

材料的吸波性能与电磁波的入射角密切相关：垂直入射时，吸波性能最好；斜射时性能降低。材料的吸波性能越好，即入射电波的反射率越小，对暗室中场强测量产生的不确定度就越小。泡沫尖劈型吸波材料的反射率与尖劈长度和使用频率有关，尖劈越长，频率越低，反射率越小。目前暗室中的吸波材料大致分为 3 种类型。

（1）单层铁氧体片

不用尖劈吸波材料，直接将铁氧体片粘贴于暗室墙壁及天花板上，全电波暗室地板也贴。工作频率范围 30MHz～1000MHz。满足 GB/T 17626.3/IEC 61000-4-3，ANSI C63.4，GB 4824/CISPR 11 的测试要求。

（2）角锥形含碳海绵复合吸波材料

角锥形含碳海绵吸波材料，由聚氨脂类泡沫塑料在碳胶溶液中渗透而成，具有较好的阻燃特性。吸波材料通常设计成角锥状或楔形，以保证阻抗的连续渐变，即使其传输阻抗与周围空气介质的阻抗相接近，从而保证对室内发射源的功率吸收和最大限度的减小反射。角锥长度与欲吸收的电磁波频率相关。频率越低，则角锥长度越长。通常应大于或等于最低吸收频率的四分之一波长。如 30MHz 时，吸波材料长达 2.5m。

由于吸波材料太长，既占空间，又易变形，所以近年来流行将角锥形吸波材料粘贴在双层铁氧体砖上构成复合吸波材料（如图 3-5 所示）。

（3）角锥形含碳苯板复合吸波材料

角锥由数块含碳笨板拼组而成，粘贴于铁氧体砖上。含碳苯板即加入碳粉（或碳纤维）和阻燃剂制成的灰黑色泡沫塑料板，具有良好的吸波特性和阻燃特性，且质轻不易变形。突出的优点是在拼组而成的尖锥顶部有一突台，可将一块配套的白色泡沫塑料板戴在突台上，使电波暗室就像贴白色瓷砖的房间一样，美观明亮，粉尘被隔离在白色苯板与

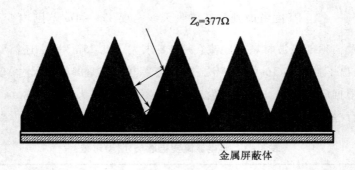

$Z_0=377\Omega$

金属屏蔽体

图 3 – 5 RF 泡沫吸波材料示意图

墙壁之间的尖劈空隙内,并被抽掉,避免进入测试空间。

吸波材料的选择主要依据其品质保证、材料类型、吸波性能指标(低频性能和高频性能)、尺寸大小、阻燃特性、价格等诸多因素来决定。吸波材料的性能优劣,将会极大地影响到暗室的整体性能和将来的运行维护成本,须谨慎考察和选择。

吸波材料的布置可根据菲涅尔原理来计算不同反射区的吸波材料及形状,在不同反射区选用不同长度的吸波材料。在主反射区(即对反射贡献最大的第一菲涅尔区)内,应挂贴吸波性能较好的材料。屏蔽门、通风波导窗、监视器、照明灯、电源箱等辅助设备都应尽可能设计在主反射区之外,并覆盖吸波材料。避免任何金属部件暴露在主反射区。

3. 接口设计

为了保证暗室内供电、通风、消防、监控、通信等系统在不降低屏蔽效能的前提下正常工作,需对进出暗室的信号线/控制线、电源、通风等接口进行优化设计。

(1)电源滤波器

用于暗室内部照明、设备用电等供电系统的电源线滤波,滤除线路中传输的高频信号分量。不同频率其源阻抗和负载阻抗都不相同,对电源滤波器的选型主要考虑使用频率、最大电流容量、插入损耗、漏电流等指标。

(2)信号滤波器

用于暗室与外界通信(如电话、报警、数据、网络等连接)的信号滤波。其涉及范围较广,通常工作在通带内,输入输出阻抗一致。对于高速数字信号如 10Mbit/s、100Mbit/s 网口等,应采用光电转换器。

(3)接口板

接口板包括两类:墙面接口板(或称屏蔽穿墙板)和地面接口板。前者用于暗室与控制室、暗室与功放室、控制室与功放室以及暗室与外界的射频转接,常用接头类型有 N、SMA、FSMA、BNC、NP 光纤直通。后者用于 EUT 供电、射频转接等,一般位于转台中心及附近和天线塔附近,安装的接头类型主要有:N、BNC、FSMA、SMA、NP、各种类型的电源插座和水气管路。值得注意的是,某些医用电气设备正常工作时需用到水、气,因此,在接口板设计时,应充分考虑进出水、进气管路系统的安装,并确保这些接口处的屏蔽性能及安全性。

（4）截止波导窗

用于暗室通风或排气的开口处均需安装截止波导窗,通过法兰与通风扇或空调系统相连的通风波导窗多采用截面为六边形的蜂窝状小波导组成,因为对于相同直径的孔,其通风量最大。小波导边长与最高工作频率相关,以其屏蔽性能与暗室屏蔽效能相匹配为原则。大多数波导窗设计截止工作频率到18GHz。若要求工作频率更高,如到40GHz时,小波导边长将会更小,造价也随之增加。通风波导窗的数量和窗口总面积根据暗室换气率要求来确定。

4. 高架地板

高架地板是暗室的的唯一反射面,应具有良好的导电连续性、平整度和承重能力。一般采用不小于2mm厚的镀锌钢板或不锈钢铺设,钢板间隙须小于0.2mm,若采用焊接方式,则焊缝高度不得超过1mm。不平整度应小于1.5mm/1m、3mm/2m、4.5mm/4m、6.0mm/10m。按承重能力分为高承重区和非承重区,高承重区的承载能力应根据EUT的重量来确定,对于医疗行业,应至少达到4000kg/m²;非承重区一般不小于1000kg/m²。此外,为保证受外力情况下的稳定性,高架地板之间要有横向固定措施。

高架地板上不宜再铺设木地板或塑料地板。研究表明:木地板对暗室的归一化场地衰减有一定影响,尤其在100MHz以下频率时,影响显著。

5. 其他注意事项

（1）环境控制:应考虑暗室外空间（母体建筑内）的环境温湿度的控制,避免暗室内外温差较大,形成冷凝水通过通风管道渗入暗室内,导致吸波材料受潮、屏蔽效能降低等现象的发生。

（2）接地与绝缘:暗室的接地网应独立建设,不宜与建筑防雷地、公共电网地共用。要求采用单点接地且接地电阻小于1Ω;整个暗室必须与建筑体有良好绝缘,绝缘电阻应大于$2M\Omega$。

（3）配电:应根据EUT、测试设备、暗室控制设备等用电需求,合理配置总的用电容量,并留有一定余量。暗室和控制室应采用独立的供电系统,配置独立的滤波器,以避免控制室的干扰通过电源线进入暗室。

（4）空调系统:应配置专门的空调系统,保证暗室内空间的恒温恒湿。

（5）X射线屏蔽:对于X射线机、CT等EUT,为防止测试时的射线泄漏及电离辐射对人员造成安全危害,在暗室设计时,应考虑在屏蔽体上装贴铅板,以起到射线屏蔽及防护作用。

（二）关键性能指标

暗室性能通常用以下 4 个关键指标来评价：屏蔽效能（SE）、归一化场地衰减（NSA）、场均匀性（FU）和场地电压驻波比（SVSWR）。

1. 屏蔽效能

屏蔽效能是衡量一个电波暗室电磁屏蔽性能优劣的重要指标。其测试应在暗室完成整个屏蔽体安装后，吸波材料安装前，依据标准 GB/T 12190—2006 的要求进行，测试位置主要是屏蔽体接缝、波导窗、屏蔽门、穿墙板等屏蔽较薄弱的地方。

2. 归一化场地衰减

半电波暗室是为模拟开阔试验场而建造，因此暗室中的 NSA 应和开阔场相一致，测试值与 NSA 理论值之差应小于 ±4dB。ANSI C63.4、GB 9254/CISPR 22 对半电波暗室的 NSA 测量作了如下规定：

（1）用双锥天线和对数周期天线等宽带天线进行测量，而不用调谐偶极子天线。

（2）考虑到受试设备具有一定的体积，设备上各点与周边吸波材料距离不同，应对受试设备所占空间进行多点 NSA 测量。测试时地面不铺设吸波材料，为金属反射面。测试在包括发射天线所处中心位置及其前、后、左、右各移动 0.75m 处共 5 个位置点，以及发射天线在不同高度（垂直极化时 1m 和 1.5m，水平极化时 1m 和 2m）共 20 种组合状态下进行。测试频率为 30MHz ~ 1GHz，测试布置如图 3 - 6 和图 3 - 7 所示。

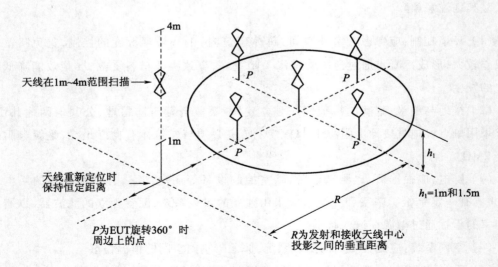

图 3 - 6　NSA 测量：天线垂直极化测试布置

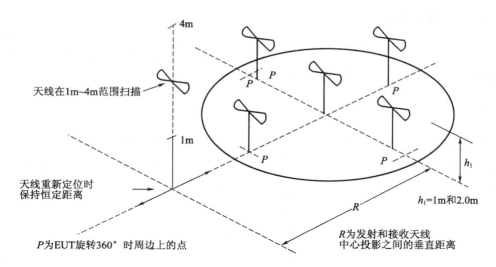

图3-7 NSA测量:天线水平极化测试布置

3.场均匀性

在辐射抗扰度测试时,发射天线必须在 EUT 周围产生规定等级且充分均匀的场强,场均匀性就是评价暗室能否满足这一要求的关键指标。按标准 GB/T 17626.3/IEC 61000 - 4 -3 要求,对 $1.5m \times 1.5m$ 测试面上的 16 个测试点进行测量,若至少有 12 个点(75%)的场强值偏差在 0 ~ 6dB 范围内,则认为测试面场强是均匀的。常见的测试频率范围为 80MHz ~ 3GHz,测试布置如图 3 -8 所示。

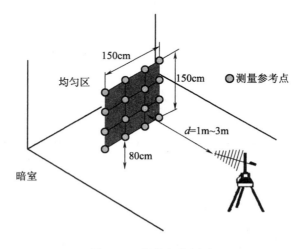

图3-8 场均匀性测试

在进行场均匀性测试时,要求在发射天线与受试设备间的地面上铺设吸波材料,防止地面反射影响场的均匀性。此外,各向同性探头应采用光缆与场强计相连,不能用普通金属屏蔽电缆,否则会产生较大误差。

注:暗室的性能极大地依赖于暗室的设计与建造。一旦建造完成,很难进行大的修改。因此,设计阶段应根据测试需要尽量考虑周全合理。建造时应精心施工、保证质量,才能使暗室最终具有良好的性能。

4. 场地电压驻波比(SVSWR)

1GHz ~ 18GHz 的场地性能通过场地电压驻波比指标来衡量,SVSWR 测试法同 NSA 方法所用的绝对校准不同,新方法使用的是相对测量技术。其原理是基于电磁波的干涉现象。由波源即发射天线发出的直射信号和其在暗室内壁上的反射信号叠加产生的合成信号形成空间驻波,该合成信号的最大值和最小值之比即为空间驻波比,其大小可表征反射波的强度,从而验证的暗室内的反射特性。若接收信号幅度以分贝为单位表示,则是最大值与最小值之差。

按 CISPR 16 - 1 - 4 标准要求,测试静区底部距离地面吸收材料顶部最大距离为 0.3m,为保证测试静区同 NSA 的测试静区完全重合,静区底部等同暗室反射平面。测试布置如图 3 - 9 和图 3 - 10 所示。

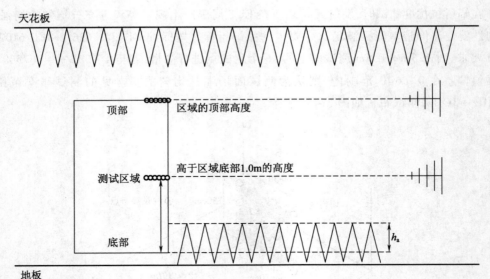

天花板
顶部
区域的顶部高度
高于区域底部1.0m的高度
测试区域
底部
h_a
地板
h_a=测试区域中被吸波材料挡住的部分(最大0.3m)

图 3 - 9 SVSWR 测试垂直布置图

图 3 - 10 中每个点的距离为一个固定的数值,以 F 系列的数据点为例,接收天线参考点同 $F6$ 之间的距离为 3.0m,则:

- $F6 = 3.0\text{m}$;
- $F5 = F6 + 0.02\text{m}$;

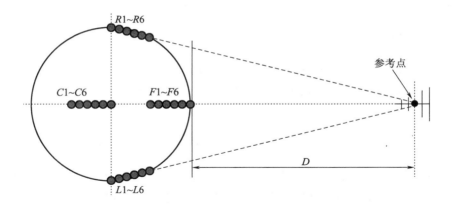

图 3 – 10　SVSWR 测试水平布置图

- $F4 = F6 + 0.1\,\mathrm{m}$；
- $F3 = F6 + 0.18\,\mathrm{m}$；
- $F2 = F6 + 0.3\,\mathrm{m}$；
- $F1 = F6 + 0.4\,\mathrm{m}$。

三、屏蔽室

屏蔽室是进行 EMC 试验的重要场地之一,其功能在于隔离室内外的电磁环境,为测试提供一个无噪声的环境,同时保护测试设备与 EUT 免受外界电磁环境的影响。按照 GB 4343.1/CISPR 14 – 1 的规定,有多个试验项目要求在具有一定屏蔽效能和尺寸大小的屏蔽室内进行。

（一）屏蔽室的分类

屏蔽室是一个用高导电率金属材料制成的封闭室体。其四壁和天花板、地板均采用金属材料(如铜网、钢板或铜箔等)制作。利用金属板(网)对入射的电磁波在金属体表面产生反射和涡流而起到屏蔽作用。

通常根据屏蔽室的结构、屏蔽材料和安装形式对屏蔽室加以分类。按结构划分,可分为单层钢板式、双层钢板式和多层复合式等;按屏蔽材料划分,可分为铜网式、钢板式和电解铜箔式等;按安装形式划分,可分为焊接式和拼装式等。

电磁兼容性试验用屏蔽室,通常要求工作频率范围宽,屏蔽效能好。采用薄钢板作屏蔽体时,最好采用熔焊工艺对接缝进行连续焊接,以保证焊缝处的屏蔽效能与钢板相同。大型固定式屏蔽室宜采用这种焊缝结构。厚度在 0.75mm 以下的薄钢板,最好采用咬接焊;对厚度大于 0.75mm 的钢板,可采用搭接焊或对接焊。拼装式屏蔽室,为保证接缝处屏蔽性能良好,应在接缝处放入导电衬垫,并通过螺栓夹紧,此外,还应注意防止结合处的电化学腐蚀。导电衬垫应有良好的导电性和足够的弹性厚度,既补偿由于缝隙在螺栓压紧时所呈现的不均匀性,又保证衬垫和屏蔽体之间良好的电气接触。

(二) 关键性能指标

屏蔽效能是衡量屏蔽室屏蔽性能的一个关键技术指标,其定义是指空间某点由源产生的电场或磁场在有屏蔽体时的场强(E_p,H_p)与无屏蔽体时的场强(E_a,H_a)的比值见式(3-3)。

$$S_E = \frac{E_p}{E_a} \text{和} \ S_H = \frac{H_p}{H_a} \quad\cdots\cdots\cdots\cdots\cdots\cdots\cdots\cdots\cdots\cdots\cdots \quad (3-3)$$

典型屏蔽室的电场衰减(10kHz~50MHz)和平面波衰减(50MHz~10GHz)可达100dB以上,而磁场衰减在10kHz~1MHz频率范围内可达70dB~120dB。CNAS CL16中规定屏蔽室的屏蔽效能在14kHz~1MHz频率范围内应>60dB;1MHz~1GHz范围内应>90dB。屏蔽效能大于100dB的屏蔽室,通常称为高性能屏蔽室。GB/T 12190—2006规定了屏蔽室屏蔽效能的测试和计算方法。

(三) 辅助设施

屏蔽室的辅助设施主要包括通风波导窗、电源滤波器、信号滤波器和照明系统。屏蔽室的通风波导窗、滤波器类型与暗室完全相同,前面章节已有介绍,这里不再赘述。照明灯具应采用无射频干扰的卤素灯或荧光灯,并要保证工作区域的照度不低于300lx。

屏蔽门作为屏蔽室的主要进出口,且要经常开闭。因此,门缝是影响屏蔽室屏蔽效能的重要部位。通常采用单刀双簧或双刀三簧的梳形簧片来改善门与门框间的电气接触。

(四) 接地

通常设备接地有两个目的:一是安全保护接地,即接大地;二是信号参考地,即给信号电压提供一个基准电位,为高频干扰电压提供低阻通路。

屏蔽室接地应注意以下几点:

(1) 屏蔽室宜采用单点接地,以避免接地电位不同产生地电流干扰。

(2) 为了减少接地线阻抗,接地线应采用高导电率的扁状导体,如截面为100mm×1.5mm的铜带。

(3) 接地电阻应尽可能地小,一般小于4Ω。为了获取低的接地电阻,之前是对导电率低的土壤,采用在接地极周围加入木炭和食盐的方法。由于雨水和地下水的冲刷,这种方法的"降阻"效果不能持久。国际多采用化学降阻剂。它是在电介质水溶液中加入滞留剂,从而在接地极周围形成凝胶状或固体状物质,使电介质的水溶液不易流失,收到长效的效果。

(4) 接地线应尽可能短,最好小于$\lambda/20$。对于设置在高层建筑上的微波屏蔽室,可采用浮地方案。

（5）必要时对接地线采取屏蔽措施。

（6）严禁接地线与输电线平行敷设。

（7）屏蔽室供电系统与屏蔽室金属壁之间应能承受基本绝缘耐压试验，而且电源进线与屏蔽室金属壁之间的绝缘电阻以及导线与导线之间的绝缘电阻应大于2MΩ。

（五）屏蔽室的谐振

任何封闭式金属空腔内都可产生谐振现象。GB/T 12190—2006 规定了 20MHz ～ 300MHz 频率范围内的标准测试程序。因为大多数屏蔽室的最低谐振频率都在该频段内，因此在测试时要尽可能避开这些频率点。

屏蔽室谐振是一个有害现象。当激励源使屏蔽室产生谐振时，会使屏蔽室的屏蔽效能大大下降，导致信息的泄漏或造成很大的测量误差。为避免屏蔽室谐振引起的测量误差，应通过理论计算和实际测量来获得屏蔽室的主要谐振频率点，把它们记录在案，以便在以后的电磁兼容试验中，避开这些谐振频率。

四、横电磁波室

横电磁波室（Transverse Electromagnetic Cell，TEM cell）是近十几年来不断发展起来的一种新的电磁兼容测试设施，其具有一系列优点：结构封闭，不向外辐射电磁能量，因而不影响健康，不干扰别的仪器工作；当室内进行场强仪校准、通讯机测试及 EMC 试验时，也不受外界环境电平及干扰的影响；工作频带较宽，可从 DC ～ 1000MHz，甚至更高；场强范围大，强场（300V/m）、弱场（1.0μV/m）均可测试，且场强便于控制；多用途，不仅可用来建立高频标准电磁场，校准高频近区场强仪和天线；测试电子设备的辐射抗扰度；测试无线设备的灵敏度、交调和互调；还可进行电磁波的生物效应试验和电磁辐射发射试验等。

横电磁波室的特性阻抗一般为50Ω 或 150Ω ±6Ω（3dB 场均匀区），室内场分布均匀性的大小应与受试设备的尺寸相适应，受试设备的高度小于空间高度的 2/3 时，在此区域内的分布不均匀度应小于 3dB，且输入端电压驻波比应≤1.5。

（一）TEM 小室

TEM 小室按其横截面形状可分为正方形及长方形两种。正方形 TEM 小室的优点是在相同可用空间条件下，使用频率较宽；或在相同的使用频率条件下，可用空间较大。长方形 TEM 小室的优点是场的均匀性较好。

1. 构造特征

横电磁波室由变形的矩形同轴线构成。主段呈正方形（或矩形）。两端逐渐减小，并转换成50Ω 同轴连接器。主段及两边逐渐减小的过渡段，均具有 50Ω 阻抗特性，从而保证传输室内阻抗匹配连续性。其内部结构如图 3-11 所示。

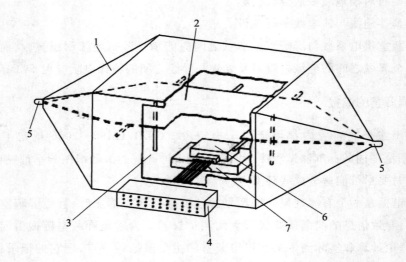

1—外屏蔽体;2—隔板(内部导体);3—出入口;4—连接器板;

5—同轴连接器;6—EUT;7—绝缘设备支架

图 3 – 11　TEM 小室结构示意图

2. 工作原理

基于同轴非对称矩形传输线原理,其中心导体展平为一块宽板(中心隔板)。当放大的信号注入到传输室的一端,就能在隔板和上下板之间形成很强的均匀电磁场,此场强可通过放入一个电场探头来监测,也可通过测量入射的净功率由公式计算得到。

3. TEM 小室辐射抗扰度测试法

以 TEM 小室为中心,配以信号发生器、高频电压表(或功率计)和终端负载等,即可进行小型 EUT 的辐射抗扰度测试,测试系统组成如图 3 – 12 所示。

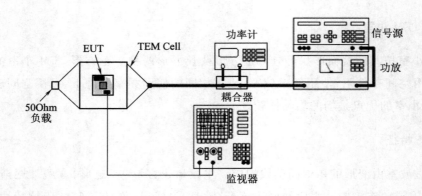

图 3 – 12　TEM 小室法测量系统组成示意图

4. TEM 小室(见图 3-13)的主要性能指标

(1)输入电压驻波比和频域阻抗:可采用网络分析仪或阻抗分析仪进行测试。

(2)时域阻抗分布:阻抗沿 TEM 小室纵向分布的情况。

(3)插入损耗:由 TEM 小室的内、外导体电导性损耗、支撑芯板的介质块介电特性损耗等构成。可采用网络分析仪进行测量。

(4)场分布:通常采用短的电偶极子天线测试 TEM 小室内的场分布。偶极子天线长 2cm~10cm,视被测 TEM 小室大小而定。

图 3-13　TEM 小室示例

(二)吉赫兹横电磁波小室(GTEM Cell)

GTEM 小室是在 TEM 小室的基础上发展起来的,它利用了 TEM 小室的可利用空间与其高端频率成反比的情况,是一种由 TEM 小室与电波暗室混合而成的结构形式(见图3-14)。GTEM 小室是根据同轴及非对称矩形传输线原理设计的。为避免内部电磁波的反射及产生高阶模式和谐振,将其设计成尖劈形。输入端采用 N 型同轴接头,而后渐变至非对称矩形传输以减少因结构突变所引起的电波反射。为使其达到良好的阻抗匹配并获得较好的均匀场区,选取并调测合适的角度、芯板高度和宽度。为使球面波从输入端到负载良好传输,并具有良好的高低频特性,终端采用电阻式匹配网络与吸波材料共同组成复合负载。

GTEM 小室不同前述的 TEM 小室。TEM 小室是四端网络,而 GTEM 小室是二端网络。因此,其电气性能主要是输入端电压驻波比、时域阻抗分布和室内分布。

GTEM 小室的突出优点是工作频率范围很宽,可从几 kHz 到几 GHz。另外试验空间比较大,与使用频率没有矛盾,因而得到越来越多的应用。

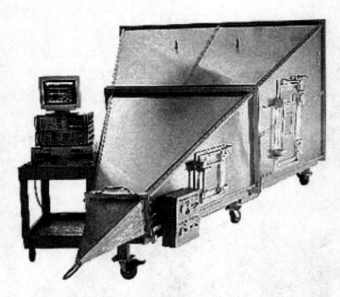

图 3 – 14　GTEM 小室示例

五、混响室（Reverberation Chamber）

混响室是一个电大尺寸、高导电率的金属封闭腔体,配有改变（搅拌）模式的机械装置,可用于辐射抗扰度、屏蔽效能等测量（见彩图 4）。任何具有这种性质的小室都可被看作混响室（也称为模式搅拌室,或模式调谐／模式搅拌混响室,或搅拌模式室）。混响室实际上是一个高品质因数的屏蔽谐振腔。利用不同的方法改变谐振腔内电磁场的模式分布,得到一个统计上均匀的,各向同性、随机极化的电磁环境。这种随机的电磁环境在理论上可以预测,其统计模型和统计不确定度也可以进行规范分析。

电磁波的实际传播环境通常描述为多次反射和多径效应。在某种程度上混响室采用极端的方式模拟这一复杂环境,因此在这方面混响室比其他 EMC 测试设施更能代表复杂环境。混响室的优点有:

（1）场均匀性好。通过搅拌器的运动不断改变谐振腔内的边界条件,使谐振腔内的场分布特性不断地发生变化,从而达到具有统计特性的各向同性、均匀、不分极化和不相关联的内部分布场。较好的场均匀性,可以大大提高测量的准确性和测试效率,减少测试的重复性。

（2）不需要很大的发射功率就可以得到较大的电场强度,节省了购置大功率微波放大器以及建造大型电波暗室所需的巨额费用。此外,由于不使用吸波材料,减少了吸波材料着火的危险,使得产生的高场强更加安全。并且它的高屏蔽性能可将高场强限制在混响室内部。

混响室的测试原理是基于复杂谐振腔的模式理论。由于混响室复杂的多模特性,理论分析中并不采用确定性方法,而是采用统计学方法进行分析。

一般认为电大尺寸的搅拌器在混响室内既起到幅度调制的作用,又起到频率调制的作用。评估混响室性能的指标主要包括:最低可用频率、品质因数、搅拌效率、场各向同性系数和均匀性系数、电场均匀性、相关系数等。

最低可用频率是表示混响室可以用来进行测试的最低频率,其可以通过最低可用频率对应的最少的模的数目的方法估计出来,并且可以用来评估不同形状的混响室的模分布。

品质因数作为评价混响室储存能量的方式,是一个很重要的参数,目前理论上计算的品质因数比测试结果要大很多。

电场各向同性系数和均匀性系数用来评价混响室磁场的随机极化,电场均匀性用来评价混响室在不同频率下的电场均匀程度,当频率高于 400 MHz 时,场的标准差在 3 dB 以内;当频率为 100 MHz ~ 400 MHz 时,标准差由 100 MHz 的 4 dB 线性递减为 400 MHz 的 3 dB;当频率低于 100 MHz 时标准差在 4 dB 以内,这样则认为混波室内的场是均匀的。相关系数用来评价搅拌桨的性能,评估不同频率下搅拌桨能够产生的不相关的样本数目。

实际混响室在频率较低时其内部处于欠模状态,实际电磁场分布与理论分布相差甚远。

第二节　测试设备

电磁兼容性试验主要包括电磁干扰(EMI)与电磁抗扰度(EMS)两个方面的测试项目,下面分别对 YY0505 标准中 EMI 测试和 EMS 测试所涉及的关键测试设备进行介绍(其总体框图如彩图 5 所示)。

一、EMI 测试设备

(一)EMI 接收机

EMI 接收机是电磁兼容性测试中应用最广、最基本的测量仪器。它能将传感器输入的干扰信号中预先设定的频率分量以一定通频带选择出来,予以显示和记录,连续改变设定频率便能得到该信号的频谱。EMI 接收机实质上是一种可调谐的、有频率选择的、具有精密幅频响应的超外差式选频电压表。

1. EMI 接收机的电路组成

EMI 接收机的电路组成如图 3 - 15 所示,各部分功能如下:

(1)输入衰减器

可对过大的输入信号或干扰电平进行衰减,调节衰减量大小,保证输入电平在接收机测量范围之内,同时也可避免过电压或过电流造成接收机前端损坏。EMI 接收机无自动

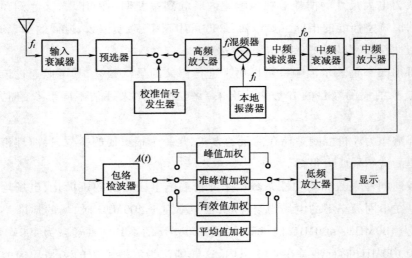

图 3 – 15 EMI 接收机电路组成框图

增益控制功能,通过宽带衰减器改变量程,其目的在于客观测定和反映输入信号的大小。

（2）预选器

接收机采用的预选器为带通滤波器,以抑制镜像干扰和互调干扰,改善接收机的信噪比,提高整机灵敏度。

（3）校准信号发生器

EMI 接收机所含的内部校准信号发生器,可随时对接收机的增益进行自校,以保证测量值的准确。普通接收机不具有校准信号发生器。

（4）高频放大器

利用选频放大原理,仅选择所需的测量信号进入下级电路,而将外来的各种杂散信号（包括镜像频率信号、中频信号、交调谐波信号等）排除在外。

（5）混频器

将高频放大器输出的高频信号和本振信号合成产生一个差频信号,并输入到下级的中频处理电路,由于差频信号的频率远低于高频信号频率,使中频放大器的增益得以提高。

（6）本地振荡器

提供一个频率稳定的高频振荡信号。

（7）中频放大器

中频放大器的调谐电路可提供严格的频带宽度,同时能获得较高的增益,因此可保证接收机的总选择性和整机灵敏度。

（8）检波器

EMI 接收机的检波方式与普通接收机的检波方式有较大差异。EMI 接收机除可接收正弦波信号外,更常用于测量脉冲干扰信号,因此测量 EMI 接收机除了通常具有的平均值检波功能外还增加了峰值检波和准峰值检波功能。

2. EMI 接收机的工作原理

接收机测量信号时,先将仪器调谐于某个测量频率 f_i,该频率经高频衰减器和高频放大器后进人混频器,与本地振荡器的频率 f_l 混频,产生很多混频信号。经过中频滤波器以后仅得到中频 $f_o = f_l - f_i$。中频信号经中频衰减器、中频放大器后,由包络检波器进行包络检波,滤去中频得到其低频包络信号 $A(t)$。$A(t)$ 再进一步进行加权检波,根据需要选择检波器,得到 $A(t)$ 的峰值(Peak)、有效值(rms)、平均值(Ave)或准峰值(Q_p),这些值经低频放大后可推动电表指示或在液晶屏显示出来。

接收机测量的是输入信号的电压,为测场强或干扰电流需借助一个换能器,通过其转换系数换算后,将测得的端口电压变换成场强、电流或功率。换能器依测量对象的不同可以是天线、电流探头、功率吸收钳或线路阻抗稳定网络等。

3. EMI 接收机的技术指标要求

(1)工作频段

EMI 接收机的工作频率范围应能覆盖 EMC 相关国际或国家标准规定限值要求的频段及我们感兴趣的信号频率范围。就现行的 YY 0505 及 GB 4824 标准而言,接收机的工作频段应不窄于 9kHz ~ 18GHz。

(2)中频带宽

接收机中频带宽指中频滤波器带宽,通常用 IFBW 表示。标准规定接收机的中频带宽是幅频特性的 6dB 带宽,具体要求见表 3 – 2。

表 3 – 2　标准带宽要求

民用标准	
频率范围	中频带宽
9kHz ~ 150kHz	200Hz
150kHz ~ 30MHz	9kHz
30MHz ~ 1GHz	120kHz
注:对 >1GHz 的频率,依据测试标准,选择 120kHz 或参照军标(1MHz)。	
军用标准	
频率范围	中频带宽
25Hz ~ 1kHz	10Hz
1kHz ~ 10kHz	100Hz
10kHz ~ 250kHz	1kHz
250kHz ~ 30MHz	10kHz
30MHz ~ 1GHz	100kHz
>1GHz	1MHz

（3）电平精度

当施加 50Ω 源阻抗的正弦波信号时，正弦波电压的测量准确度应优于 ±2dB（1GHz 以上，优于 ±2.5dB）

（4）检波器

基于 EMI 接收机的频率响应特性及相关 EMC 标准，要求接收机至少具备峰值、准峰值和平均值检波功能。检波器的充放电时间常数及脉冲响应特性须符合 GB/T 6113/CISPR16－1 的规定。

（5）其他要求

对于输入阻抗、选择性、互调和屏蔽效能等指标也应符合 GB/T 6113/CISPR16－1 中的相关规定。

4. EMI 接收机使用中的注意事项

（1）防止输入端口过载

输入到接收机端口的电压过大时，容易引起系统的非线性失真，甚至可能损坏接收机前端模块。因此测量前需判断所测信号的幅度大小，没有把握时，应在接收机输入端口前接上衰减器，以保护接收机。此外，一般的测量接收机是不能测量直流电压的，使用时应先确认有无直流电压存在，必要时串接隔直电容。

（2）选择合适的检波方式

依据不同的 EMC 测试标准，选择适当的检波方式（峰值、准峰值、有效值和平均值）对信号进行分析。实际干扰信号的基本形式可分为三类：连续波、脉冲波和随机噪声。

连续波干扰如载波、本振、电源谐波等，属于窄带干扰，在无调制的情况下，用峰值、有效值和平均值检波器均可检测出来，且测量的幅度相同。

对于脉冲干扰信号，峰值检波可以很好地反映脉冲的最大值，但反映不出脉冲重复频率的变化。采用准峰值检波器最为合适，其加权系数随脉冲信号重复频率的变化而改变，重复频率低的脉冲信号引起的干扰小，因而加权系数小；反之加权系数大，表示脉冲信号的重复频率高。而用平均值、有效值检波器测量脉冲信号，读数也与脉冲的重复频率有关。

随机干扰的来源有热噪声、雷达目标反射以及自然环境噪声等，这里主要分析平稳随机过程干扰信号的测量，通常采用有效值和平均值检波器测量。

利用这些检波器的特性，通过比较信号在不同检波器上的响应，就可以判别所测未知信号的类型，确定干扰信号的性质。如用峰值检波测量某一干扰信号，当换成平均值或有效值检波时幅度不变，则信号是窄带的；而幅度发生变化，则信号可能是宽带信号（即频谱超过接收机分辨带宽的信号，如脉冲信号）。

（3）测试前的校准

EMI 测试接收机都带有校准信号发生器，目的是通过比对的方法确定被测信号强度，接收机的校准信号是一种具有特殊形状的窄脉冲,以保证在接收机工作频段内具有均匀的频谱密度。测量中每读一个频谱的幅度之前,都须先校准,否则测量值误差较大。

(二)人工电源网络(AMN)

人工电源网络也称为线路阻抗稳定网络(LISN),作用在于为电源测量点两端提供一个射频范围内的稳定阻抗,以及隔离 EUT 与电网干扰,并将干扰电压耦合至 EMI 接收机。AMN 实质上是一个双向低通滤波器,其基本电路结构如图 3 - 16 所示,由 $50\mu H$ 电感与 $1.0\mu F$ 电容组成的 LC 电路可滤除电网中的高频干扰,让 50Hz 的工频电源通过并向 EUT 供电。而 EUT 发射的骚扰由于 $50\mu H$ 电感的阻挡不能进入电网,只能通过 $0.1\mu F$ 电容进入接收机。因此 AMN 起到了隔离电网和 EUT 的作用,使测得的骚扰电压仅来自 EUT,不会引入电网干扰。

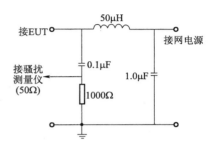

图 3 - 16　AMN 的基本电路结构

由于电网阻抗的不确定性,所测得的 EUT 骚扰电压值也会不同,所以要规定一个统一的 EUT 骚扰的负载阻抗,该负载阻抗有几种类型:$50\Omega/50\mu H$(测量频率为 150kHz ~ 30MHz)、$50\Omega/50\mu H + 5\Omega$(测量频率为 9kHz ~ 150kHz)、$50\Omega/5\mu H + 1\Omega$(测量频率为 150kHz ~ 100MHz)、$150\Omega$(测量频率为 150kHz ~ 30MHz)。AMN 的另一作用就是为测量提供一个稳定的阻抗。接收机的输入阻抗为 50Ω,包含在负载阻抗中,随着频率的升高,EUT 骚扰的负载阻抗趋近于 50Ω 或 150Ω。

由图 3 - 16 所示的基本结构单元可以构建一个 V 型 AMN(如图 3 - 17 所示),用于测量电源中相线。图中,L 为地线 PE 和零线;N 为地线 PE 的不对称骚扰电压。应该注意的

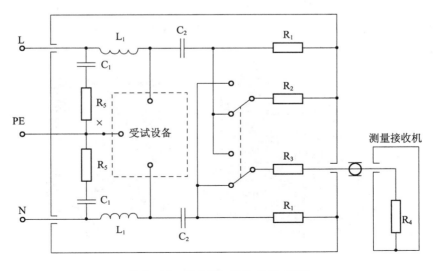

图 3 - 17　$50\Omega/50\mu H$ 的 V 型 AMN

是:由于 AMN 的 V 型结构导致该不对称骚扰电压是设备的差模骚扰电流和共模骚扰电流在 50(或 150)Ω 负载阻抗上共同作用的结果。

由两个上述的基本结构单元也可组成一个 150Ω 的 Δ 型 AMN(如图 3 - 18 所示)。用于测量线 - 地间的不对称骚扰电压以及相线 - 零线间的对称骚扰电压。此时线 - 地间的不对称骚扰电压仅由共模骚扰电流在 150Ω 负载阻抗上产生,相线 - 零线间的对称骚扰电压仅由差模骚扰电流在 150Ω 负载阻抗上产生。

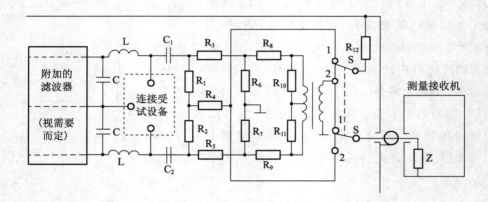

1—对称分量;2—非对称分量

图 3 - 18 150Ω 的 Δ 型 AMN

测量时 EUT 和 AMN 的布置、连接线的长度和走向等都应满足标准要求。AMN 外壳要良好接地,否则将影响电网和 EUT 之间的隔离。

(三) 容性电压探头

容性电压探头(见图 3 - 19)用于测量 GB 9254—2008/CISPR 22 附录 C1.3 中规定的两组以上的平衡对线和参考地之间的共模骚扰电压。测试时,探头不需要直接接触电缆内部的金属导体,也不需要将电缆断开,而是采用非接触式耦合测量。容性电压探头通常

图 3 - 19 容性电压探头示例

包括两个同轴的金属电极,由被测电缆与探头内部金属电极之间的电容,以及探头内部金属电极和外部金属电极之间的电容,形成一个容性的分压器。其输出电压经缓冲和放大,并连接至 50Ω 输入阻抗的接收机或频谱分析仪。探头外层金属罩起屏蔽作用,能有效抑制外部干扰。

探头应符合降低被测电缆容性负载的严格要求:小于 $5pF$。如果负载大于 $5pF$,则电缆上总阻抗会显著降低,并导致错误的共模电压和电流骚扰测试结果。

典型技术指标:

- 频率范围:9kHz ~ 100MHz;
- 插入损耗:34dB;
- 频率平坦度: < ±0.5dB;
- 最大峰值电压:30V;
- 屏蔽效能:50dB;
- 驻波比:1.6。

(四) 功率吸收钳

用于 30MHz ~ 1GHz 频段 EUT 沿电源线向外发射的连续骚扰功率的测量。功率吸收钳由电流变换器、铁氧体磁环组组成,其内部结构如图 3 - 20 所示。电流变换器包括铁氧体磁环和探测线圈,作用是测量电源线上的骚扰共模电流;上半部分夹钳的铁氧体磁环组用于吸收外场在电流探头引出电缆上产生的共模电流,以免影响测量结果。下半部分夹

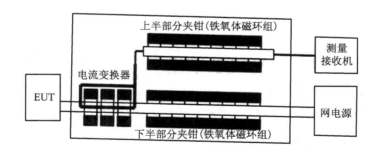

图 3 - 20　吸收钳内部结构

钳的铁氧体磁环组作为骚扰共模电流的稳定负载,吸收骚扰功率,并用于隔离 EUT 和电网。如果在 50MHz 以下频率范围内下半部分夹钳的铁氧体磁环组不能充分起到射频隔离作用,则应在电网端再加一个辅助吸收钳。吸收钳实物如图 3 - 21 所示。

利用吸收钳测量骚扰功率的原理是对于小型 EUT,电源线上由共模电流引起的辐射发射远大于 EUT 表面向外的辐射。可以将 EUT 的

图 3 - 21　吸收钳示例

电源线等效为一个辐射天线,此时骚扰功率近似等于吸收钳处于最大共模电流位置时测得的 EUT 提供给受试线的功率,为了找到"共模电流最大值",需要移动吸收钳,因此在测试系统中需要有一个能控制吸收钳沿着电缆固定轨迹移动的定位装置,即吸收钳导轨,导轨的长度要求为 6m,高度为 0.8m。导轨类型主要有三种:

(1) 手推导轨——吸收钳放置在 U 型管内,由测试人员推动吸收钳。

(2) 手摇导轨——吸收钳放置在一个小车上,由手摇把控制,通过非金属抗静电的锯齿状带子平缓移动小车,具有操作方便和低成本的特点。

(3) 自动导轨——使用步进电机控制放置吸收钳的小车,能通过 GPIB 控制,可实现自动化测试,具有较高的测试效率。

(五) 电流探头

电流探头是根据法拉第原理设计的用于测量线上非对称干扰电流(共模)或对称电流(差模)的卡式电流传感器。通常为环状卡式结构(如图 3 - 22 所示),能方便地将被测电缆卡于环内,不需要与缆线电气连接,可在不改变电路结构的情况下测量。其核心部分是一个分成两半的环形高磁导率铁芯,铁芯上绕有多匝线圈。铁芯与盖板之间填充有苯乙烯绝缘材料。当电流探头卡在被测电缆上时,被测电缆充当一匝的初级线圈,次级线圈则包含在环体内,并通过 N 型或 BNC 型同轴连接器与测量接收机相连。通常在 100kHz 以下频段,采用硅钢叠片做磁芯;100kHz ~

图 3 - 22 电流探头外形图示例

400MHz 频段采用铁氧体磁芯;200MHz ~ 1GHz 不采用磁芯(空心)。

电流探头的灵敏度可用传输阻抗表示。传输阻抗定义为:次级感应电压与初级电流之比。为获得较高灵敏度,应增加次级线圈匝数,然而,增加次级线圈匝数的同时又会造成次级绕组反射到初级绕组中的插入阻抗增大,影响到测量精度。典型电流探头的次级匝数为 7 ~ 8 匝,这是一个最佳匝数比,能获得较宽的频率范围和小于 1Ω 的插入阻抗。

电流探头的物理尺寸应能容纳最粗的被测电缆,电气上应能承受流经电缆的最大功率。

电流并具有被测信号频率范围的平坦响应特性。

典型技术指标:

● 频率范围:20Hz ~ 100MHz;

● 传输阻抗:1Ω ~ 4Ω;

● 传输因子:0dB ~ -12dB;

● 插入阻抗:<1Ω;

● 最大 DC 电流或峰值 AC 电流:300A;

● 最大 RF 电流:2A。

(六) 测量用天线

天线是向空间辐射或从空间接收电磁波的装置。对 EMC 测试天线而言,接收指的是测量不希望有的辐射发射,而发射指的产生用于辐射抗扰度试验的电磁场。根据天线互易理论,同一副天线既可用作发射天线也可用作接收天线,且收发时的基本特性参数相同。

1. 衡量天线性能的关键指标

(1) 输入阻抗(Z_A)

天线在馈电点的电压 U(V) 与电流 I(A) 之比,表达式如式(3-4)所示:

$$Z_A = \frac{U}{I}(\Omega) \quad\cdots\cdots\cdots\cdots\cdots\cdots\cdots\cdots\cdots\cdots\cdots\cdots\cdots\cdots (3-4)$$

(2) 天线系数(AF)

入射电磁波在天线极化方向上电场强度 E 与天线所接负载两端电压 U 之比,表达式如式(3-5)所示:

$$AF = \frac{E}{U}(\mathrm{m}^{-1}) \quad\cdots\cdots\cdots\cdots\cdots\cdots\cdots\cdots\cdots\cdots\cdots\cdots (3-5)$$

每副天线都有天线系数,该系数与频率有关,曲线一般由天线制造商给出。为了将接收机测得的骚扰电压转换成骚扰场强,需加上天线系数以及电缆损耗。

(3) 天线增益(G)

指在观察点获得相同辐射功率密度时,方向性天线的输入功率小于均匀辐射天线的输入功率的倍数。天线增益除包含天线的方向性特征外,还包含天线由输入功率转化为场强的转换效率。

(4) 天线方向图

指在离天线一定距离处,辐射场的相对场强(归一化模值)随方向变化的图形,通常采用通过天线最大辐射方向上的两个相互垂直的平面方向图来表示。即用极坐标形式表示不同角度下天线方向性的相对值。天线最大辐射方向与半功率点(-3dB)之间的夹角称为天线的半功率波瓣宽度。

(5) 电压驻波比

根据传输线理论,在传输线阻抗与负载阻抗不匹配的情况下,必然引起输入波的反射。驻波比是表征失配程度的系数,表达式如式(3-6)所示:

$$VSWR = \frac{1+\rho}{1-\rho} \quad\cdots\cdots\cdots\cdots\cdots\cdots\cdots\cdots\cdots\cdots\cdots\cdots (3-6)$$

式中:ρ 为反射系数($0 \le \rho \le 1$),即反射电压与入射电压之比。

阻抗匹配时,$\rho = 0$,则 $VSWR = 1$;阻抗失配时,$\rho \ne 0$,$VSWR > 1$。

2. 天线计算中的常用公式

(1) 天线增益与天线系数的转换见式(3-7)。

$$G(\text{dB}) = 20\lg f(\text{MHz}) - AF(\text{dB}) - 29.79 \quad\cdots\cdots (3-7)$$

(2) 场强与发射功率转换公式(远场)见式(3-8)。

$$E = \frac{\sqrt{30 P_t G_t}}{r} \quad\cdots\cdots\cdots\cdots\cdots\cdots\cdots\cdots (3-8)$$

式中,P_t——天线的发射功率,W;

    G_t——发射天线增益,dB;

    r——离开发射点的距离,m。

(3) 环天线的基本关系式:

设接收环天线的面积为 S,匝数为 n,当它置于平面波场中且天线平面与磁场方向垂直时,环天线的感应电压见式(3-9):

$$e = 2\pi f \mu_0 S n H \quad\cdots\cdots\cdots\cdots\cdots\cdots\cdots (3-9)$$

式中,e——天线感应电压,V;

    f——被测磁场频率,Hz;

    μ_0——真空磁导率,$4\pi \times 10^{-7}$(H/m);

    S——天线环面积,m^2;

    n——环天线匝数;

    H——磁场强度,A/m。

对于远场平面波,电场 E 与磁场 H 之间可通过波阻抗 Z_0 进行换算见式(3-10):

$$Z_0 = \frac{E}{H} = 120\pi(\Omega) \quad\cdots\cdots\cdots\cdots\cdots (3-10)$$

将式(3-10)代入式(3-9),并把频率换算成对应的波长 λ,可得式(3-11):

$$e = \frac{2\pi S n E}{\lambda} \quad\cdots\cdots\cdots\cdots\cdots\cdots\cdots (3-11)$$

有时为了由环天线感应电压直接得出磁通密度 B,将 $B = \mu_0 H$ 代入式(3-9),可得式(3-12)

$$e = 2\pi f S n B \quad\cdots\cdots\cdots\cdots\cdots\cdots\cdots (3-12)$$

利用式(3-11)可在标准电场中校准接收环天线,给出天线端口感应电压与场强之间的关系曲线,进而得到天线端口感应电压与磁场或磁通密度之间的关系曲线,自动化测试时便可直接得到磁通密度值。

对发射环天线,常利用其近区感应场作为磁场敏感度试验的模拟干扰源,这时利用毕奥沙伐定律计算环天线中轴线上的磁场,见式(3-13)。

$$B = \frac{\mu_0 r^2 In}{2(r^2 + d^2)^{3/2}} \quad \cdots\cdots\cdots\cdots\cdots\cdots\cdots\cdots\cdots \quad (3-13)$$

式中,r——环天线半径,m;

$\quad$ I——环天线中电流,A;

$\quad$ n——环天线匝数;

$\quad$ d——环天线中轴线上测试点到环平面的距离,m;

$\quad$ B——环天线在其轴线上测试点的磁通密度,T。

3. 常用天线类型及参数

(1) 环形天线

环形天线是对磁场敏感并对电场屏蔽的天线,其形状为线圈状,磁场垂直于环形平面的部分在线圈中产生正比于频率的电压,一般工作在20Hz～30MHz频率范围内。

环形天线用于测量 EUT 的磁场辐射骚扰。按 GB 4824 及 GB 17743 的要求,对于最大对角线尺寸小于 1.6m 的家用感应炊具和灯具的测试,使用直径为 2m 的三环天线(如图 3-23 所示)测量 EUT 磁场辐射骚扰引起的感应电流,各环之间通过开关自动切换;对大于 1.6m 的灯具,应使用 3m～4m 直径的环天线;对大于 1.6m 的家用感应炊具和所有商用感应炊具,使用直径 0.6m 的环形天线(如图 3-24 所示)测量 3m 远处 EUT 的磁场辐射骚扰。

图 3-23　三环天线

图 3-24　环形天线

(2) 双锥天线

双锥天线的形状与偶极子天线十分接近,它由两个具有同轴、同顶点的锥形导体组成(如图 3-25 所示),并在顶点处激励,工作频段比偶极子天线宽,且无需调谐,适合与接收机配合进行自动测试和系统扫频测量,可用于 EMI 和 EMS 测量。

典型技术指标:

● 工作频段:30MHz～300MHz;

● 驻波比:≤2.0;

- 增益：0～2dBi；
- 输入阻抗：50Ω。

（3）对数周期天线

结构类似八木天线（如图3－26所示），上下两组振子，从长到短交错排列，这种几何结构，使得其阻抗和辐射特性随频率的对数作周期性重复。对数周期天线具有高增益、方向性强、低驻波、频带宽的特点。

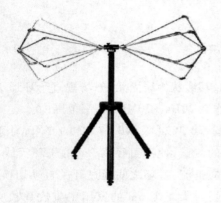

图3－25　双锥天线

图3－26　对数周期天线

典型技术指标：

- 工作频段：200MHz～1GHz；
- 驻波比：≤1.5；
- 增益：8dBi；
- 输入阻抗：50Ω。

（4）双锥对数周期宽带复合天线

如图3－27所示，这种复合天线集双锥天线和对数周期天线的特性于一身，具有较宽的频率范围（30MHz～7GHz），测量时不需改变天线，节省了测试时间，是目前常用的一种EMC测量天线。

典型技术指标：

- 工作频段：30MHz～7GHz；
- 天线因子：7dB/m～43dB/m；
- 驻波比：<1.5；
- 增益：6.4dBi±1.2dBi；
- 输入阻抗：50Ω。

（5）喇叭天线

通常用于1GHz以上频率的辐射骚扰及抗扰度测试，常见的喇叭天线有双脊喇叭和角锥喇叭。双脊喇叭天线（如图3－28所示）的上下两块喇叭板为铝板，铝板中间位置是扩展频段用的弧形凸状条，两侧为环氧玻璃纤维的覆铜板，并蚀刻成细条状，连接上下铝板,为线极化天线,测量时通过调整托架来改变极化方向。角锥喇叭的工作频段通常由馈电口的波导尺寸决定,带宽比双脊喇叭窄,但方向性、驻波比及增益均优于双脊喇叭。

典型技术指标:

- 工作频段:1GHz~18GHz(双脊波导)/1GHz~40GHz(角锥波导);
- 驻波比:≤1.5;
- 增益:10dBi~30dBi;
- 最大输入功率:50W~800W(CW);
- 输入阻抗:50Ω。

图 3 - 27　双锥对数周期宽带复合天线　　　　图 3 - 28　双脊喇叭天线

(七) 谐波闪烁分析仪

本设备用于测量 EUT 交流供电线上的谐波电流、电压波动与闪烁。

涉及标准:GB 17625.1—2003/IEC 61000 - 3 - 2:2001、GB 17625.2—2007/IEC 61000 - 3 - 3:2005。

谐波闪烁分析仪一般由交流源和分析仪两部分组成,如图 3 - 29 所示。

交流源用于产生谐波闪烁分析所需的频率稳定[$50 \times (1 \pm 5\%)$Hz]、幅度稳定($\pm 2.0\%$)、短期闪烁 $P_{st} < 0.4$、谐波失真非常小($\leq 3\%$)的纯净交流供电电压。

- 试验电压应为 EUT 的额定电压,单相和三相电源的试验电压应分别为 220V 或 380V。

- 三相试验电源的每一对相电压基波之间的相位角应为 120° ±1.5°。

- 当受试设备按正常运行方式连接时,试

图 3 - 29　谐波闪烁分析仪示例

验电压的谐波含有率不应超过下列值：

3 次谐波	0.9%
5 次谐波	0.4%
7 次谐波	0.3%
9 次谐波	0.2%
2 次谐波 ~10 次谐波	0.2%
11 次谐波 ~40 次谐波	0.1%

● 试验电压的峰值应在其有效值的 1.4 倍 ~1.42 倍之内，并应在过零后 87°~93°达到峰值。

测量闪烁时该调制信号送入"白炽灯 – 人眼 – 人脑对电压变化的响应"模拟网络，然后再对模拟网络的输出进行概率统计处理，求得 P_{st} 和 P_{lt}；随机配套的测试软件用于后台计算处理，提供谐波电流、总谐波失真、电压特性中的相对变化、短期闪烁值、长期闪烁值等参数的测量结果，并可生成测试报告。

对谐波与闪烁测量设备的具体指标要求参见 GB/T 17626.7。

典型技术指标：

● 输入电压

范围：10V ~530V；

过载：1000V（峰值）；

精度：优于测量值的 0.4%；优于满量程的 0.1%。

● 输入电流

范围：连续 16A，短时 50A；

精度：优于测量值的 0.4%；相对于 16A，优于 0.05%。

● 谐波分析

范围：1 ~50 次谐波；

精度：0.1%＠kHz。

● 闪烁分析

P_{st} 和 P_{lt} 精度：3%；

d_{max}、d_c 和 d_t 精度：0.15%。

（八）频谱分析仪

频谱分析仪（简称频谱仪）同示波器一样都是信号观察的基本工具，示波器是在时域提供一个观察窗来显示输入信号的时域特性，而频谱仪是在频域提供一个观察窗来显示输入信号的频谱特性。频谱仪能对信号的谐波分量、寄生、交调、噪声边带等进行直观的测量和分析，从而成为微波测量中必不可少的测量仪器之一。

1. 频谱仪的电路组成与工作原理

图 3 – 30 是扫频式频谱分析仪的简化电路框图,其基本结构类似超外差式接收机,工作原理是输入信号通过衰减器,以限制到达混频器时的信号幅度,再经过低通滤波器滤除不需要的频率,然后与本地振荡器产生的信号混频(后者的频率由扫频发生器所产生的锯齿电压控制,锯齿波电压同时还用作示波管的水平扫描,从而使屏幕上的水平显示正比于频率),所产生的中频信号通过中频滤波器后再经对数标度放大或压缩及检波,从而得到驱动显示垂直部分的直流电压。随着扫频发生器扫过某一频率范围,屏幕上就会画出一条迹线,该迹线即示出输入信号在所选频率范围内的频谱成分。扫频式频谱仪可分析稳定和周期变化信号,可提供信号幅度和频率信息,适合于宽带信号的快速扫描测试。

随着数字技术的进步,基于快速傅里叶变换(FFT)的实时频谱分析仪也得以发展,这种频谱仪采用数值计算的方法完成信号频域测量,可提供频率、幅度和相位信息。其基本工作原理是被测信号经模数变换电路(ADC)变换成数字信号后,加到数字滤波器进行傅里叶分析;由中央处理器控制的正交型数字本地振荡器产生按正弦律变化和按余弦律变化的数字本振信号,也加到数字滤波器与被测信号作傅里叶分析。正交型数字式本振是扫频振荡器,当其频率与被测信号中的频率相同时就有输出,经积分处理后得出分析结果供示波管显示频谱图形。FFT 的特点是速度快、精度高,但其分析频率带宽受 ADC 采样速率限制,适合分析窄带信号。

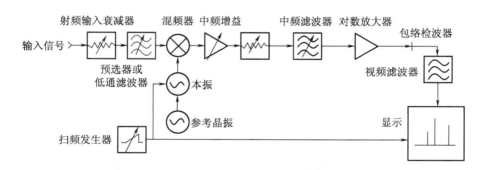

图 3 – 30　扫频式频谱仪的简化电路框图

2. 频谱仪的主要技术指标

(1)频率方面指标

测量频率范围——反映频谱仪测量信号范围的能力。

频率分辨率——反映频谱仪区分两个邻近频率信号的能力,与滤波器型式、波形因数、分辨率带宽、本振稳定度、边带噪声等因素有关。

频率稳定度——反映频率或幅度在一段时间内保持不变的能力。

（2）幅度方面指标

动态范围——反映频谱仪同时分析大信号和小信号的能力。指同时在输入端并以同样的精度测出的最大信号与最小信号功率之比。

灵敏度——反映频谱仪测量小信号的能力。指的是在一定的分辨带宽下显示的平均噪声电平，它与分辨率带宽（RBW）、视频带宽（VBW）和衰减器设置有关。

内部失真——反映频谱仪测量大信号的能力。当利用频谱仪测试信号失真（二次谐波、三次谐波等）时，频谱仪显示的失真产物实际上包含三个成分：被测失真（实际测试对象）、仪表产生的失真及仪表噪声，为得到正确测试结果，希望仪表内部失真和噪声都尽量小，而这两个信号的幅度都和仪表的衰减器设置有关。

（3）测试精度方面指标

频率测量精度——频谱仪测量信号频率或频率分量指示的不确定度，包括绝对和相对精度。

幅度测量精度——幅度测量的不确定度，包括相对和绝对精度。

（4）分析谱宽

又称频率跨度。频谱分析仪在一次测量分析中能显示的频率范围，可等于或小于仪器的频率范围，通常是可调的。

（5）分析时间

完成一次频谱分析所需的时间，它与分析谱宽和分辨率有密切关系。对于实时频谱分析仪，分析时间不能小于其最窄分辨带宽的倒数。

（6）扫频速度

分析谱宽与分析时间之比，即扫频的本振频率变化速率。

（7）显示方式

频谱分析仪显示的幅度与输入信号幅度之间的关系。通常有线性显示、平方律显示和对数显示三种方式（见图3－31）。

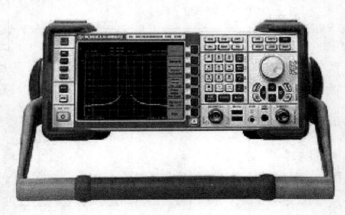

图3－31　频谱仪实物示例图

（九）喀呖声分析仪

本设备用于测量与评定断续骚扰（喀呖声）的幅度、发生率和持续时间（见图 3 − 32）。

涉及标准：GB 4343. 1—2009/CISPR 14 − 1：2005、GB/T 6113. 101—2008/CIS-PR16 − 1 − 1：2006。

喀呖声是指骚扰持续时间小于 200ms 而相邻两个骚扰的间隔时间大于 200ms 的断续骚扰。喀呖声发生的频度用喀呖声率 N 来表示，N 是 1min 内的喀呖声次数，它决定了喀呖声的危害程度。N 越大越接近连续骚扰，其幅度限值 L_g 应等同于连续骚扰的限值 L。N 越小危害程度越小，其幅度限值 L_g 应该放宽，放宽程度由式（3 − 14）决定：

图 3 − 32　喀呖声分析仪实物图示例

$$L_g(\text{dB}) = \begin{cases} L + 44 & N < 0.2 \\ L + 20\lg\left(\dfrac{30}{N}\right) & 0.2 \leqslant N < 30 \\ L & N \geqslant 30 \end{cases} \quad\cdots\cdots\cdots\cdots \quad (3-14)$$

EUT 产生的喀呖声骚扰是否合格，应按"上四分位法"来确定，即在观察时间内记录的喀呖声如有 1/4 以上其幅度超过喀呖声限值 L_g，则判断产品不合格。

喀呖声分析仪通常采用 4 个相互独立的通道设计，内置固定频率（150kHz，500kHz，1.4MHz，30MHz）的 RF 接收机，且每个通道都设计有峰值及准峰值检波，可同时对 4 个通道进行峰值及准峰值采样，可识别所有的喀呖声（短、长、连续噪声以及切换操作），并能指示以下信息：

- 持续时间等于或小于 200ms 的喀呖声的数量；
- 以 min 为单位的测试持续时间；
- 喀呖声率；
- 超出连续骚扰准峰值限值的非喀呖声骚扰的发生率。

喀呖声分析仪的基本特性应能完全符合 GB/T 6113. 101—2008/CISPR16 − 1 − 1：2006 的标准要求。

典型技术指标：

- 接收机通道数：4；
- 接收机调谐频率：150kHz，500kHz，1.4MHz，30MHz；
- 频率误差：$< 10 \times 10^{-6}$；
- 脉冲响应：符合 CISPR 16 − 1 的峰值及准峰值；

- 灵敏度:25dBμV;
- 每通道显示信息:

显示电平:0~120dBμV;

显示信息:喀呖声:长、短;

　　　　　断续干扰;

　　　　　已知测试时间;

　　　　　切换操作次数;

　　　　　连续干扰时间;

　　　　　时域;

　　　　　测试报告图形编辑;

- 电压驻波比: <1.5:1(0dB 衰减), <1.2:1(有衰减时)。

二、EMS 测试设备

(一)信号源

信号源在 EMC 测试中的用途有两个:其一,作测试系统校准的信号产生器;其二,用于抗扰度试验中产生连续波模拟干扰信号。对信号源的基本要求是能提供抗扰度试验所需的已调制或未调制的信号,输出幅度稳定,并满足以下要求:

工作频段:不窄于 9kHz~6GHz;

频率精度:不低于 ±2%;

谐波分量:谐波和寄生输出应低于基波 30dBc;

调制方式:具备调幅、调频、调相、脉冲调制功能,可选择和控制调制类型、调制度、调制频率、调制波形,且 AM 调制频率至少包括 2Hz 和 1kHz,调制深度不小于 80%。若需要特殊调制,如三角波调制等,可通过外调制的方式实现,即信号源只产生载波,由另外一台函数发生器产生所需的调制信号,输出到信号源的外调制输入端,在信号源中完成调制并输出已调制的信号。

此外,信号源的电平精度应具有低于 1.5×10^{-3} 十倍频程/s 的自动扫描功能,小的步进频率有利于精确捕获 EUT 的敏感频点。

(二)功率放大器

在电磁抗扰度测试中,功率放大器(见图 3-33)是必不可少的设备。对于连续波及脉冲干扰的模拟,仅靠信号源往往难以达到所需的功率,需要利用功率放大器来提升信号功率,以达到高的辐射场强或在电源式信号线上注入强干扰电流的目的。

由于器件特性的限制,单台功放的工作频段很难做到覆盖全部测量频段,就工科医设备的抗扰度测试而言,一般需 3~4 台来覆盖,频段划分如 10kHz~250MHz、80MHz~

$1GHz$、$1GHz\sim4GHz$、$4GHz\sim8GHz$。

功放对负载端的驻波极为敏感,负载匹配良好是得到最大输出功率的基本条件。在使用中,功放必须接上负载后方可施加输入信号,若输出端空载会使负载驻波极大,形成功率的全反射,极易损坏放大器,这是功放使用中必须特别注意的问题,尤其是对上百瓦、上千瓦的大功率放大器。早期的功放一般不带程控接口,其增益控制靠手动调节,功率输出需通过控制信号源的输出实现。这种控制方式要求放大器的线性比较好,对一定幅度范围内的输入信号具有相同的增益,这样才能保证输出信号的稳定度。

图 3 – 33　功率放大器示例

为达到标准中不同产品所需试验场强的要求,在功放选型时,应通过计算确定功放的输出功率,避免过度投资。在远场条件下,距离发射天线 D 处的场强可用式(3 – 15)计算:

$$E = \sqrt{\frac{P_t G_t Z}{4\pi D^2}} \quad\cdots\cdots\cdots\cdots\cdots\cdots\cdots\cdots\quad (3 – 15)$$

进而可得天线的馈入功率见式(3 – 16)(单位为 W):

$$P_t = \frac{4\pi (ED)^2}{Z G_t} \quad\cdots\cdots\cdots\cdots\cdots\cdots\quad (3 – 16)$$

式中,Z——远场平面波波阻抗,Ω;

　　　G_t——发射天线增益,dB。

记功放与天线之间的线缆损耗为 $L(dB)$,接头及定向耦合器的插入损耗为 $IL(dB)$,则功放输出功率 $P(dBm)$ 可通过式(3 – 17)计算:

$$P = 10\lg(P_t \times 10^3) + L + IL \quad\cdots\cdots\cdots\cdots\quad (3 – 17)$$

除了关注功放的线性输出功率(或者称为 1dB 压缩点功率)、增益平坦度、谐波失真等关键指标外,还应考虑由于天线阻抗不匹配对功放实际输出功率的影响,以增加一定的功率余量。

(三)功率计

在电磁抗扰度测试中,功率计(见图 3 – 34)与双定向耦合器一起组成功率监测系统,实时测量功放的输出功率大小,了解负载端的匹配情况,如测量正向功率和反向功率的大小,确定电缆是否正确连接、功率是否达到预定值等。

图 3 – 34　功率计及功率探头示例

　　功放的输出功率选择用功率计监测是因为：抗扰度试验测量频段较宽，从 10kHz ~ 6GHz，军标甚至到 40GHz，一般信号源和功放都是多台覆盖的，而功率计单台即可覆盖以上频段，通过更换功率探头甚至还可测到 110GHz，且体积小、操作简便。如果使用双通道功率计，则可将两个功率探头分别接到定向耦合器的两个耦合端，同时监测入射功率和反射功率。有些抗扰度测量要求加调制信号，而功率计是通过功率探头检波测量倍号功率的，因而测出的是调制信号的总功率，电磁兼容测量用功率计需根据所测功率大小选择功率探头的动态范围及工作频段。

　　典型技术指标：

- 频率范围：9kHz ~ 6GHz；
- 幅度范围：– 67dBm ~ + 23dBm；
- 驻波比：小于 1.2；
- 测试精度：0.058dB。

（四）定向耦合器

　　定向耦合器是微波测量系统中广泛应用的一种无源器件，可用于信号的隔离、分离和耦合，如功率的监测、源输出功率稳幅、信号源隔离、传输和反射的扫频测试等，其本质是将微波信号按一定比例进行功率分配。有一个耦合端的称为单定向耦合器，有两个耦合端的则称双定向耦合器。图 3 – 35 为双定向耦合器示意图，当输入端接功率源，输出端接负载后，两个耦合端分别接功率计或频谱仪，由靠近输入端的耦合端 3 测量前向功率，由靠近负载端的耦合端 4 测量反向功率。定向耦合器工作原理是主线中传输的功率通过多种途径耦合到副线，并互相干涉而在副线中只沿一个方向传输。

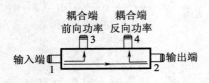

图 3 – 35　双定向耦合器示意图

　　定向耦合器的主要技术指标：

　　1. 方向性：指端口 1 输入时，从端口 3 测得的功率 P_{13} 与端口 2 输入时从端口 3 测得的功率 P_{23} 之比，以分贝表示，见式（3 – 18）。

$$D(\text{dB}) = 10\lg\frac{P_{13}}{P_{23}} \quad\cdots\cdots\cdots\cdots\cdots\cdots\cdots（3 – 18）$$

　　2. 耦合度：指输入端功率 P_1 与前向耦合端输出功率 P_3 之比，以分贝表示，见式（3 – 19）。

$$C(\text{dB}) = 10\lg\frac{P_1}{P_3} \quad\cdots\cdots\cdots\cdots\cdots\cdots\cdots（3 – 19）$$

　　3. 插入损耗：指输入端功率 P_1 与输出端功率 P_2 之比，以分贝表示，见式（3 – 20）。

$$IL(\text{dB}) = 10\lg\frac{P_1}{P_2} \quad\cdots\cdots\cdots\cdots\cdots\cdots\cdots（3 – 20）$$

　　功率测量时，在负载阻抗匹配良好即忽略负载反射的情况下，有

　　前向功率：$P_1(\text{dBm}) = P_3(\text{dBm}) + C_{13}(\text{dB})$　$\cdots\cdots\cdots\cdots\cdots\cdots$（3 – 21）

反向功率：$P_2(\text{dBm}) = P_4(\text{dBm}) + C_{24}(\text{dB})$ ···（3 – 22）

式（3 – 21）、式（3 – 22）中 C_{13} 和 C_{24} 分别为端口 3 对端口 1 输入功率的耦合度和端口 4 对端口 2 输入功率的耦合度。

辐射抗扰度试验中，大功率定向耦合器接在功放的输出端，与功率计一起组成功率输出监测系统，其作用一是随时监测大功率输出的情况，二是了解反射功率的大小，确保功放连接正确，负载匹配良好。在选择定向耦合器时，除关注上述三大指标外，还应考虑工作频段和功率容量的问题。

（五）耦合去耦网络（CDN）

耦合去耦网络一方面把骚扰信号以共模方式耦合到 EUT 的被测端口上，另一方面抑制骚扰信号耦合到辅助设备上。CDN 类型繁多，应根据 EUT 和辅助设备（AE）之间的连接电缆类型来选择不同的 CDN 及耦合方式，例如同轴电缆、屏蔽电缆、非屏蔽平衡电缆和不平衡电缆等。如果是屏蔽电缆则骚扰电流注入到电缆的屏蔽层上，如果是非屏蔽电缆，骚扰信号直接注入到各条线上。图 3 – 36、图 3 – 37、图 3 – 38 和图 3 – 39 是各种 CDN 的例子。

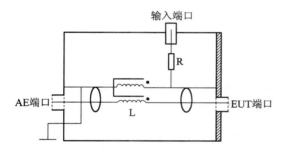

图 3 – 36 用于屏蔽电缆的 CDN – S1

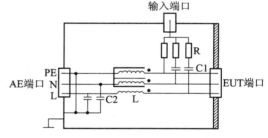

图 3 – 37 用于未屏蔽电源线的 CDN – M3

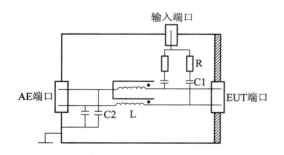

图 3 – 38 用于未屏蔽不平衡线路的 CDN – AF

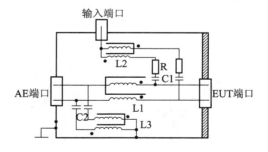

图 3 – 39 用于未屏蔽平衡线路的 CDN – T2

除 CDN 外，还可采用直接注入装置或夹钳装置（电流钳、电磁钳）。电流钳一般用于电缆较粗的 EUT 测试。电磁钳的作用是对连接 EUT 的电缆，特别是多芯屏蔽同轴电缆建立感性和容性耦合，从注入点（共模点）向骚扰源看过去的阻抗为 150Ω，同样能提供耦合和去耦功能，10MHz 以上的电磁钳特性与 CDN 相似。

测试时应该注意:EUT 和 CDN 间的连接电缆悬空于金属参考地面,应保持标准规定的距离,因为骚扰信号是以共模方式加在电缆和地之间的,距离不同,二者间的分布参数也不同,进入 EUT 的骚扰量也不同。

(六) 静电放电发生器

静电放电(ESD)是指具有不同静电电位的物体相互靠近或直接接触引起的电荷转移现象,它发生在操作者及其邻近物体之间。静电放电发生器可模拟自然产生的静电,用于考核电子、电气设备对静电放电的抗扰度。ESD 模拟试验在设备的输入、输出连接器、绝缘机壳、键盘、开关、按钮、指示灯等操作者易于接近的区域进行。静电放电发生器由高压产生器和放电头组成,其电路原理如图 3 - 40 所示。

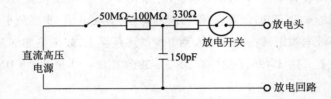

图 3 - 40　静电放电发生器电路原理图

工作时先对储能电容充电,然后闭合放电开关,向 EUT 做直接或间接放电。直接放电有接触放电和空气放电两种方式,前者仅施加在操作人员正常使用被测设备可能接触的点和表面上;空气放电用于不能使用接触放电的场合,如有绝缘漆的设备表面。间接放电是对放置或安装在受试设备附近的物体放电的模拟,通过对水平和垂直耦合板的接触放电来实现。

在 ESD 测试设备选型时,除考察静电放电发生器的关键技术指标外,还应考虑配置包括水平耦合板、垂直耦合板、绝缘衬垫、试验木桌、参考接地板、电阻电缆等组件在内的静电放电试验台,组件的尺寸、材质等设计要求应符合 GB/T 17626.2 的相关规定,以提高静电放电抗扰度试验的复验性与可比性。静电放电发生器及试验台如图 3 - 41 所示。

图 3 - 41　静电放电枪及试验台示例

静电放电发生器的典型技术指标如下:

• 放电电压:空气放电:200V ~ 16.5kV;

　　　　　　接触放电:200V ~ 9kV;

- 保持时间：至少 5s；
- 放电模式：空气、接触放电；
- 极性：正和负极性（可切换的）；
- 操作模式：单次、连续放电（连续放电之间的时间至少 1s）。

（七）电快速瞬变脉冲群发生器

电快速瞬变脉冲群（EFT/B）试验在于评估 EUT 对诸如来自切换瞬态过程（切断电感性负载、继电器触点弹跳等）中所产生的瞬变骚扰的抗扰度。脉冲群发生器的主要元件是一个高压直流电源，它可通过一个充电电阻给储能电容器充电。当储能电容器的电压达到特定电位时，发生器中的火花隙将击穿，电容器就会放电，并经输出滤波器整形产生脉冲波形。图 3-42 给出了脉冲群发生器的电路原理简图。

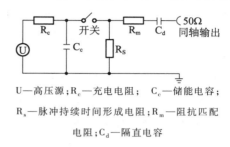

U—高压源；R_c—充电电阻； C_c—储能电容；
R_s—脉冲持续时间形成电阻；R_m—阻抗匹配
电阻；C_d—隔直电容

图 3-42 电快速瞬变脉冲群发生器电路原理简图

电快速瞬变脉冲群发生器及容性耦合钳如图 3-43 所示。电快速瞬变脉冲群通过 CDN 施加到受试设备的电源线上，或通过容性耦合钳施加到信号线或控制线上。CDN 的作用在前面章节已有介绍，这里不再赘述。容性耦合钳能在与 EUT 端口的端子、电缆屏蔽层或 EUT 的任何其他部分无任何电连接的情况下将快速瞬变脉冲群耦合到受试线路，它是 EFT/B 测试装置中的一个重要组成部分。夹钳的耦合电容取决于受试缆线的尺寸及材料，夹钳的结构及特性参数详见 GB/T 17626.4—2008。

图 3-43 EFT/B 发生器与容性耦合钳示例

电快速瞬变脉冲群发生器的典型技术指标如下：

- 测试电压：

——1000Ω 负载时输出电压范围至少从 0.25kV~4kV；

——50Ω 负载时输出电压范围至少从 0.125kV~2kV。

- 输出波形：5ns/50ns，±30%（50Ω 负载时）；5ns，±30%/35ns~150ns（1000Ω 负载时）；
- 脉冲重复频率：0.1kHz~1MHz；

- 脉冲群持续时间:0.10ms～999.9ms;
- 试验负载:
——50(1±2%)Ω;
——1000(1±2%)Ω 并联电容不大于6pF。
- 极性:正、负。

(八) 浪涌测试仪

在电网中进行开关操作及直接或间接的雷击引起的瞬变过压都会对设备产生有一定危害电平的瞬变干扰。浪涌测试仪就用于检验设备抵抗浪涌的能力。

开关瞬态的产生与以下因素有关:主电源系统切换;配电系统内在仪器附近的轻微开关动作或负荷变化;与开关装置有关的谐振电路及各种系统故障,如设备接地系统的短路和电弧故障。雷电产生的浪涌电压来自几个方面:一是直接雷击作用于外部电路,注入的大电流流过接地电阻或外部电路阻抗而产生电压;二是在建筑物的内、外导体上产生感应电压和电流的间接雷击;三是附近直接对地放电的雷电入地电流耦合到设备接地系统的公共接地回路。当保护装置动作时,电压和电流可能发生迅速变化,并可能耦合到内部电路。

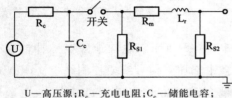

U—高压源;R_c—充电电阻;C_c—储能电容;
R_s—脉冲持续时间形成电阻;R_m—阻抗匹配电阻;L_r—上升时间形成电感

图 3-44　组合波信号发生器电路简图

模拟瞬态脉冲的浪涌测试仪主要由两部分组成:组合波信号发生器和耦合去耦网络。组合波信号发生器的电路简图如图 3-44 所示。

选择合适的 R_{s1},R_{s2},R_m,L_r 和 C_c 参数,使组合波发生器产生 1.2/50μs 的电压浪涌波形(开路状态)和 8/20μs 的电流浪涌波形(短路情况)。发生器开路时提供电压波;发生器短路时提供电流波。其波形分别如图 3-45、图 3-46 所示。

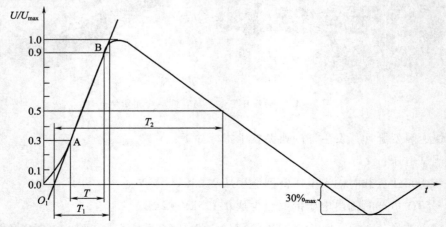

波前时间:$T_1=1.67×T=1.2×(1±30\%)$μs
半峰值时间:$T_2=50×(1±20\%)$μs

图 3-45　开路电压波形(1.2/50μs)

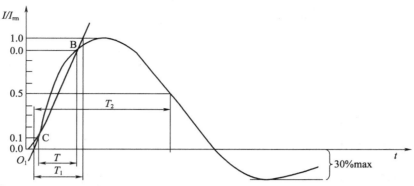

波前时间：$T_1=1.25×T=8×(1±20\%)\mu s$
半峰值时间：$T_2=20×(1±20\%)\mu s$

图 3 – 46　短路电流波形（8/20μs）

1.2/50μs（8/20μs）组合波发生器必须具有以下基本性能特征：

- 开路输出电压：0.5kV ~ 4.0kV 可调。

- 浪涌电压波形：必须具有图 3 – 45 所示的波形和特性。

- 开路输出电压容差：±10%。

- 短路输出电流：0.25kA ~ 2.0kA 内能输出。

- 浪涌电流波形：必须具有图 3 – 46 所示的波形和特性。

- 短路输出电流容差：±10%。

- 极性：正负可选。

- 相位：随交流电源相角在 0° ~ 360°范围内变化。

- 重复率：每分钟至少一次，或更快。

在交流或直流电源线上，去耦网络提供较高的反向阻抗阻止浪涌波通过，但允许交流电源或直流电源的电流进入 EUT。这个反向阻抗既可以使电压在耦合/去耦网络的输出端产生，同时又可以阻止浪涌电流反向流回交流或直流电源。用高压电容作为耦合元件，其大小应能允许整个波形耦合到 EUT。交流或直流电源用的耦合/去耦网络要设计成开路电压波与短路电流波符合表 3 – 3 和表 3 – 4 中的允差。

表 3 – 3　耦合/去耦网络 EUT 端口的电压波形要求

开路条件下的浪涌电压参数		耦合阻抗	
		18μF	9μF + 10Ω
波前时间		$1.2 × (1 ± 30\%)\mu s$	$1.2 × (1 ± 30\%)\mu s$
半峰值时间	额定电流 < 25 A	$50\mu s + 10\mu s/-10\mu s$	$50\mu s + 10\mu s/-25\mu s$
	额定电流 25 A ~ 60 A	$50\mu s + 10\mu s/-15\mu s$	$50\mu s + 10\mu s/-30\mu s$
	额定电流 60 A ~ 100 A	$50\mu s + 10\mu s/-20\mu s$	$50\mu s + 10\mu s/-35\mu s$
注：应在耦合/去耦网络电源输入端开路的情况下测量浪涌电压参数。			

表 3 - 4 耦合/去耦网络 EUT 端口的电流波形要求

短路条件下的浪涌电流参数	耦合阻抗	
	$18\mu F$	$9\mu F + 10\Omega$
波前时间	$8 \times (1 \pm 20\%)\mu s$	$2.5 \times (1 \pm 30\%)\mu s$
半峰值时间	$20 \times (1 \pm 20\%)\mu s$	$25 \times (1 \pm 30\%)\mu s$

注:应在耦合/去耦网络电源输入端开路的情况下测量浪涌电流参数。

(九) 工频磁场测试系统

工频磁场抗扰度测试用于评估 EUT 在工频磁场中的性能。工频磁场测试系统主要由试验信号发生器(含调压器和电流互感器)、感应线圈、接地参考面和试验木桌组成。试验信号发生器提供满足不同试验等级所需的工频电流,并注入到感应线圈,从而产生较均匀的磁场。

1. 电流源(试验发生器)

典型的电流源(试验发生器)由一台调压器、一台电流互感器和一套短时试验的控制

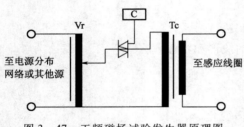

图 3 - 47 工频磁场试验发生器原理图

电路组成。发生器应能在连续和短时方式下运行。输出电流波形为正弦波。原理如图 3 - 47 所示。其主要参数为:持续工作时输出电流为:1A ~ 100A,除以线圈因数;短时工作时输出电流为:300A ~ 1000A,除以线圈因数,整定时间 1s ~ 3s;输出电流总畸变率小于 8%。

2. 感应线圈

感应线圈应由铜、铝或其他导电的非磁性材料制成,且其横截面和机械结构应有利于使线圈稳定。对于台式设备感应线圈主要有:方形单独感应线圈,标准边长尺寸为 1m 的正方形,如图 3 - 48 所示,主要用于小型设备试验(如计算机监视器、电度表、程控发射机等),其场强允差在 ±3dB 内的试验体积为 0.6m × 0.6m × 0.5m;方形双感应线圈,也称赫姆赫兹线圈,标准边长尺寸为 1m 的正方形,两个并联线圈之间的距离是 0.8m,其场强均匀度优于 3dB,试验体积可达到 0.6m × 0.6m × 1m。对于立式设备感应线圈应根据受试设备的尺寸和场的不同极化方向制造,为保证场的

图 3 - 48 感应线圈

均匀度,应确保线圈的一边到受试设备外壳的最小距离等于所考虑受试设备尺寸的 1/3。

(十) 电压暂将、短时中断与电压跌落测试仪

电压暂降和电压中断是由电网、电力设施的故障或负荷突然出现大的变化引起的。电压变化是由连接到电网的负荷连续变化引起的。如果 EUT 对电源电压的变化不能及时作出反应,就可能引发故障。电压跌落测试仪用于模拟这种电压突变效应,以考核 EUT 对电压变化的抗扰性能。测试仪的关键部件是一个调压器,调压器主要由固定抽头变压器或自耦变压器和半导体开关(由功率半导体 MOSFET 和 IGBT 管构成)组成,其输出电压既可手动调节,也可通过电机自动调节,还可以利用多路开关来选择自耦变压器的抽头,以实现 $0\% U_T$、$40\% U_T$、$70\% U_T$ 和 $80\% U_T$ 电压暂降测试等级的要求。图 3 - 49 给出了带固定抽头变压器的调压器电路简图。标准 GB/T 17626.11/IEC 61000 - 4 - 11 对电压跌落试验发生器的技术要求和性能验证作了详细介绍,这里不再赘述。

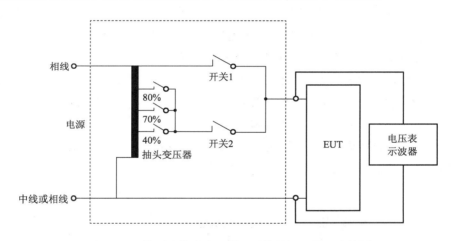

图 3 - 49　带固定抽头变压器和开关的调压器电路简图

值得注意的是,对于 EUT 为三相供电的医用电气设备,除应满足标准 YY0505 规定的逐相进行试验的要求,还应考虑 IEC 60601 - 1 - 2 国际标准的要求,因此在设备选型时,需考虑添置专门的三相电源故障模拟器或三相转换单元。

典型技术指标:

- 电压/电流范围:AC:300V/16A;

- 频率范围:50Hz,60Hz;

- 开关断开时间:1μs ~ 5μs(100Ω 负载);

- 抗峰值冲击电流能力:>500A;

- 实际电压的瞬间峰值过冲/欠冲:<5%(100Ω 负载时);

- 跌落/中断幅度:0 ~ 100%;

- 电压变化幅度:0 ~ 100%;

- 相位同步:0° ~ 360°,分辨率 1°。

第四章　医用电气产品的电磁兼容设计
原理和整改技术

第一节　概述

　　医用电气设备电磁兼容标准的发布和实施,是给产品设计人员提出的一个崭新的课题。企业无疑是实施这个标准的"主角"。很多设计人员比较重视产品的功能和功能性指标,却忽视了电磁兼容性设计问题。在标准实施前的多次抽样摸底检测结果表明,许多企业没有系统地进行产品的电磁兼容设计,检测通不过才忙于整改,"头疼医头,脚疼医脚",事倍功半,无法从根本上系统地、全面地提高产品的电磁兼容性质量水平。

　　我们必须建立这样一种观念,电磁兼容设计应该贯穿于产品开发的全过程。从产品的策划开始,就要考虑电磁兼容问题。图 4-1 的曲线说明了在不同开发阶段介入电磁兼容设计,对产品开发成本以及将来整改的影响。一般而言,80%～90% 电磁兼容问题可以在设计阶段解决,因为这时可采取的措施数理论上是无限多,花费也很少。随着样机试制到小批量生产,由于受到结构、尺寸、材料、电路、布线、时间、经费等等限制,可采取的措施数量急剧减少,而花费却大幅增加。

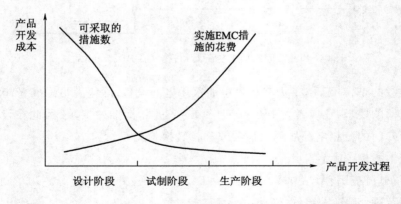

图 4-1　EMC 设计在产品开发各阶段的成本曲线

　　电磁兼容设计是一门实践性很强的技术,一般不能通过简单的理论计算加以解决。在产品的设计中,必须认真考虑标准中对医用电气设备电磁兼容要求和试验的规定,有针对性的加以解决。事实上,任何一种医用电气设备,由于自身功能及性能指标的需要,都具有独特性,甚至一批产品中由于工艺及安装人员不同,也有差异。因此,设计和整改也应该在电磁兼容基本设计原理、方法的指导下,具体问题具体分析。

第二节 电磁兼容设计原理

产品电磁兼容设计的目的主要是控制电磁干扰的发生。在第一章中介绍了电磁干扰产生的三个要素，即骚扰源、传播途径和敏感设备（见图4－2）。

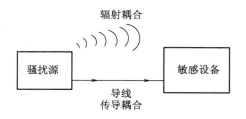

图4－2 电磁干扰三要素示意图

电磁骚扰源分为自然骚扰源和人为骚扰源两大类。自然骚扰源有大气的雷电、下降的冰雪等，频率在100kHz以下，宽频带、高电平、大电流。人为的骚扰源又分预期的和非预期的。预期的骚扰源如无线电雷达、导航系统、广播电视系统、一般多为窄带干扰，带宽在几十赫兹(Hz)到几吉赫兹(GHz)。非预期的骚扰源是在正常工作时对外界产生的电磁骚扰，如瞬态开关、换向装置、电晕放电、高频电刀、CT、X射线机等。只有知道骚扰源的特性才能讨论抑制措施，使其得到有效控制。但是，有了骚扰源未必就会发生电磁干扰。电磁骚扰只有通过某种媒介的传播，才能到达敏感设备并造成干扰。

电磁骚扰的传播方式有辐射耦合和传导耦合两种。辐射耦合的形成是由于有些设备没有屏蔽外壳或者金属外壳有开口部分；或者设备的外壳接地不良；或者通过连接的线缆、连接器向外辐射；有些振荡器、整流器、变换器和数字无线电系统处于工作状态时，通过某些导体或线缆形成天线向外辐射。而分布电容耦合和线路电感耦合是这种耦合的两种基本方式（见图4－3和图4－4）。传导耦合主要是通过电源线、接地公共阻抗线进行传导发射，只要两个电路有直接连接就会发生传导耦合，耦合到电子设备中去（见图4－5和图4－6）。

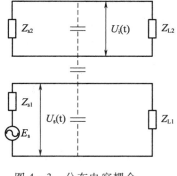

图4－3 分布电容耦合

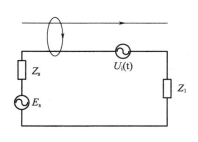

图4－4 线路电感耦合

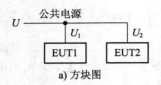

a) 方块图

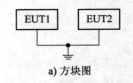

a) 方块图

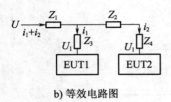

b) 等效电路图

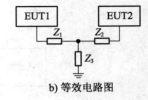

b) 等效电路图

图 4 - 5　线路阻抗引起的传导骚扰　　　　图 4 - 6　接地阻抗引起的传导骚扰

然而,有骚扰源和传播途径,也未必一定会导致发生干扰的结果。干扰的发生有一定的随机性,也就是说,三个要素必须同时存在,并且相互作用才有可能发生干扰。不但与电磁骚扰的大小、频率、相位、时间、方位等因素有关系,还和被干扰的设备工作原理、运行模式、敏感特性、相互间距等有关。根据这一原理,我们可通过抑制电磁骚扰、阻断其传播途径和提高敏感设备抗扰度的方法达到避免电磁干扰的目的。

第三节　抑制电磁骚扰的方法

抑制电磁骚扰首先是找出骚扰源及其传播途径,并有针对性地采取措施,达到抑制电磁骚扰发射的目的。有时,简单地改变一下骚扰源和敏感设备的方位距离就能避免干扰。然而,从产品设计角度出发,还是要未雨绸缪,做一个系统的 EMC 设计。EMC 设计中,抑制电磁骚扰的基本方法是接地、滤波和屏蔽,被称为抑制电磁骚扰的“三大法宝”。事实上,这“三大法宝”经常不是孤立应用的。

一、接地

EMC 设计中,接地是最基本的要求,也是非常有效的方法。接地不良,滤波和屏蔽都不能起到很好的效果。而且,错误的接地,非但不能抑制电磁骚扰,相反还会增大骚扰。所以,在 EMC 设计中,接地设计应引起设计人员的高度重视。

通常所谓接“大地”,实际上是指“电气大地”,这个“地”是指在电气意义上实际拥有吸收无限电荷的能力,而其电位并不改变。因此,这个“大地”可以看作是电阻非常低和电容量非常大的物体。在电气意义上,“接地”指的是与“电气大地”相接触。要与大地相接触,不可能不介入一些电阻,这种电阻叫做接地电阻。既然有电阻,就不可能做到“零”电位。EMC 设计时,只能尽量做到较小的接地电阻。

设备中各级电路电流的传输、信息的转换都要求电压稳定，避免外界电磁场干扰，需要有一个参考的等电位面，因此必须接地。而这个"地"就不一定是地球的"大地"，只是一个等位面，例如，这个"地"可能是电气设备的机壳、底座、印刷电路板上的地线条或建筑物内的地母线。

设备接地可以防止骚扰和抑制噪声，保证电气设备稳定可靠地工作，同时也是为了安全。

（一）接地的分类

设备接地按其不同作用，可分为多种接地：信号接地、功率接地、安全接地和屏蔽接地等。

1.信号接地

在电气设备中，为了在电路中传输信息、转换能量、放大信号、输出指示，使其准确性高、稳定性好，就必须使信号电路的某一电位为基准电位。特别当电气设备中电路级数较多时，就更需要一个统一的基准电位，以便衡量信息的有无、放大倍数的高低等，这种接地即为信号接地。它是一种功能性接地方法。

2.功率接地

在电气设备中，需要有交直流电源引进，故各种频率的骚扰电压就会通过交直流电源线引入，从而会干扰低电平的信号电路工作，有的电路由于内部过电压也会产生骚扰信号，故需安装滤波器，滤波器必须接地，以便把骚扰信号泄入地中。也就是说通过接地，可以把交直流电源传导过来的骚扰信号消除。这种强功率电路的接地叫功率接地。一般把这种接地与信号接地分开，是为了避免功率地中的高频信号通过信号地线耦合到信号回路中去。

3.屏蔽接地

在电气设备中，为了防止外来电磁场的骚扰，防止电气回路之间直接电磁耦合而产生相互干扰，需将电气设备的屏蔽壳，设备内外的屏蔽线进行接地，这种接地称屏蔽接地。它是一种防干扰接地方法。

4.安全接地

众所周知，为了人身及设备安全，Ⅰ类医用电气设备的金属外壳均须接地，这种接地称安全接地。

（二）接地的应用

接地方法也有好几种，如，浮动地，单点接地，多点接地，混合接地等。需要根据电路的结构、布局综合判断选择。

1. 浮动地

浮动地（也称浮地）是将电路或设备与公共地或可能引起环流的公共导线隔开。这种接地方式的缺点是设备不与大地直接相连，容易出现静电积累现

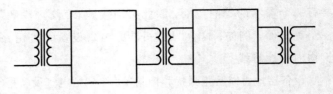

图 4-7　通过变压器浮地的电路

象，电荷积累到一定程度以后，会在设备和大地之间发生静电击穿现象，产生放电电流。这种放电现象是一种强干扰源。作为折中的的办法是在采用浮地的设备与大地之间，接入一个电阻值很大的泄放电阻，以消除静电积累的影响。

图 4-7 是一种浮地的例子。图中采用浮地的设备是通过变压器与"地"端隔离开来的。

2. 单点接地

单点接地是指在一个电路系统中，只有一个物理点被定义为接地参考点。其他各个需要接地的点都直接接到这一点上。如果系统包含多个机柜，则每个机柜的地都是独立的，而在每个机柜内部，对于每个接地系统则是采用单点接地的方式。然后，把整个系统中的各个机柜地连接到一个唯一的参考点上。图 4-8 是并联式单点接地示意图。

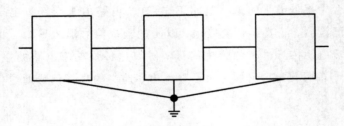

图 4-8　并联式单点接地示意图

另外还有一种串联式单点接地的方式，如图 4-9 所示。从 EMC 设计角度来看，这不是一种好的接地方式，因为接地连线总会有高频阻抗，使得各个接地点之间产生电位差。但是这种接线省工省料，要求不高时可以采用。

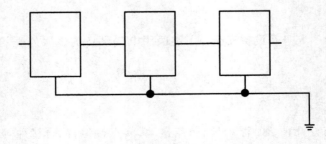

图 4-9　串联式单点接地示意图

如果系统中的工作频率很高,以致工作波长 $\lambda = c/f$ 小到与系统的接地平面的尺寸或接地引线的长度可以比拟时,就不能再用单点接地方式了。因为,当地线的长度接近于 $\lambda/4$ 时,它更像一根终端短路的传输线,而不能起着"地"的作用。在这种情况下虽然还可采用单点接地方式,但这种接地效果已经不理想了。基于这个原因就产生了多点接地的概念。

3. 多点接地

多点接地是指一个电路系统中各个接地点都直接接到距它最近的接地平面上,以使接地引线的长度为最短。这里说的接地平面,可以是设备的底板,也可以是贯通整个系统的地导线,在比较大的系统中,还可以是设备的结构框架等。此外,如果可能,还可以用一个大型导电物体作为整个系统的公共地。图 4 – 10 是多点接地示意图。

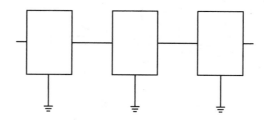

图 4 – 10 多点接地示意图

多点接地的优点是电路构成比单点接地简单,接地线上可能出现的高频驻波现象显著减小。但是,采用多点接地以后,设备内部就存在许多地线回路,因此,提高接地系统的质量就变得十分重要了。此外,由于接地点增加,还应经常维护,以免由于腐蚀、震动、温度变化等因素使接地系统中出现高阻抗。

4. 混合接地

由于多点接地系统中存在着各种地线回路,它们对于设备内较低的频率会产生不良的影响。如果出现这种情况,可以采用混合接地。所谓混合接地,就是将那些只需高频接地的点,利用旁路电容和接地平面连接起来(见图 4 – 11)。不过,使用中应尽量防止出现旁路电容和引线电感构成的谐振现象。

接地线究竟多长才合适?这个问题,很难给出一个确定的答案。当然接地线长度必须小于 $\lambda/4$,但小多少则还要看通过该接地线电流大小,以及允许在每一接地线上产生多大的电压降。如果,一个电路对该电压降很敏感,则接地线长度应不大于 0.05λ 或更小。如果电路只是一般的敏感,则接地线可以长到 0.15λ。也有人建议以频率高低划分,低于 1MHz,采用单点接地,超过 20MHz,采用多点接地。1MHz ~ 20MHz 之间,则只要接地线可能长于 0.05λ,就应采用多点接地。

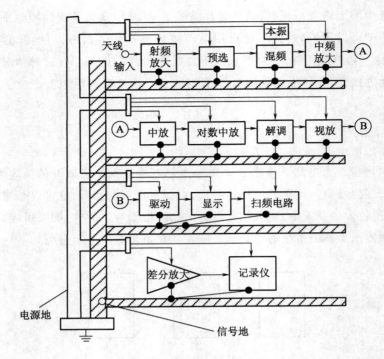

图 4 - 11 混合接地示意图

(三)接地的搭接

搭接是在两个金属点(或面)之间建立导电通路。搭接后的两个金属成为等电位面,这样就可以实现电路与机壳或者电路与接地板之间的连接。

搭接有两种方式:

(1) 直接搭接,即直接将要连接的两个金属面保持电气接触。

(2) 间接搭接,利用搭接片(中间导体)使两个金属面保持电气接触。

常用的搭接方法有焊接、铆接和螺钉连接。无论哪种连接,搭接良好是关键。

图 4 - 12 是滤波接地不良的例子。由于安装滤波器时搭接不良,形成对地的高阻抗,不能为高频骚扰提供低阻抗通路,使骚扰电流通过滤波电容进入原本应当受保护的电路。

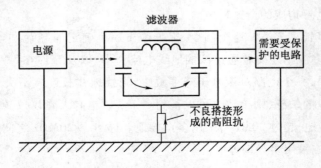

图 4 - 12 不良搭接影响滤波效果示意图

二、滤波

EMC 设计中,滤波是最简单也是最常用的方法之一。滤波可以抑制传导骚扰。根据设备中需要滤波的部位不同,可以采用滤波器和滤波元件。医用电气设备的电源线、各种控制线、数据线等都能传导电磁波。因此,为了控制通过线缆传导电磁骚扰,应该安装一定形式的滤波器,以保证灵敏电子部件能正常运行,或防止骚扰源向外传导骚扰信号。机箱内部的电路板、线缆有时由于空间狭小,一般采用滤波元件进行滤波处理。常用的滤波元件有电容、电感、磁环、磁珠等。

以电源线滤波为例来讲述滤波器的特性,如图 4 – 13 所示。单相电源线供给负载,其中外来一个某频率的骚扰电势 E_S,骚扰源的阻抗 Z_S,骚扰电流 I_S,骚扰电压 E_{S1} 经过滤波器后其剩余的某一频率电压 E_L,负载阻抗为 Z_L,负载电流 I_L。经过滤波器后某一频率骚扰电压受到了衰减,其衰减值按式(4 – 1)计算:

$$IL = 20\lg\frac{E_{L1}}{E_{L2}}(\mathrm{dB}) \tag{4 – 1}$$

式中:IL——某一频率的插入损耗;

E_{L2}——接入滤波器前负载 Z_L 上呈现的骚扰电压,V;

E_{L1}——接入滤波器后负载 Z_L 上呈现的骚扰电压,V。

式(4 – 1)是认为源的阻抗 Z_S 与负载阻抗 Z_L 相等的情况下得出来的。

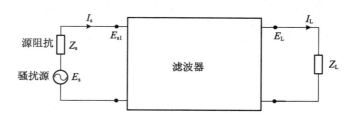

图 4 – 13 单相电源滤波

在进行电磁兼容设计时,必须考虑滤波器下列特性:频率特性、阻抗特性、额定电压及电压损耗、额定电流、漏电电流、绝缘电阻、温度、可靠性和外形尺寸。在电磁兼容设计中经常采用的是无源集中参数元件滤波器和同轴吸收滤波器。前者主要采用的元件为电感线圈和电容器,组成电容式、电感式、π 型、T 型、L 型等型式的滤波器。大部分是用来抑制低频、中频电磁骚扰。抑制的频率一般高达 300MHz,对更高的频率则由于电路分布参数的增加,滤波效果不佳。在抑制低频骚扰时,有体积庞大等缺点。后者结构是在电源进出线所穿的钢管中填充吸收介质如铁氧体材料,或者在电源线上穿上磁珠、磁管等。这种滤波器抑制高频电磁骚扰的效果很好,抑制频率可达 300MHz ~ 1GHz,还可与其他滤波器同时串联,组成抑制宽频段的各种用途的滤波器。市场上有普通型、带屏蔽层的、高性能的很多品种供选择(见图 4 – 14)。

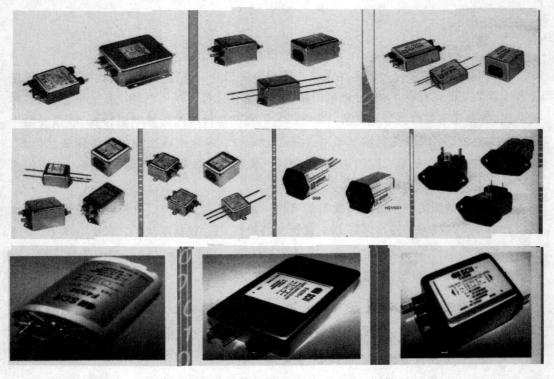

EMI抑制器主要包含磁珠、差模电感、共模电感、小孔珠、多孔珠、磁环、磁夹、铁氧体磁片。

图4-14　市场上出售的各类用途滤波器示例

　　电路板上通常使用的滤波元件是电容和电感，线缆上常见的滤波元件是磁珠和磁环。大家知道电容具有隔直作用，低频时容抗很大，相当于断路；高频时容抗变小，相当于短路。利用电容的这一特性，常常用在电路线路中起去耦、滤波、旁路和稳压作用。但是电容在自谐振频率上的寄生电感限制了它的滤波作用。电感与电容相反，频率越高感抗越大，对于 10mH 的电感，10kHz 时的感抗仅为 628Ω，而 100MHz 时感抗约为 6.28MΩ，看起来像断路。电感两端的电流不能突变，这一特性对抑制线路上的骚扰很有利。由于电感线间寄生电容的限制，其抑制骚扰的上限频率与电容一样受到限制。当电感不能用于高频时，可以使用磁珠和磁环。磁珠和磁环属于非导电陶瓷，由铁的氧化物、钴、镍、锌及稀土元素组成。这种材料具有很高的高频磁导率和高频阻抗，适用于高频场合，当所抑制的高频噪声超过 1MHz 时，效果相当明显。磁珠和磁环最适合用来吸收由开关瞬态电路或电路中的寄生响应而产生的高频振荡，也可以用来抑制输入输出接口线路的高频噪声。单只提供的衰减不够时，还可以串联多个，使用灵活方便，适用面较广。需要注意的是避免直流电流过大时磁饱和。

三、屏蔽

EMC 设计中,除了通过接地、滤波方法抑制电磁骚扰外,通常采用屏蔽的方法抑制辐射骚扰。

电磁兼容设计中,设备布置防护间距不够时,需要利用低电阻金属材料或磁性材料制成的六面封闭体,把防护间距不够的设备隔离起来,以减少或防止静电的或电磁的骚扰,这种措施称为屏蔽。

(一)屏蔽的分类

1. 静电屏蔽

静电屏蔽是防止静电场的影响,它的作用是消除两个电路之间由于分布电容耦合产生的骚扰。屏蔽物是利用低电阻金属材料做成,屏蔽使内外电力线互不骚扰。其屏蔽原理是导体周围的空间存在静电场,导体的表面为等电位,而导体的内部空间不出现电力线。静电屏蔽必须接地。

2. 电磁屏蔽

电磁屏蔽主要用来防止高频电磁场的影响,电磁屏蔽体是采用低电阻的金属材料制成,通过各种屏蔽材料反射及吸收外来电磁能量来防止外来辐射骚扰,或将设备辐射的电磁能量限制在一定区域内,不对外界形成干扰。一般所谓屏蔽,多数都是指的电磁屏蔽,如果将屏蔽金属接地,则既起到静电屏蔽的作用,又可起到电磁屏蔽作用。

3. 磁屏蔽

磁屏蔽主要是防止低频磁场的骚扰,采用高导磁率、高饱和的磁性材料以吸收损耗为主进行屏蔽,材料要求有一定厚度,而且尽量不要断开磁路,要求磁阻小。

(二)屏蔽方式的选择

对于一般医用电气设备的外壳屏蔽的选择,主要是根据设备需要的屏蔽效能高低,并结合具体结构形式来确定采用的屏蔽方式。屏蔽要求不高,可以采用导电塑料的机壳来屏蔽,或在工程塑料机壳上涂覆导电层构成薄膜屏蔽;若屏蔽要求高,则采用金属板作单层屏蔽,对某些电路板上的骚扰源,还可以通过紧贴骚扰源采用金属薄板或金属箔屏蔽,与机壳一起形成双层屏蔽。

屏蔽的性能指标主要有频率特性、屏蔽腔体尺寸、屏蔽的功能、屏蔽开孔大小及屏蔽效能。如果是屏蔽室,设计时还要考虑屏蔽门窗的大小及屏蔽方式,进入室内的各种管线及其滤波要求和指标,屏蔽室接地电阻的大小及接地方式,屏蔽室施工方式是焊接式还是拼装式等。

屏蔽的要求往往与设备功能要求相矛盾。譬如通风散热的孔洞,制作工艺留下的缝隙等,都会降低屏蔽效能。进行屏蔽设计时,要综合考虑屏蔽的结构,进出管线开口的位置、大小以及是否需要屏蔽等。解决的办法是让孔隙的尺寸满足最小波长的要求(对缝隙长度要求小于1/10波长,孔洞尺寸小于1/5波长)。对于开口较大的通风口加盖金属网屏蔽,机箱盖板缝隙要装导电性填料或金属密封垫片(见图4-15)。电缆的屏蔽一般采用金属网裹住导线的方式,一定要注意屏蔽电缆与金属外壳的搭接。搭接必须保证屏蔽电缆的金属网的一周均与外壳良好的电气接触,并且接口处还要接地。

导电布衬垫为商用电子设备设计。用于公差范围大的缝隙。TECKSOF2000导电布的电磁屏蔽效能可高达100dB,并满足UL94V-O级防火标准

铍铜簧片是耐用的高屏蔽效能的电磁屏蔽衬垫。机械耐久性强。并可与多种镀层配合以达到电化学兼容。材质可采用不钢筋锈钢以满足ISO14000的要求。

导电橡胶是需要同时满足电磁密封和环境密封的首选。可以多种形状提供并可按照设备要求设计。导电橡胶衬垫的压缩量大。能满足UL94V-O级防火标准。

屏蔽材料:导电泡棉、导电铜铝箔、屏蔽玻璃、金属丝网、导电橡胶、金属铜带、吸波材料。

图4-15 各类用于屏蔽缝隙的导电性填料示例

四、其他抑制电磁骚扰的技术方法

(一)印刷电路板(PCB)设计

(1)一般在印刷板布线时应先确定元器件在板上的位置,然后布置地线、电源线,再安排高速信号线,最后再考虑低速信号线。元器件的位置应按电源电压、数字及模拟电路、速度高低、电流大小等进行分组分开布置,以免相互干扰。根据元器件的位置可以确定印刷线路板上连接器各个引脚的安排。所有连接器尽量安排在印刷线路板的一侧。

(2)电源线与地线应尽量靠近,电源线和地线应保留尽可能多的铜;如果是双面板,最好安排在同一位置的正反面。

(3)不同速度的电路要分开布局。

(4)数字电路与模拟电路要分开布局。

(5)尽量避免二条不同功能的线长距离平行靠近走向。

(6)对于数字电路来说,采用状态触发的逻辑比沿边触发更好;闲置不用的门输入端不要悬空;闲置不用的运放的正输入端要接地,负输入端接运放的输出端;要在靠近电路

的电源和地之间加入必要的去耦电容,去耦电容的引线要短。

（7）晶体振荡最好布置在印刷电路板的中间,以最短的引线连至各需要部位;石英晶体的外壳要接地。

（8）若电路复杂,建议用多层板。一般情况将关键信号电路安排在顶层,紧接着是地面层,再是电源层。

建议：四层板:信号层、地层、电源层、信号层;

六层板:信号层、地层、信号层、电源层、地层、信号层;

八层板:信号层、地层、信号层、地层、电源层、信号层、地层、信号层。

（二）抑制电磁骚扰源

（1）用屏蔽罩罩住骚扰源。

（2）通过骚扰环境的全部导线要经滤波。

（3）限制脉冲上升时间。

（4）继电器线圈应具有浪涌阻尼的性能。

（5）把有骚扰的导线绞合到一起。

（6）屏蔽或绞合有骚扰的导线。

（7）电缆屏蔽体在两端接地以抑制辐射骚扰。

（三）消除电磁骚扰耦合

（1）绞合低电平信号线。

（2）低电平导线要靠近机架（特别是高阻抗电路）。

（3）绞合或屏蔽信号导线（高频可用同轴电缆）。

（4）用以防护低电平信号的屏蔽电缆在一端接地（用于高频的同轴电缆其屏蔽两端接地）。

（5）信号导线与屏蔽层要绝缘。

（6）当低电平信号线和带有噪声的线在同一插接件上时,要把它们分开,并在它们中间设置地线。

（7）在分立的插接件上要对通过接线柱的信号线加以屏蔽。

（8）高电平和低电平设备之间应避免采用公共地线。

（9）金属件地线和电路地线要分开。

（10）地线尽可能短。

（11）对于金属表面的防护采用导电性涂料,不用非导电性涂料。

（12）有骚扰和无骚扰的导线要分开。

（13）电路只在一点接地（高频电路除外）。

（14）避免可能的或偶然的接地。

（15）应用灵敏设备时，要使信号源和负载在工作时对地平衡。

（16）灵敏的设备要放在屏蔽罩内。

（17）进入屏蔽体内连接灵敏设备的导线要滤波或去耦。

（18）灵敏设备引线的长度应尽量地短。

（19）露出电缆屏蔽的导线要尽量地短。

（20）用低阻抗配电线。

（21）避免地环路。

（22）考虑应用以下器件断开地环路：

1）隔离变压器；

2）平衡变压器；

3）光耦合器；

4）差分放大器；

5）带屏蔽罩的放大器；

6）平衡电路。

（四）在接收电路中抑制电磁骚扰

（1）仅用必需的带宽。

（2）适当地应用选频滤波器。

（3）适当地电源去耦。

（4）用小的高频电容器，旁路电解电容器。

（5）分开信号地线，有骚扰的地线和金属件地线。

（6）使用屏蔽罩。

（7）用管状电容器时，把连接外层金属箔的一端接地。

（五）电磁场屏蔽抑制电磁骚扰

（1）屏蔽板材料选用导电性能良好的金属，例如铜，铜镀银。

（2）屏蔽层尽量靠近受保护的部件。

（3）屏蔽层应尽量密封，少开孔或留缝隙。

（4）屏蔽层应良好接地。

（六）磁场屏蔽

（1）选用高导磁率材料，如坡莫合金。

（2）尽量缩短屏蔽层的磁路，增加屏蔽层厚度。

（3）被保护的部件不能太靠近屏蔽层。

（4）若必须在屏蔽体上开孔（如引线孔、通风孔等），尽量遵循磁场方向。

（5）可采用多层屏蔽,如硅钢(导磁率相对较低,但不易饱和)与坡莫合金(导磁体高,但易饱和)分层屏蔽。

（6）多层屏蔽时,视保护情况,若是要求受保护部件不受外部强磁场影响,则用坡莫合金再用硅钢。若部件有强磁场防止影响其他部件,则先用硅钢再有坡莫合金。

（7）层与层之间要用材料支撑,不接地时可用绝缘材料,接地时可用铜或铝这种非铁磁材料。

第四节　提高产品抗扰度的主要措施和方法

通过前几年对我国医用电气设备电磁兼容性摸底抽样检测的统计数据来看,抗扰度试验不符合项最多。不符合标准的项目主要集中在静电放电、脉冲群、电浪涌等几个检测项目上。上一节介绍的接地、滤波和屏蔽不但可以抑制电磁骚扰发射,同样也可以用于设备防止外来电磁骚扰的侵入,从而起到提高设备抗扰度的目的,其基本原理是一样的,本节不在赘述。下面介绍一些常用提高设备抗扰度的措施。

一、瞬变干扰吸收器件

这类器件最基本的使用方法是直接与被保护的设备并联,以便对超过预定电压值的情况进行限幅或能量转移。属于这一范畴器件有气体放电管、金属氧化物压敏电阻、硅瞬变电压吸收二极管和固体放电管等(见图4-16)。

防护器件:TVS管、压敏电阻、半导体管、气体放电管。

图4-16　市场上出售的各类瞬变干扰吸收器件示例

（一）避雷管

避雷管是一种气体放电管,管内充惰性气体,当瞬变电压出现时,管内的惰性气体被电离,避雷管两端的电压便迅速下降到一个很低的值,使大部分的瞬变能量被转移,从而保护了设备免遭瞬变电压的冲击。其特点是吸收能力强,具有很高的绝缘电阻和很低的寄生电容,对设备的正常工作不会产生不利影响。但是响应速度偏低,比较适合于在多级保护电路中作为第一级的粗保护使用。

气体放电管二级管用于线间保护(差模保护);三级管用于线-地间保护(共模保护)。

(二)金属氧化物压敏电阻

压敏电阻的响应时间为 ns 级,比空气放电管快,比 TVS 管稍慢一些。应用在交流电路的保护中时,因其结电容较大,会增加漏电流,这一点应充分考虑。压敏电阻的通流容量较大,但比气体放电管小。

安装时需要注意将压敏电阻引脚尽量剪短些,以避免以为引脚电感而产生附加感应电压($e = L \cdot \mathrm{d}i/\mathrm{d}t$)。另外,压敏电阻应该根据电路使用的工作电压来确定其耐压值,选择不当,不但起不到保护作用,反而引起故障。一般按照工作电压的 1.2 ~ 1.4 倍选择。比如工作电压是 220V 时,考虑到电压波动取 1.4 倍,换算到峰值电压再乘 1.4 倍,压敏电阻的耐压应选择 430V。

(三)硅瞬变电压吸收二极管(TVS 管)

TVS 的响应时间可以达到 ps 级,是限压型浪涌保护器件中最快的。其通流容量在限压型浪涌保护器件中是最小的,一般用于最末级的精细保护该二极管保护电流大,若多个串接可增加耐压。

(四)固体放电管

固体放电管响应速度极快(ns 级),动作电压稳定,吸收电流大(可达 100A ~ 500A 的浪涌电流),具有双向吸收功能(正负极性的瞬变电压),使用寿命长。

二、隔离变压器

隔离变压器是一种应用得比较多的电源线抗干扰器材。人们利用其在电路中的电气隔离作用,有效地避免了地环路电流带来的骚扰。为了获得较大的共模衰减,在变压器初级和次级线圈之间加上屏蔽,并且良好接地,通常能做到 60dB ~ 80dB 的共模衰减量。目前国内外都已经把超级隔离变压器作为标准化产品,所谓超级,实际上就是分别把初级线圈和次级线圈屏蔽了,中间屏蔽层接地。这种超级变压器,既有一般的隔离变压器作用,又有抗共模、差模骚扰能力。

三、不间断电源

不间断电源可以解决由于电源突然失电而造成设备的故障问题。在电压中断、跌落试验时,及时切换提供电源,避免设备出现故障。

第五节 电磁兼容设计常见错误

电磁兼容设计中常常出现一些共性的错误,医用电气设备的电磁兼容设计也不例外。

而且,还由于医用电气设备的特殊性,比如较高的安全性要求、较低的生理弱小信号等,使电磁兼容设计变得愈加复杂,稍不注意,便会犯错。下面介绍一些这方面的情况,以引起设计人员注意,避免重复犯错。

一、接地不良导致接地阻抗过高

据统计,接地阻抗过高被列为医疗设备各大 EMC 问题之首。接地设计中往往忽视了接地线的高频特性,低频时不认为很长的导线,在高频时会呈现较高的高频阻抗,引起共模电流。所以设计时要避免过细、过长的接地线路。用导线和编织线接地不是一种好的选择,因为高频时它们大都呈现高阻抗性。较好的做法是用长宽比至少为 5:1 的接地片。

二、电源滤波器安装问题

滤波器在机箱中安置的位置一般尽量靠近边缘一角,出入线和输出线要分开布置,不要离得太近,导致输入与输出线路串扰。尤其要注意确保良好接地,较小的接地电阻能提高共模滤波效果。

三、电源滤波器的滤波电容设计问题

有时为了消除电源线路上的共模骚扰,设计人员有意加大滤波器共模干扰抑制电容(电源线对地电容),但是电容过大会导致漏电流超标。改善的办法是加大串联电感阻抗。选择购买滤波器时,应该选择医用设备专用滤波器。

四、设备内部线路布置不当

近年来,医用电气设备采用新技术很快,而且愈来愈朝着多功能、小型化发展,内部线路布局显得更加重要。比如强电与弱电、数字电路与敏感的模拟电路和生理弱小信号传输线之间,PCB 多层板之间,甚至高频振荡元器件之间都要分开,合理布置。稍不注意就会引起线路之间相互耦合以及元器件之间的相互串扰。一旦引起电路内部串扰,整改起来非常困难。

第六节　电磁兼容设计和整改案例

一、元件选用

(一)电容

电容在 EMC 中的主要作用是做为噪声的泄放通路。在信号高速切换的过程中,往往存在着大量的无用高频谐波,这些谐波极易通过不合理的 PCB 布线或外接线材对空间造成辐射。通过并接电容,可以建立噪声的低阻抗返流回路,极大的减小噪声环路面积,降低其辐射。电容对于 EMC 来讲,主要的特性有电容量 C、等效串联电阻 ESR 和等效串联电感 ESL。

电容的容性会导致数字信号上升沿变缓,影响器件开关时间,对于高速信号经常选用 pF 级别的电容就是这个道理。对于电容来说,因电容分量的存在,理想电容器的阻抗是随着频率的升高而逐渐降低的。由于 ESL 分量的存在使得其感抗随频率上升而增加,所以实际情况下,随着频率的升高,容抗越来越小,感抗越来越大,在某个特殊的频点容抗和感抗相互抵消,电容呈纯阻性,这个频率点称为电容的谐振频点(见图 4 - 17)。

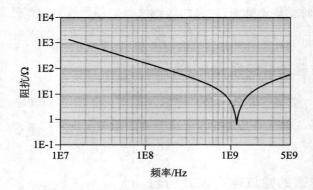

图 4 - 17　电容的频率和阻抗关系图

高于谐振频点电容已经出现感性,无法起到很好的退耦作用,一般在选用电容滤波的过程中常把需要滤除的杂波放在频谱靠近且略低于谐振频点的地方。

(二)磁珠

磁珠主要的功能是吸收噪声,其通过铁氧体材料的波损特性将杂波转化为热量,从而达到滤波效果。如图 4 - 18 所示,特性曲线磁珠的电阻成分 R 和电抗成分 X 组成总的阻抗 Z。可以看出低频段 X 起主要作用,电抗的存在使得磁珠的功能变为反射噪声;高频段 R 起主要作用,电阻性使得噪声被吸收并转换为热量。

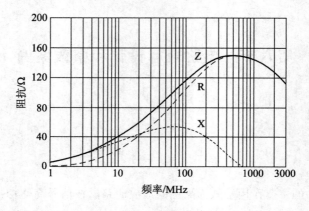

图 4 - 18　磁珠的频率 - 阻抗特性曲线

不同的磁珠由于材料和工艺的不同,会出现不同的特性曲线,在使用过程中要明确需要滤除的频率点或频段,做到有的放矢。

(三)共模电感

共模电感多用于差分信号中,用来抑制其包含的共模信号,在 TMSD 和 LVDS 广泛运用的高速电路中效果理想,表 4 – 1 是某常用的共模电感参数。

表 4 – 1　常用共模电感参数

型号	阻抗 Ω [100MHz 下]		直流电/Ω [单线]	额定电流 I_{dc}/mA	额定电压 E_{dc}/V	截至频率 GHz	特性阻抗 Ω
ACM 2012D – 900 – 2P	最小 65	典型 90	最大 0.30	最大 300	最大 20	典型 3.5	典型 100
ACM 2012H – 900 – 2P	最大 65	典型 90	最大 0.30	最大 300	最大 20	典型 6	典型 100

在器件的电气特性中往往会描述其共模阻抗,如 90Ω@ 100MHz,在实际情况中信号辐射出现问题的频段主要集中在 400MHz ~ 800MHz,这就要求在器件选用过程中更应该注意相应辐射高危频段的阻抗(见图 4 – 19)。

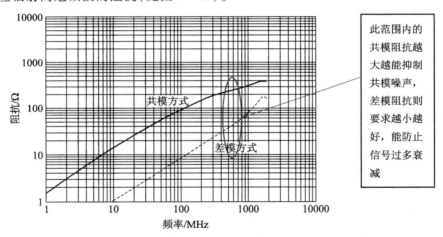

图 4 – 19　共模电感的频率 – 阻抗特性曲线

二、整改案例

(一)配附件和模拟器的 EMC 问题

医疗产品会有较多的配附件,而这些配部件往往影响着整机的 EMC 性能。

某款监护仪在进行 EFT 测试过程中已经连接了相关的附件和模拟器,但在接入血氧线缆后 EFT 后导致白屏。

经过排查,定位于血氧电缆接入系统后,将噪声引入视频驱动 IC 管脚(Pin 4)造成,此处电路为命令选择功能,管脚的电平受扰,会造成显示屏选择信号出现长时间的混乱,引发显示屏白屏。

在整改过程中,由于 PCB 比较简单未作阻抗控制,所以在信号出口做了 RC(50Ω + 100pF)的滤波电路,经过测量发现信号无明显过冲,问题得到解决。

(二)医疗系统中的高速端口

医疗产品有可能会用到消费类电子一些新方案如 HDMI、固态硬盘等,由于产品的结构特征可能会带来 EMC 问题。本案例主要是使用 HDMI 后的辐射发射超标处理。

某医疗产品注重图像显示性能,但新选购的显示器总在高频段辐射发射超标。通过排查,采取了一系列整改和应用措施。显示器端由于应用范围广,可能涉及信号端口更注重静电防护功能,在 TVS 或其他的静电抑制器件的使用过程中,最重要的就是将器件靠近端口摆放,同时器件的泄放端一定要近距离的接入低阻抗系统地/钣金地。

建议在 IC 输出的 LVDS 信号上加共模电感,并使其尽量靠近连接器,关于共模电感的选型参见电感相关部分(见图 4 – 20)。

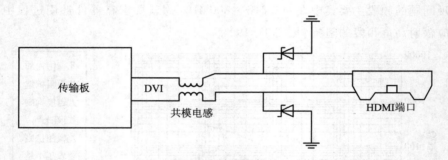

图 4 – 20　显示器的 EMC 干扰抑制元器件使用

对于差分信号要严格保证等长,尤其是 LVDS 输出部分,因为其经过连接器后接入长度一般为 10cm 的线材中容易将能量辐射至空间(见图 4 – 21)。

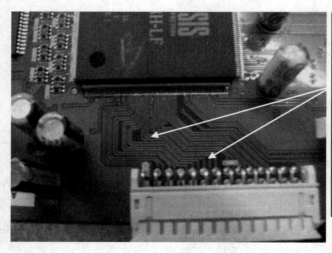

有部分走线形成了直角和锐角,这对于差分对来说可能会造成阻抗适配,引起信号的反射甚至振荡,带来EMI问题

图 4 – 21　LVDS 输出布线图

端口中有5V的电源输入,但在显示器端此处为断开状态。因为这个电路是经过2m的线材从主机端发送过来的,在传输过程中很可能耦合了一些杂波,若不处理而简单地断开,这个杂波就有向外辐射的风险。此处建议用10nF的电容将其接入板卡的GND(见图4-22)。

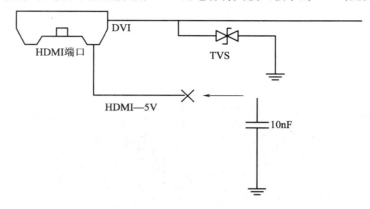

图4-22 5V电源端口使用电容接地示意图

对于LVDS的传输线材要求外屏蔽层靠近输出端口搭接钣金地,建议用导电布包裹,若用金属屏蔽网则覆盖率需超过75%～90%(见图4-23)。

参数板连接线,需要外包导电布并良好接地。

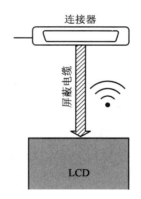

图4-23 传输线材的金属屏蔽图

对应整个屏蔽体的开口,要求尽可能的小,当出现多个端子需要开口时,尽量避免开一个大口,而要分开独立的开多个小口(见图4-24)。

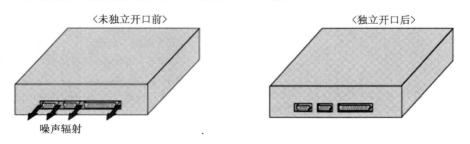

图4-24 屏蔽体的开口优化方法

(三)小信号抗扰

光学、声学、生理小信号在医疗系统中有其特殊的应用,但其产生的小信号在放大处理前会非常容易受到骚扰,通过一系列措施可以增强系统 EMS 性能。

某款生化产品进行 RS 抗干扰测试过程中,在天线垂直和水平两个方向分别施加 3V/m 的场强干扰在被测物体的四个面,结果发现样机在进行 PLT 参数统计的时候出现严重的跳变,典型脉冲波形图见图 4-25。

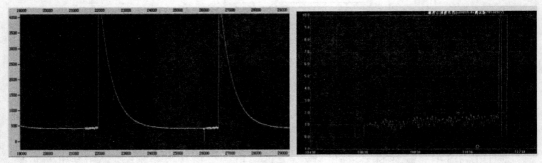

图 4-25 某生化仪 RS 抗扰测试数据跳变图

阻抗通道的抗扰能力不强,当处于较强的辐射环境下(如近距离打手机、对讲机),容易耦合进干扰信号,严重时甚至导致计数信号完全饱和,结果致使 RBC/PLT 系参数的跳变。

经排查后发现:

(1)阻抗通道前放电路 PCB 完全采用走线方式,没有完整的地平面,信号回路(包括地回路)很多,回路面积较大,较容易耦合外面的高频辐射形成感应电流或感应电动势,且被电路的非线性器件解调还原出调制信号,形成阻抗通道频带内的干扰信号(这也是为什么手机的载波频率在 1GHz 左右也能耦合进电路的原因);

(2)RBC 连接线屏蔽层结成"小辫子"深入到屏蔽盒内,屏蔽层的感应电流容易在小辫子处形成二次辐射,影响屏蔽效能。

整改措施:

见表 4-2 和图 4-26。

表 4-2 整改措施

序号	更改点	更改前	更改后
1	数据及 COME 载板	1. RBC 前放电路模块(屏蔽盒区域)信号线、电源线和地线完全采用走线形式 2. 前放地和屏蔽地在前放模块内部连接,前放地通过地线和外面的 AGND 两点连接,形成一个地环路	1. 调整了 RBC 前放模块布局,采用完整的地平面,所有电源、信号都只从一个"桥"状通道进出 2. 前放地和屏蔽地单点连接,然后屏蔽地再和外面的 AGND 单点连接 3. C458 的 10U 电容由 M29-106103-02 更改为 005-000035-00,封装从 1210 减小到 0805,为布局的调整腾出空间

表4-2(续)

序号	更改点	更改前	更改后
2	RBC 及 PLT 信号线	RBC 连接线的屏蔽接地线结成约 15mm 长的"小辫子"和信号线一起连接到计数池插座上	RBC 及 PLT 信号线屏蔽接地线不接到插座,改为引出 30mm 屏蔽线压环型接地端子
3	RBC 及 PLT 信号线屏蔽线与屏蔽盒的搭接方式	RBC 连接线的屏蔽接地线伸入到屏蔽盒中间,在内部与前放地搭接	RBC 连接线的屏蔽接地线在屏蔽盒外与屏蔽盒单点搭接,具体是将接地线端子通过螺丝固定在 MH2 位置的螺柱上

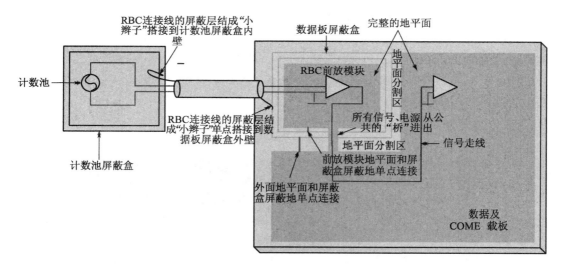

图4-26 整改措施实施图

(四)滤波器件的选择

EMC 方案在个别情况下会使系统性能下降,在整改过程中要灵活处理相关问题。

显示逆变板电源部分有辐射发射超标风险,使用普通电感很难达到预期效果。初期设计选用了磁珠做为抑制方案,在产品验证过程中发现波纹较大,不满足要求。通过协调和重新选型,将磁珠更改为高频段阻抗特性较好的电感,加一个小电容滤除高频杂波(见图4-27)。

由于单板采用 DC/DC,其输出本身就有一定的纹波,尤其是在小于1MHz 时,此时磁珠处于感性,会将杂波反射,若电路设计不合理甚至会引发高频振荡。与初期滤波构想适得其反,此时要关注反射的频率,若较低则只能选用电感,若造成反射频点较高可以考虑通过频率特性曲线,选择更好特性的器件避开感抗生效的频段。

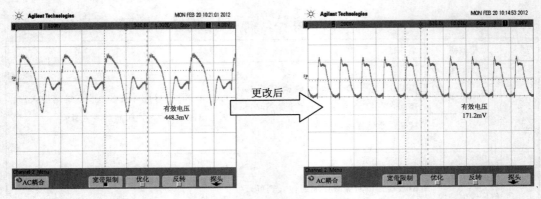

图 4 - 27　滤波性能变化图

(五)接口缝隙尺寸引起的 EMC 问题整改

背景:CT 某一产品中的控制电路,在 RE 测试时候 750MHz 频率点超过限值 3dB。

整改方法:经过近场测量分析,辐射来源于接口缝隙。经过式(4 - 2)的计算,750MHz 频率的对应的波长 λ = 0.4m,在 EMC 允许缝隙的长度选择中建议小于二十分之一波长则 λ/20 = 0.02m,所以开口应该小于 2cm。内部用金属弹片将开口分割为小于 2cm 的缝隙,问题得以解决(见图 4 - 28)。

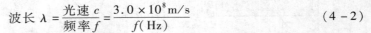

$$波长 \ \lambda = \frac{光速 \ c}{频率 \ f} = \frac{3.0 \times 10^8 \mathrm{m/s}}{f(\mathrm{Hz})} \tag{4 - 2}$$

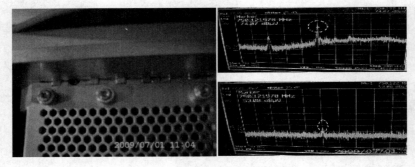

图 4 - 28　缝隙尺寸与辐射结果图

(六)大型影像设备电磁兼容设计与整改案例

由于医用装置本身的特殊性和其所处环境的复杂性,使医用装置电磁兼容设计变得更加复杂,但是,如果抓住医用装置电磁兼容的根本,设计就会由复杂到简单,由难变易。通过在实际工作中遇到的几个典型问题,让我们来试图找寻医用装置电磁兼容设计的关键所在。

1. 系统布局和配置问题

两个变频器是某产品电源端连续骚扰电压的主要干扰源,用滤波器来抑制干扰,有三种配置,抑制效果比较如图 4 - 29 ~ 图 4 - 31 所示,图 a)为配置图,图 b)为电源端连续骚扰电压谱图。

186

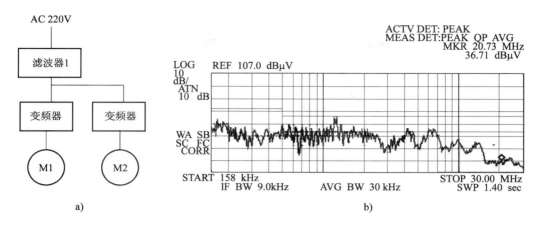

图 4 - 29 第一种配置及骚扰图

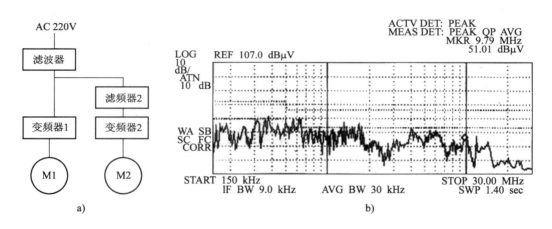

图 4 - 30 第二种配置及骚扰图

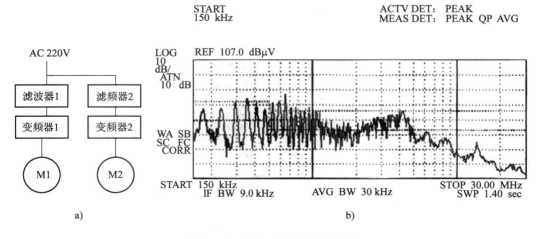

图 4 - 31 第三种配置及骚扰图

　　理论上分析应该第三种配置最好,但试验结果第三种配置效果最差,反而第二种配置最好,这是为什么呢? 经过对系统布局和结构的分析及大量试验,得出结论:变频器2位置远离电源输入端,输入线太长,像第三种配置,虽然变频器2通过滤波器2滤波,但由于较长的输入线与其他未滤波的电源线扎在一起,又将干扰引入电网。然而,产品已进入批量生产,重新布局和布线却实困难且造价太高。

　　2. 系统布线问题

　　图4-32和图4-33是另一产品的电源端连续骚扰电压谱图,该产品的主要干扰源是直流电机伺服器。由图可见,不同的布线,二者有天壤之别,输入线和输出线捆扎一起时,产品的电源端骚扰电压在150kHz~20MHz均超出限值,达10dB;而输入线和输出线分开时,产品的电源端骚扰电压在150kHz~30MHz均低于限值,完全符合要求。看似简单布线,对系统电磁兼容的影响如此大。

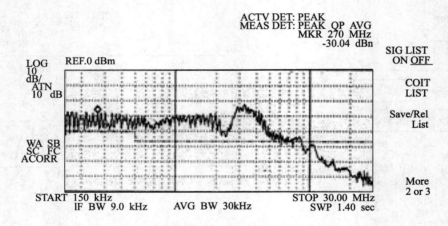

图4-32　输入线和输出线捆扎一起时电源端连续骚扰电压

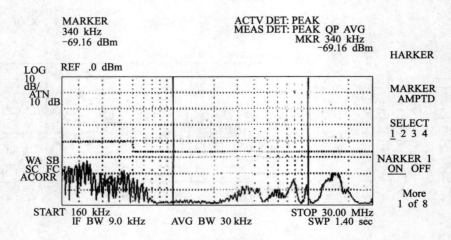

图4-33　输入线和输出线捆分开时电源端连续骚扰电压

3. 系统接地和屏蔽问题

（1）对某成像系统信号线进行电快速脉冲群测试：

- 信号线为非屏蔽网线时，采集中途停止；
- 信号线为屏蔽网线但未接地时，采集中途停止；
- 信号线为屏蔽网线并接地时，采集完成，图像正常。

由此可见，采用屏蔽线并接地对电快速脉冲群干扰的抑制作用。

（2）对另一成像系统进行电磁辐射电场强度测试

97.14MHz 处，辐射骚扰超出限值；将计算机外壳可靠接地，辐射骚扰降到限值之内，测试通过。由此再次看到可靠接地对设备电磁兼容的作用。

三、EMC 与电气安全的主要关系

（一）EMC 与剩余电压的关系

在电源滤波器中，X 电容和 Y 电容起到关键的 EMC 滤波作用，但如果选择不当，有可能造成电气安全中的剩余电压超标。在断电后，X 电容通过与其并联的放电电阻放电（见图 4－34）。若 X 电容或者 Y 电容容值过大，或者 X 电容没有加放电电阻或者阻值不合适，将可能造成放电时间过长，导致剩余电压超标的情况出现。

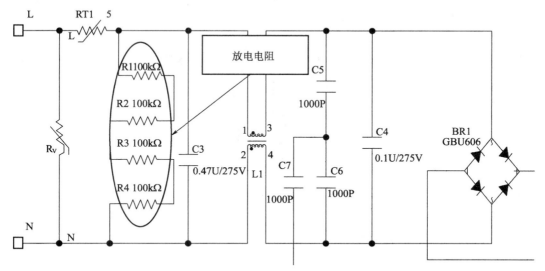

图 4－34　电源中的 X 电容的选择

（二）EMC 与接地的关系

标准 GB 9706.1 标准第 18 章 1)要求：

"如果带有隔离的内部屏蔽的Ⅱ类设备，采用三根导线的电源软电线供电，则第三根

导线(与网电源插头的保护接地连接点相连)应只能用作内部屏蔽的功能接地,且应是绿/黄色的。

该内部屏蔽和与其相连的所有内部布线的绝缘,应是双重绝缘或加强绝缘。

在此情况下,这种设备的功能接地端子应标识得与保护接地端子能区别,另外还应在随机文件中加以说明。"

因此,在Ⅱ类设备的EMC接地设计中,要特别注意安全方面的要求。

另外,接地阻抗过高,有可能造成地线噪声电压。若一个系统采用多点接地或者混合接地,由于实际上地线上的各个点的电位是不相同的,若接地设计不好,会导致地线上的电压过高,此时,此电压会成为一个辐射源,造成EMC辐射问题。因此,地线设计的核心是减小地线的阻抗,这对安全设计和EMC设计均是有好处的。

(三)EMC 与漏电流的关系

医疗产品在漏电流方面有严格的要求,这就要求在AC前端选择Y电容时格外注意,在不引起漏电流超标的情况下选用有效的滤波电容来抑制CE,RE。

除了电源端,应用部分端也有可能选择Y电容,跨接在应用部分的隔离两侧,来降低EMC干扰,此时需要考虑,Y电容的选择不会造成患者漏电流或患者辅助电流超过标准要求(见图4-35)。

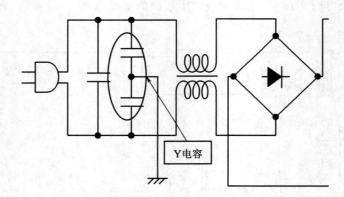

图 4 - 35　电源中的 Y 电容的选择

(四)EMC 与电介质强度的关系

由于EMC问题,在隔离两端或带电部件或应用部分对地之间使用了EMC抑制器件,若器件选择不当,则有可能出现假击穿现象。

出现此种情况的可能的原因是:

(1) EMI抑制元器件选用不当,比如器件耐压值低于隔离所需的耐压要求;

(2) 初次级分压不均,比如在两个隔离带上均使用跨接电容,则由于电容分压原因,可能导致耐压试验不通过;

（3）其他地方连接电容到地,造成带电部件或应用部分对地的耐压测试不通过。

因此在选择 EMC 器件时,需要重点考虑:是否在隔离带上;其耐压值的大小是否符合电介质强度试验电压;是否存在分压现象;是否由于 EMC 器件使用因素而导致绝缘路径收到旁路等。

（五）EMC 与爬电距离和电气间隙的关系

如果由于 EMC 的问题,需要进行 PCB 板上的地线的整改,比如加粗地线,扩大屏蔽地的面积等,此时尤其要注意地线或铺地的整改,不可导致带电部分对地或应用部分对地的爬电距离和电气间隙减小到不满足标准要求的程度。

如果由于 EMC 的问题,在整改时需要改变变压器,需要关注更换后的变压器不但需要满足 EMC 的要求,而且由于变压器也是安全关键器件,需要针对变压器进行爬电距离和电气间隙检查,还需要进行耐压、漏电流、温升、过载等测试。

（六）EMC 与温升的关系

如果选用 EMI 抑制器件不当,比如增加屏蔽外壳、更换屏蔽变压器、使用容易饱和的扼流圈等,会造成温升超标。因此在使用 EMC 抑制器件或方法时,或在设计整改时,要关注器件使用或方法对于温升的影响,必要时,需要重新测试温升,以确定 EMC 手段对于安全没有影响。

（七）EMC 磁环的使用与电气安全的关系

磁环要注意固定,防止由于磁环重力影响,将所用的线材端口拔出,造成线材端口可在设备内部自由活动,若线材内供电是大于安全特低电压的,就有可能造成潜在的安全隐患。因此需要注意 EMC 磁环的固定或者包裹绝缘材料。

附录 A　GB/T 18268 标准介绍

一、概述

GB/T 18268 系列标准等同采用 IEC 61326 系列标准,是专门针对测量、控制和实验室的用电设备所制定的电磁兼容标准。适用于工业过程、工业制造、教育医疗等领域,覆盖产品包括:信号发生器、测量标准器、电源、过程控制器和调节器、可编程控制器、指示仪和记录仪、过程检测仪表、体外诊断医疗设备等。该系列标准共有 7 个部分,其中第 1 部分为产品通用电磁兼容要求,其余部分是针对特定产品的特殊电磁兼容要求。具体包括如下部分:

(1) GB/T 18268.1—2010 测量、控制和实验室用的电设备 电磁兼容性要求 第 1 部分:通用要求

(2) GB/T 18268.21—2010 测量、控制和实验室用的电设备 电磁兼容性要求 第 21 部分:特殊要求 无电磁兼容防护场合用敏感性试验和测量设备的试验配置、工作条件和性能判据

(3) GB/T 18268.22—2010 测量、控制和实验室用的电设备 电磁兼容性要求 第 22 部分:特殊要求 低压配电系统用便携式试验、测量和监控设备的试验配置、工作条件和性能判据

(4) GB/T 18268.23—2010 测量、控制和实验室用的电设备 电磁兼容性要求 第 23 部分:特殊要求　带集成或远程信号调理变送器的试验配置、工作条件和性能判据

(5) GB/T 18268.24—2010 测量、控制和实验室用的电设备 电磁兼容性要求 第 24 部分:特殊要求 符合 IEC 61557 – 8 的绝缘监控装置和符合 IEC 61557 – 9 的绝缘故障定位设备的试验配置、工作条件和性能判据

(6) GB/T 18268.25—2010 测量、控制和实验室用的电设备 电磁兼容性要求 第 25 部分:特殊要求 接口符合 IEC 61784 – 1,CP3/2 的现场装置的试验配置、工作条件和性能判据

(7) GB/T 18268.26—2010 测量、控制和实验室用的电设备 电磁兼容性要求 第 26 部分:特殊要求 体外诊断(IVD)医疗设备

GB/T 18268 系列标准规定了测量、控制和实验室用的电设备的电磁兼容试验配置、工作条件、试验要求和性能判据,同时还规定了辐射发射、传导发射、谐波电流和电压波动、闪烁的限值要求,提出了辐射和传导、连续和瞬态干扰的抗扰度要求。

在上述标准中涉及医疗器械的电磁兼容标准为 GB/T 18268.1—2010 和 GB/T 18268.26—2010,为此,下文仅对这两个标准的内容作简要介绍。

二、GB/T 18268.1—2010《测量、控制和实验室用的电设备　电磁兼容性要求　第 1 部分:通用要求》

1. 适用范围

GB/T 18268.1—2010(IEC 61326 - 1:2005,IDT)适用于体外诊断(IVD)设备,是 IVD 产品电磁兼容性的通用要求。

2. 试验要求及引用标准

如表 A.1 所示:

表 A.1　GB/T 18268 中试验要求及引用标准

GB/T 18268 要求	试验项目	引用标准
发射试验	辐射发射 传导发射	GB 4824 工业、科学和医疗(ISM)射频设备　电磁骚扰特性　限值和测量方法
	谐波电流	GB 17625.1 电磁兼容　限值　谐波电流发射限值(设备每相输入电流≤16A)
	电压波动和闪烁	GB 17625.2 电磁兼容　限值　对每相额定电流≤16A且无条件接入的设备在公用低压供电系统中产生的电压变化、电压波动和闪烁的限制
抗扰度试验	静电放电(ESD)	GB/T 17626.2 电磁兼容　试验和测量技术　静电放电抗扰度试验
	射频电磁场辐射	GB/T 17626.3 电磁兼容　试验和测量技术　射频电磁场辐射抗扰度试验
	电快速瞬变脉冲群	GB/T 17626.4 电磁兼容　试验和测量技术　电快速瞬变脉冲群抗扰度试验
	浪涌	GB/T 17626.5 电磁兼容　试验和测量技术　浪涌(冲击)抗扰度试验
	射频场感应的传导骚扰	GB/T 17626.6 电磁兼容　试验和测量技术　射频场感应的传导骚扰抗扰度
	在电源供电输入线上的电压暂降、短时中断和电压变化	GB/T 17626.11 电磁兼容　试验和测量技术　电压暂降、短时中断和电压变化抗扰度试验
	工频磁场	GB/T 17626.8 电磁兼容　试验和测量技术　工频磁场抗扰度试验

从表 A.1 中可以看出,GB/T 18268.1 与 YY 0505 引用的电磁兼容标准基本一致,但体外诊断设备在试验要求以及性能判据方面与医用电气设备有些差异。

（1）抗扰度判据不同

YY 0505 的抗扰度试验依据符合性判据 36.202.1j），判断测试结果的符合性，而 GB/T18268.1 的抗扰度试验依据如下性能判据，判断测试结果的符合性：

性能判据 A：试验时，在技术规范极限内性能正常。

性能判据 B：试验时，功能或性能暂时降低或丧失，但能自行恢复。

性能判据 C：试验时，功能或性能暂时降低或丧失，但需要操作者干预或系统复位。

（2）抗扰度试验要求不同

GB/T 18268.1 中依据受试设备（EUT）预期的适用环境不同，规定了不同的抗扰度试验要求，如表 A.2、表 A.3 和表 A.4 所示：

表 A.2　抗扰度试验的基本要求

端口	试验项目	基础标准	试验值	性能判据
外壳	静电放电（ESD）	GB/T 17626.2	接触放电 4kV；空气放电 4kV	B
	射频电磁场	GB/T 17626.3	3 V/m（80MHz～1GHz）	A
			3V/m（1.4GHz～2GHz）	A
			1 V/m（2.0GHz～2.7GHz）	A
交流电源 （包括保护接地）	电压暂降	GB/T 17626.11	0% 半周期	B
			0% 1 周期	B
			70% 25/30^e 周期	C
	短时中断	GB/T 17626.11	0% 25/30^e 周期	C
	脉冲群	GB/T 17626.4	1kV（5/50ns，5kHz）	B
	浪涌	GB/T 17626.5	0.5kV^a/1kV^b	B
	射频场感应的传导骚扰	GB/T 17626.6	3V（150kHz～80MHz）	A
直流电源^d （包括保护接地）	脉冲群	GB/T 17626.4	1kV（5/50ns，5kHz）	B
	浪涌	GB/T 17626.5	0.5kV^a/1kV^b	B
	射频场感应的传导骚扰	GB/T 17626.6	3V（150kHz～80MHz）	A
I/O 信号/控制 （包括功能接地 端口的连接线）	脉冲群	GB/T 17626.4	0.5kV^d（5/50ns，5kHz）	B
	浪涌	GB/T 17626.5	1kV^{b,c}	B
	射频场感应的传导骚扰	GB/T 17626.6	3V^d（150kHz～80MHz）	A
直接与电源相连 的 I/O 信号/控制	脉冲群	GB/T 17626.4	1kV（5/50ns，5kHz）	B
	浪涌	GB/T 17626.5	0.5kV^a/1kV^b	B
	射频场感应的传导骚扰	GB/T 17626.6	3V（150kHz～80MHz）	A

^{a} 线对地。

^{b} 线对地。

^{c} 仅适用于长距离线的情况。

^{d} 仅适用于线路长度超过 3 m 的情况。

^{e} "25/30 周期"表示 25 周期适用于额定频率为 50Hz 的试验，30 周期适用于额定频率为 60Hz 的试验。

表 A.3　工业场所用设备的抗扰度试验要求

端口	试验项目	基础标准	试验值	性能判据
外壳	静电放电(ESD)	GB/T 17626.2	接触放电 4kV;空气放电 8kV	B
	射频电磁场辐射	GB/T 17626.3	10V/m(80MHz~1GHz)	A
			3V/m(1.4GHz~2GHz)	A
			1V/m(2.0GHz~2.7GHz)	A
	额定工频磁场	GB/T 17626.8	30A/m[e]	A
交流电源	电压暂降	GB/T 17626.11	0% 1 周期	B
			40% 10/12[h] 周期	C
			70% 25/30[h] 周期	C
	短时中断	GB/T 17626.11	0% 250/300[h] 周期	C
	脉冲群	GB/T 17626.4	2kV(5/50ns,5kHz)	B
	浪涌	GB/T 17626.5	1kV[a]/2kV[b]	B
	射频场感应的传导骚扰	GB/T 17626.6	3V[f](150kHz~80MHz)	A
直流电源[g]	脉冲群	GB/T 17626.4	2kV(5/50ns,5kHz)	B
	浪涌	GB/T 17626.5	1kV[a]/2kV[b]	B
	射频场感应的传导骚扰	GB/T 17626.6	3V[f](150kHz~80MHz)	A
I/O 信号/控制 (包括功能接地 端口的连接线)	脉冲群	GB/T 17626.4	1kV[d](5/50ns,5kHz)	B
	浪涌	GB/T 17626.5	1kV[b,c]	B
	射频场感应的传导骚扰	GB/T 17626.6	3V[d,f](150kHz~80MHz)	A
直接与供电网络 相连的 I/O 信 号/控制端口	脉冲群	GB/T 17626.4	2kV(5/50ns,5kHz)	B
	浪涌	GB/T 17626.5	1kV[a]/1kV[b]	B
	射频场感应的传导骚扰	GB/T 17626.6	3V[f](150kHz~80MHz)	A

[a] 线对地。

[b] 线对地。

[c] 仅适用于长距离线的情况。

[d] 仅适用于线路长度超过 3 m 的情况。

[e] 仅适用于磁场敏感的设备。当磁场强度大于 1A/m 时,阴极射线管的显示干扰是允许的。

[f] 传导射频试验的试验等级较辐射射频试验的试验等级低,这是由于传导射频试验在每个频率上模拟了谐振状态,因此是一种较严酷的试验。

[g] 设备/系统各部分间的直流连接,如没有连接到直流配电网络,应当作为 I/O 信号/控制端口处理。

[h] "25/30 周期"表示 25 周期适用于额定频率为 50Hz 的试验,30 周期适用于额定频率为 60Hz 的试验。

表 A.4　在受控电磁环境中使用的设备的抗扰度试验要求

端口	试验项目	基础标准	试验值	性能判据
外壳	静电放电(ESD)	GB/T 17626.2	接触放电 4kV;空气放电 8kV	B
	射频电磁场辐射	GB/T 17626.3	1V/m(80MHz~1GHz)	A
			1V/m(1.4GHz~2GHz)	A
			1V/m(2.0GHz~2.7GHz)	A
交流电源	电压暂降	GB/T 17626.11	0% 半周期	B
	脉冲群	GB/T 17626.4	1kV(5/50ns,5kHz)	B
	浪涌	GB/T 17626.5	0.5kV[a]/1kV[b]	B
	射频场感应的传导骚扰	GB/T 17626.6	1V(150kHz~80MHz)	A
直流电源[c,d]	脉冲群	GB/T 17626.4	1kV(5/50ns,5kHz)	B
	浪涌	GB/T 17626.5	不要求	
	射频场感应的传导骚扰	GB/T 17626.6	1V(150kHz~80MHz)	A
I/O 信号/控制(包括功能接地端口的连接线)	脉冲群	GB/T 17626.4	0.5kV[c](5/50ns,5kHz)	B
	浪涌	GB/T 17626.5	不要求	
	射频场感应的传导骚扰	GB/T 17626.6	1V[c](150kHz~80MHz)	A
测量 I/O[c]	脉冲群	GB/T 17626.4	X[e]	
	浪涌	GB/T 17626.5	不要求	
	射频场感应的传导骚扰	GB/T 17626.6	X[e]	

[a] 线对地。

[b] 线对地。

[c] 仅适用于线路长度超过 3m 的情况。

[d] 设备/系统各部分间的直流连接,如没有连接到直流配电网络,应当作为 I/O 信号/控制端口处理。

[e] 设定的骚扰值应在制造商的产品技术规范中说明。

三、GB/T 18268.26—2010《测量、控制和实验室用的电设备 电兼容性要求 第 26 部分:特殊要求 体外诊断(IVD)医疗设备》

1. 适用范围

GB/T 18268.26—2010(IEC 61326-2-6:2005,IDT)适用于体外诊断(IVD)设备,是 IVD 产品电磁兼容性的专用要求。

2. 试验要求

GB/T 18268.26—2010 的特殊要求见表 A.5:

表 A.5 体外诊断(IVD)医疗设备的最低抗扰度要求

端口	试验项目	基础标准	试验值
外壳	静电放电(ESD)	GB/T 17626.2	空气放电:2kV、4kV、8kV 接触放电:2kV、4kV
	辐射电磁场	GB/T 17626.3	3V/m,80MHz~2.0GHz,80% AM
	额定工频磁场[a]	GB/T 17626.8	3A/m,50/60Hz
交流电源	电压暂降[d]	GB/T 17626.11	1 周期 0%;5/6 周期 40%;25/30 周期 70%
	电压中断[d]	GB/T 17626.11	5%,持续时间:250/300 周期
	脉冲群	GB/T 17626.4	1kV(5/50ns,5kHz)
	浪涌	GB/T 17626.5	线对地:2kV/线对地:1kV
	射频传导	GB/T 17626.6	3V,150kHz~80MHz,80% AM
直流电源[c]	脉冲群	GB/T 17626.4	1kV(5/50ns,5kHz)
	浪涌	GB/T 17626.5	线对地:2kV/线对地:1kV
	射频传导	GB/T 17626.6	3V,150kHz~80MHz,80% AM
I/O 信号[b]	脉冲群	GB/T 17626.4	0.5kV(5/50ns,5kHz)
	浪涌	GB/T 17626.5	无
	射频传导	GB/T 17626.6	3V,150kHz~80MHz,80% AM
接主电源的 I/O 信号	脉冲群	GB/T 17626.4	1kV(5/50ns,5kHz)
	浪涌	GB/T 17626.5	无
	射频传导	GB/T 17626.6	3 V,150kHz~80MHz,80% AM

[a] 试验仅适用于潜在对磁性敏感的设备。CRT 显示干扰值允许大于 1A/m。

[b] 仅适用于电缆长于 3 m 的情况。

[c] 不适用于预期连接到电池或可充电电池(再充电时,要将其从设备中移除或断开)的输入端口。带直流电源输入端口的设备(使用交流-直流电源适配器),应在制造商规定的交流-直流电源适配器的交流输入端口进行试验。若无规定,应采用典型的交流-直流电源适配器。本试验适用于预期永久连接长距离线路的直流电源输入端口。

[d] "5/6 周期"是指"50 Hz 试验时为 5 个周期"和"60 Hz 试验时为 6 周期"。

四、试验方法

体外诊断设备依据标准 GB/T 18268.1 和 GB/T 18268.26 在试验方法上与医用电气设备依据 YY0505 的试验方法一致,参见正文第二章。

试验后,受试设备的试验结果可能表现为性能判据 A、B 或 C,但不应损害剩余风险保持在可接受范围内所必需的性能特征,依据 ISO 14971 评估剩余风险的可接受性。

附录 B 医用电气设备电磁兼容测量
不确定度评定方法

一、引言

不确定度表征测量系统的重要特性指标,是测量质量的重要标志。因此 IEC 在 CISPR 16 - 4 - 1/ - 2/ - 3/ - 4/ - 5 标准中要求在 EMC 测试中进行测量不确定度评估,我国在 GB/Z 6113.401、GB/T 6113.402、GB/Z 6113.403、GB/Z 6113.404 和 GB/Z 6113.405 标准中也有同样的要求。此外,中国合格评定国家认可委员会也出台了一些不确定度的评定指南 CNAS - GL05、CNAS - GL07 和 CNAS - CL07 等。

电磁兼容性(EMC)测试中,引起测量不确定度的因素有很多,测量系统的概念不只局限于测量仪器、测量设备的范畴,而是指用来对被测量值赋值的测量程序、测量人员、设备、环境及软件等要素的综合,是获得测量结果的整个过程。

测量不确定度有两种表示方式:一是标准不确定度,二是扩展不确定度。标准不确定度的评定往往采用统计技术方法(A 类)或非统计技术方法(B 类),而在实际测量过程往往给出测量结果的扩展不确定度。

二、不确定度评定的相关文件

(1) CNAS - GL07:2006 电磁干扰测量中不确定度的评定指南

(2) CNAS - GL05:2011 测量不确定度要求的实施指南

(3) CNAS - CL07:2011 测量不确定度的要求

(4) GB/Z 6113.401—2007(CISPR 16 - 4 - 1/TR:2005,IDT) 无线电骚扰和抗扰度测量设备和测量方法规范 第 4 - 1 部分:不确定度、统计学和限值建模 标准化的 EMC 试验不确定度

(5) GB/T 6113.402—2006 (CISPR 16 - 4 - 2:2003,IDT) 无线电骚扰和抗扰度测量设备和测量方法规范 第 4 - 2 部分:不确定度、统计学和限值建模 测量设备和设施的不确定度

(6) GB/Z 6113.403—2007 (CISPR 16 - 4 - 3:2004,IDT) 无线电骚扰和抗扰度测量设备和测量方法规范 第 4 - 3 部分:不确定度、统计学和限值建模 批量产品的 EMC 符合性确定的统计考虑

(7) JJF 1059:1999 测量不确定度评定与表示

三、测量不确定度评定步骤

（一）识别不确定度来源

对测量不确定度来源的识别应从分析测量过程入手,对测量方法、测量系统和测量程序作详细研究,画出测量系统原理或测量方法的方框图和测量流程图。检测中可能导致不确定度的来源一般有:被检样品的代表性不够;测量仪器性能的局限性(如分辨力、鉴别力或稳定性等);测量方法和程序中的近似和假设不够准确;参考物质和标准物质的值不够准确;检验环境条件控制不完善;模拟式仪器的读数存在人为偏差;数据处理中使用的常数或参数的不确定度;在相同条件下,被测量在重复观测中的变化;复现被测量的测量方法不理想;对模拟仪器的读数存在人为偏移等。

（二）建立测量过程的数学模型

其目的是要建立满足测量所要求准确度的数学模型,即被测量与各输入量之间的函数关系:若 Y 的测量结果为 y ,输入量 X_i 的估计值为 x_i ,则测量过程模型为 $y = f(x_1, x_2, \cdots, x_n)$ 。

（三）逐项评估标准不确定度

1. 测量不确定度的 A 类评定

即对观测列进行统计分析所作的评估。

（1）对输入量 x_i 进行 n 次独立的等精度测量,得到的测量结果为:, $x_1, x_2, \cdots, x_n$ 。

$\bar{x}$ 为其算术平均值,即

$$\bar{x} = \frac{1}{n} \sum_{i=1}^{n} x_i \tag{B.1}$$

单次测量结果的实验标准差为:

$$u(x_i) = S(x_i) = \sqrt{\frac{1}{n-1} \sum_{i=1}^{n} (x_i - \bar{x})^2} \tag{B.2}$$

观测列平均值即估计值的标准不确定度为:

$$u(\bar{x}) = S(\bar{x}) = \frac{S(x_i)}{\sqrt{n}} \tag{B.3}$$

（2）测量不确定度的 A 类评估是采取对 EMC 测试系统和具有代表性的样品预先评估的。对常规检测的 A 类评估,如果测量系统稳定,又在 B 类评估中考虑了仪器的漂移和环境条件的影响,完全可以采用预先评估的结果,由于提供用户的测量结果是单次测量获得的,A 类分量可用预先评估获得的 $u(x_i)$ 。

2. 测量不确定度的 B 类评定

即当输入量的估计量 X_i 不是由重复观测得到时,其标准偏差可用对 X_i 的有关信息或资料来评估。B 类评估的信息来源可来自:校准证书、检定证书、生产厂的说明书、检测依据的标准、引用手册的参考依据、以前测量的数据、相关材料特性的知识等。

（1）若资料（如校准证书）给出了 x_i 的扩展不确定度 $U(x_i)$ 和包含因子 k，则 x_i 的标准不确定度为:

$$u_B = u(x_j) = \frac{U(x_i)}{k} \tag{B.4}$$

这里有几种可能的情况:

1）若资料里只给出了 U，没有具体指明 k，则可以认为 $k = 2$（对应约为 95% 的置信概率）;

2）若资料只给出了 $U_p(x_i)$（其中 p 为置信概率），则包含因子 k_p 与 x_i 的分布有关，此时除非另有说明一般按照正态分布考虑，对应 $p = 0.95$，k 可以查表得到，即 $k_p = 1.960$;

3）若资料给出了 U_p 及 v_{eff_i}，则 k_p 可查表得到，即 $k_p = t_p(v_{eff})$。

（2）若由资料查得或判断 x_i 的可能值分布区间半宽度与 a（通常为允许误差限的绝对值）则:

$$u_B = u(x_j) = \frac{a}{k} \tag{B.5}$$

此时 k 与 x_i 在此区间内的概率分布有关。对应几种非正态分布其包含因子如表 B.1 所示。

表 B.1 非正态分布包含因子

分布	两点	反正弦	矩形	梯形	三角
k	1	$\sqrt{2}$	$\sqrt{3}$	$\sqrt{6}/\sqrt{1+\beta^2}$ 其中 β 为上下底边之比值	$\sqrt{6}$

（四）标准不确定度分量的计算

输入量的标准不确定度 $u(x_i)$ 引起的对 y 的标准不确定度分量 $u_i(y)$ 为:

$$u_i(y) = \frac{\partial f}{\partial x_i} u(x_i) \tag{B.6}$$

在数值上，灵敏系数 $C_j = \frac{\partial f}{\partial x_i}$ 等于输入量 x_i 变化单位量时引起 y 的变化量。灵敏系数可以由数学模型对 x_i 求偏导数得到，也可以由实验测量得到。灵敏系数反映了该输入量的标准不确定度对输出量的不确定度的贡献的灵敏程度，而且标准不确定度 $u(x_i)$ 只有乘了该灵敏系数才能构成一个不确定度分量，即和输出量有相同的单位。

在电磁兼容试验项目中，一般情况下灵敏系数取值为 1。

（五）合成不确定度 $u_c(y)$ 的计算

$$u_c(y) = \sqrt{\sum_{i=1}^{n} \left(\frac{\partial f}{\partial x_i}\right)^2 u^2(x_i) + 2\sum_{i=1}^{n-1}\sum_{j=i+1}^{n} \frac{\partial f}{\partial x_i}\frac{\partial f}{\partial x_j} \cdot r(x_i, x_j) \cdot u(x_i)u(x_j)} \tag{B.7}$$

实际工作中,若输入量之间均不相关,或有部分输入量相关,但其相关系数较小(弱相关)而近似为 $r(x_i, x_j) = 0$,于是便简化为:

$$u_c(y) = \sqrt{\sum_{i=1}^{n} \left(\frac{\partial f}{\partial x_i}\right)^2 u^2(x_i)} \qquad (B.8)$$

当 $\dfrac{\partial f}{\partial x_i} = 1$,则可进一步简化为:

$$u_c(y) = \sqrt{\sum_{i=1}^{n} u^2(x_i)} \qquad (B.9)$$

此即计算合成不确定度一般采用的方和根法,即将各个标准不确定度分量平方后求其和再开根。

(六)扩展不确定度 U 的计算

(1)实验室出具的检测结果中必须给出特定置信水平下的扩展不确定度,扩展不确定度由合成不确定度乘以适当的包含因子 k 得到。

在电磁兼容试验项目中,不确定度分量较多而且大小也比较接近,可以估计为正态分布,所以包含因子 $k = 2$。$k = 2$ 就决定了具有 95% 置信水平的区间,即 $U = 2u_c(y)$ 对应 95% 的置信水平。

(2)测量不确定度是合理评估获得的,出具的扩展不确定度的有效数字一般为 2 位。

四、测量不确定度评定实例——医用电气设备辐射骚扰电场强度测量不确定度评定

(一)医用电气设备辐射骚扰场强测量方法

辐射发射测试是测量受试设备(EUT)通过空间传播的骚扰辐射场强。依据 YY0505 的要求,辐射发射测试根据 GB 4824《工业、科学和医疗(ISM)射频设备　电磁骚扰特性限值和测量方法》的测量方法,受试设备(EUT)工作时产生的辐射干扰信号在电波暗室的空间内传播,接收天线接收到后,通过同轴电缆线送到测试接收机,处理后通过计算机输出,如图 B.1 所示。

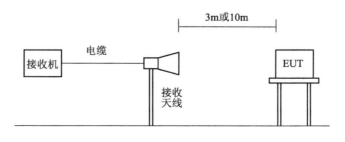

图 B.1　试验布置图

（二）辐射骚扰场强测量不确定度的评定步骤

评定测量不确定度的评定步骤一般为：确定被测量 Y 和输入量 x 的关系；给出数学模型；列出不确定度的来源；确定不确定度的分量；标准不确定度的评定；计算合成标准不确定度；评定扩展不确定度。

（三）辐射骚扰场强测量要考虑的影响量

依据 CNAS – GL07 辐射骚扰场强测量要考虑的影响量如下：

（1）接收机读数；

（2）天线和接收机间连接网络的衰减；

（3）天线系数；

（4）接收机正弦波电压准确度；

（5）接收机脉冲幅度响应；

（6）接收机脉冲响应随重复频率的变化；

（7）接收机噪声本底；

（8）天线端口与接收机之间失配的影响；

（9）天线系数的频率内插；

（10）天线系数随高度的变化；

（11）天线方向性；

（12）天线相位中心；

（13）天线交叉极化响应；

（14）天线平衡；

（15）测试场地；

（16）被测设备和测量天线之间的距离；

（17）安放被测设备的桌子的高度。

（四）辐射骚扰场强测量的数学模型

辐射骚扰场强测量的数学模型为：

$$E = V_r + L_c + AF + \delta V_{sw} + \delta V_{pa} + \delta V_{pr} + \delta V_{nf} + \delta M + \delta AF_f + \delta AF_h$$
$$+ \delta A_{dir} + \delta A_{ph} + \delta A_{cp} + \delta A_{bal} + \delta SA + \delta d + \delta h \tag{B.10}$$

式中：V_r——接收机电压读数，$dB\mu V$；

L_c——接收机与天线之间的连接网络的衰减量，dB；

AF——天线系数，$dB(1/m)$；

δV_{sw}——对接收机正弦波电压不准确的修正值，dB；

δV_{pa}——对接收机脉冲幅度响应不理想的修正值，dB；

δV_{pr}——对接收机脉冲重复频率响应不理想的修正值,dB;

δV_{nf}——对接收机本底噪声影响的修正值,dB;

δM——对失配误差的修正值,dB;

δAF_{f}——对天线系数内插误差的修正值,dB;

δAF_{h}——对天线系数随高度变化与标准偶极子天线的天线系数随高度变化之差别的修正值,dB;

δA_{dir}——对天线方向性的修正值,dB;

δA_{ph}——对天线相位中心位置的修正值,dB;

δA_{cp}——对天线交叉极化响应的修正值,dB;

δA_{bal}——对天线不平衡的修正值,dB;

δSA——对不完善的场地衰减的修正值,dB;

δd——对天线与被测件间距离测不准的修正值,dB;

δh——对桌面离地面高度不适当的修正值,dB。

(五)辐射骚扰场强测量不确定度来源分析

1.接收机的读数误差

V_r 项表示接收机读数,接收机的读数误差可能会由各方面的原因造成,比如接收机系统的不稳定性、接收机自身的噪声、刻度范围以及不同测试人员之间的差异等。可以分为随机误差和系统误差两大类,这两类误差都会引入不确定度。

（1）随机误差

随机误差可以归结为重复性和复现性引起的,包括测试人员的不同、测试方法的差异等。由此引入的不确定度属于 A 类不确定度的评定,用统计的方法得出。计算实验标准差 $s(\bar{x})$ 获得:

$$\bar{x}=\frac{\sum_{i=1}^{n} x_{i}}{n};s(x_{i})=\sqrt{\frac{\sum_{i=1}^{n}(x_{i}-\bar{x})^{2}}{n-1}};s(\bar{x})=\frac{s(x_{i})}{\sqrt{n}};u_{a}=s(\bar{x}) \qquad (\mathrm{B}.11)$$

式中,x_i 表示第 i 次测量值,$\bar{x}$ 表示 n 次测量结果的平均值,$s(x_i)$ 表示 x_i 的试验标准差,$s(\bar{x})$ 表示 $\bar{x}$ 的试验标准差。

（2）系统误差

从式（B.10）可以看出,系统误差可以由以下几个原因造成,分别对应 δV_{sw}、δV_{pa}、δV_{pr}、δV_{nf} 和 δM 项:

1）一般 δV_{sw} 的估计值可由校准报告获得,报告同时给出其扩展不确定度和包含因子。

注:如果校准报告只说明接收机正弦波电压准确度是在允许误差限 $\pm 2\mathrm{dB}$ 以内,则修正值 δV_{sw} 的估计值应取 0,具有半宽度为 2dB 的矩形概率分布。δV_{pa}、δV_{pr} 的估计值可由校准报告获得,可以视为均匀分布,计算其不确定度。假如没有给出类似的信息,只说明接收机满足 CISPR 16 - 1 标准中对仪器设备的要

求,那么,按照CISPR 16-4各项的最大允许误差分别为:δV_{pa}脉冲幅度响应误差:$\pm 1.5dB$,δV_{pr}脉冲重复率响应误差:$\pm 1.5dB$,且这两项都符合半宽度为 a 的均匀分布,可以利用公式 $u_t = a/\sqrt{3}$ 来计算。

2）接收机的本底噪声影响 δV_{nf}

接收机的噪声本底往往远低于骚扰电压的允许极限值或骚扰功率的允许极限值,因此噪声本底对接近极限值的测量结果的影响是可以忽略不计的。

3）失配误差的影响 δM

天线输出端和接收机输入端之间相当于一个双端口的传输线,因此存在着失配误差 δM。失配误差的修正公式:$\delta M = 20\lg_{10}[(1 - \Gamma_e S_{11})(1 - \Gamma_r S_{22}) - S_{21}{}^2 \Gamma_e \Gamma_r]$。

天线的接收机端口（由衰减器和电缆的串联组成）连接到一个两端口网络的一个端口上,其反射系数为 Γ_e,测量接收机的一端连接到反射系数为 Γ_r 的另一端口上,两端口网络用 S 参数表征。所有的参数都假设在 50Ω 匹配阻抗下测得。在以上参数实际很难测得的情况下,我们可以假设 δM 的极限值 $\delta M^{\pm}$:

$$\delta M^{\pm} = 20\lg[1 \pm (|\Gamma_e||S_{11}| + |\Gamma_r||S_{22}| + |\Gamma_e||\Gamma_r||S_{11}||S_{22}| + |\Gamma_e||\Gamma_r||S_{11}|^2)] \tag{B.12}$$

天线的驻波系数 $VSWR \le 2.0:1$,则 $|\Gamma_e| \le 0.33$,且接收机的衰减为0dB,则接收机端的 $VSWR \le 2.0:1$,即 $|\Gamma_r| \le 0.33$。另外接到接收机上的电缆匹配良好,$|S_{11}| \ll 1$,$|S_{22}| \ll 1$,$|S_{21}| \approx 1$。则有:$\delta M^+ = 20\lg(1 + 0.33^2) = 0.9$,$\delta M^- = 20\lg(1 - 0.33^2) = -1.0$。

δM 满足 U 形分布,分布区域为 $(\delta M^+ - \delta M^-)$,即由失配误差引起的不确定度为

$$u_M = \frac{(\delta M^+ - \delta M^-)/2}{\sqrt{2}} = 0.67dB$$

2. 线损误差 L_c

天线和接收机之间通过同轴电缆连接,在频率比较高的情况下,电缆线的损耗不能忽略。因此,在实际测试中,对同轴电缆线的线损要进行修正。修正值可以由校准报告或由制造商提供的校准证书中获得。

3. 天线校准误差

（1）天线因数校准误差

天线因数的校准误差也要引入不确定度,它有三个修正项:AF、δAF_f 和 δAF_h。自由空间天线系数 AF 的估计值以及扩展不确定度和包含因子都可以从校准报告获得。一般由制造商校准证书提供的天线因数,都是在一系列频点上测得的,在处理过程中,必须选择一种合适的插值方式,对未测量频点的天线因数进行估计。这就导入误差 δAF_f,从而引入不确定度。天线系数内插误差修正值 δAF_f 的估计值为 0,并具有一个半宽度为 0.3dB 的矩形概率分布。修正值 δAF_h 的估计值为 0,设为矩形概率分布,其半宽度由双锥天线和对数周期天线的天线系数随高度变化的特性估算得到。

（2）天线高度、方向、极化等特性引起的误差

δA_{ph}：在测量过程中，由于天线接收精度的影响，测得的场强最大点的位置和真实情况可能有误差，这一误差用 δA_{ph} 表示。对 3m 场 δA_{ph} 满足 [−1.0，+1.0] 范围内的均匀分布。

δA_{dir}：CISPR 16−1 要求天线接收到的直射波和地面反射波之和的最大值与实际最大响应之间的差异小于 1dB，在场地符合 CISPR 16−1 的情况下，对 3m 场，δA_{dir} 满足在 [0，+1] 范围内的均匀分布。

δA_{cp}：交叉极化的误差。在 CISPR 16−4 中取此项的最大允许误差，满足半宽为 0.9dB 的均匀分布。

δA_{bal}：当输入同轴电缆被拉直并平行于天线振子时，不平衡天线的影响最大。对天线不平衡的修正值 δA_{bal} 的估计值为 0，其可能的半宽度是由商用天线的性能估算得出的，并具有矩形的概率分布。

4. 场地的影响

（1）场地衰减：CISPR 16−1 指出了最大允许误差为 ±4.0dB，满足三角分布。

（2）距离误差：在布置受测设备的过程中，由于尺寸测量和人主观因素会产生距离误差，考虑最坏的情况，在 3m 场中取 ±0.3dB。

（3）放置受试设备的实验桌高度误差：实验桌高度的误差，也会带来测量误差，桌高度误差在 ±0.01m 以内时，修正值 δh 的估计值为 0，服从正态分布，置信水平为 95% 的扩展不确定度为 0.1dB。

（六）标准不确定度的计算

V_r 是通过统计数据计算得来的，故属于 A 类不确定度评定。其余几项是根据操作手册和校准证书及工作经验得到的，属于 B 类不确定度评定。下面分别计算这几项分量的标准不确定度。

1. 测量人员重复性引起的不确定度

选择多参监护仪作为被测设备，对 300MHz 频点的干扰值进行了 10 次连续测试。测试结果见表 B.2：

表 B.2 测量结果

编号	x_1	x_2	x_3	x_4	x_5	x_6	x_7	x_8	x_9	x_{10}
场强 dBμV/m	22.30	22.41	22.47	22.31	22.48	22.36	22.44	22.20	22.38	22.16

$$平均值\ \bar{x} = \frac{1}{n}\sum_{i=1}^{n} x_i = 22.35$$

$$s(x_i) = \sqrt{\frac{\sum_{i=1}^{n}(x_i - \bar{x})^2}{n-1}} = 0.08(\text{dB})$$

$$u(V_r) = s(\bar{x}) = \frac{s(x_i)}{\sqrt{n}} = 0.03(\text{dB})$$

2. 接收机系统误差引起的不确定度

由校准机构出具的校准报告中获得,扩展不确定度 0.40dB, $k = 2$。正态分布,标准不确定度为:$u(\delta V_{sw}) = 0.40\text{dB}/2 = 0.20$ dB。

接收机脉冲幅度响应相对应的扩展不确定度和包含因子由校准机构出具的校准报告中获得,扩展不确定度为 1.80dB, $k = 2$。正态分布,则标准不确定度为:$u(\delta V_{pa}) = 0.90\text{dB}$。

接收机脉冲重复频率响应相对应的扩展不确定度和包含因子由校准机构出具的校准报告中获得,扩展不确定度为 1.80dB, $k = 2$。正态分布,则标准不确定度为:$u(\delta V_{pr}) = 0.90\text{dB}$。

对 δM 项,由失配引起的不确定度按照上面的计算 $u(\delta M) = 0.67\text{dB}$。

3. 线损引入的不确定度

通过测试,同轴电缆线损修正引入的不确定度为 ±0.1dB,正态分布, $k = 2$,标准不确定度为:$u(L_c) = 0.05\text{dB}$。

4. 天线因数校准误差引入的不确定度

AF:由校准机构出具的校准报告中获得,扩展不确定度 1.80dB, $k = 2$,正态分布。标准不确定度为:$u(AF) = 0.90$ dB。 δAF_f 的不确定度为:$u(\delta AF_f) = 0.3/\sqrt{3} = 0.17\text{dB}$;$\delta AF_h$ 的不确定度为:$u(\delta AF_h) = 0.3/\sqrt{3} = 0.29\text{dB}$。

5. 天线高度、方向、极化等特性引入的不确定度

天线满足 C1SPR 16-1 中对仪器设备的要求,取 CISPR 16-4 的最大允许误差。经过计算得到的不确定度:$\delta A_{dir} = 0.29$ dB,矩形分布,误差范围: -0.0 ~ +1.0 dB。 $\delta A_{ph} = 0.58\text{dB}$,矩形分布,误差范围: -0.0 ~ +1.0 dB。 $\delta A_{cp} = 0.52$ dB,矩形分布,误差范围: -0.9 ~ +0.9dB。 $\delta A_{bal} = 0.52\text{dB}$,矩形分布,误差范围: -0.9 ~ +0.9dB。

6. 场地引起的不确定度

(1) 场地衰减引入的不确定度:由校准机构出具的校准报告中获得,扩展不确定度 ±3.5dB,满足三角分布,用式 $u(\delta SA) = 3.5/\sqrt{6} = 1.43\text{dB}$ 计算得到。

（2）受测设备和天线之间的距离误差引入的不确定度：该误差满足均匀分布，引入的不确定度：$u(\delta d) = 0.3/\sqrt{3} = 0.17\text{dB}$。

（3）实验桌高度误差：该误差引入的不确定度，按照 CISPR 16-4 的极限情况取 $u(\delta h) = 0.05\text{dB}$。

7. 标准不确定度汇总表

以上所有标准不确定度分量的计算结果如表 B.3 所示。

表 B.3　标准不确定度分量的计算结果

输入量		X_i	x_i 的不确定度		$u(x_i)$	c_i	$c_i u(x_i)$
			（a 或 U）dB	概率分布或 k	dB		dB
接收机读数		V_r	A 评定，计算获得		0.03	1	0.03
衰减：天线－接收机		L_c	± 0.1	$k = 2$	0.05	1	0.05
天线系数		AF	1.8	$k = 2$	0.90	1	0.90
接收机修正	正弦波电压	δV_{sw}	0.4	$k = 2$	0.20	1	0.20
	脉冲幅度响应	δV_{pa}	1.8	$k = 2$	0.90	1	0.90
	脉冲重复频率响应	δV_{pr}	1.8	$k = 2$	0.90	1	0.90
	噪声本底接近度	δV_{nf}	± 0.5	$k = 2$	0.25	1	0.25
	失配：天线－接收机	δM	+ 0.9/ - 1.0	U 形	0.67	1	0.67
天线修正	天线系数频率内插	δAF_f	± 0.3	矩形	0.17	1	0.17
	天线系数高度偏差	δAF_h	± 0.5	矩形	0.29	1	0.29
	方向性差别　3m	δA_{dir}	+ 1.0/ - 0.0	矩形	0.29	1	0.29
	相位中心位置　3m	δA_{ph}	± 1.0	矩形	0.58	1	0.58
	交叉极化	δA_{cp}	± 0.9	矩形	0.52	1	0.52
	平衡	δA_{bal}	± 0.9	矩形	0.52	1	0.52
场地修正	场地不完善	δSA	± 3.5	三角	1.43	1	1.43
	距离　3m	δd	± 0.3	矩形	0.17	1	0.17
	桌子高度　3m	δh	± 0.1	$k = 2$	0.05	1	0.05

表 B.3 中，X_i：输入量；x_i：X 的估算值；$u(x_i)$：x_i 的标准不确定度；c_i：灵敏系数。

（七）合成不确定度的计算

$$u_c(y) = \sqrt{\sum_i c_i^2 u^2(x_i)} = 2.48\text{dB}$$

注：y 为测量结果，被测量的估计值。

（八）扩展不确定度的计算

计算扩展不确定度，取 $k = 2$，则有 $U_{LAB} = 2u_c(y) = 4.96dB$

（九）不确定度的应用

CNAS – GL07 中给出了对测量结果的判定要求：

假设 U_{LAB} 小于或等于 CNAS – GL07 表 1 中给出的 U_{cispr} 值（5.2dB），则：

- 如果测得的骚扰都不超过骚扰极限值，则可以判定为合格；
- 如果测得的骚扰超过骚扰极限值，则可以判定为不合格。

假设 U_{LAB} 大于 CNAS – GL07 中给出的 U_{cispr} 值，则：

- 如果测得的骚扰加上（$U_{LAB} - U_{cispr}$）后不超过骚扰极限值，则可以判定为合格；
- 如果测得的骚扰加上（$U_{LAB} - U_{cispr}$）后超过骚扰极限值，则可以判定为不合格。

实验室实测的 U_{LAB} 为 4.96 dB，小于 CNAS – GL07 给出的 U_{cispr}（5.2dB），因此在标准 3m 法电波暗室中进行 30MHz ~ 1000MHz 电场辐射骚扰测试时，如果测得的骚扰电平不超过所规定的骚扰限值，则判定为符合；如果测得的骚扰电平超过所规定的骚扰限值，则判定为不符合。

（十）小结

综上所述，EMC 辐射发射的测量不确定度与测试设备、测试环境、测试人员、试验布置等因素密切有关，所以实验室在依据相关标准进行测试的前提下，应对测试设备定期计量校准和期间核查，对电波暗室定期校准和自我校验，对测试系统定期维护和验证，以确保测试系统的有效性，保证测试结果的准确性。

附录 C 电磁兼容测量单位与换算关系

在电磁兼容测量中,常用不同的单位表述测量值的大小。

1. 功率

电磁兼容测量中,干扰的幅度可用功率来表述。功率的基本单位为瓦(W),即焦耳/秒(J/s)。在测量中往往会遇到量值相差非常悬殊(甚至千百万倍的信号),为了便于表达、叙述和运算(变乘除为加减),常常应用两个相同量比值的常用对数,以贝尔(B)为单位,对于功率则为

$$P_B = P_2/P_1 \tag{C.1}$$

但是贝尔是一个较大的值,为使用方便,常采用贝尔的 1/10,即分贝(dB)为单位,这样功率可用分贝(dB)表示为

$$P_{dB} = 10\lg P_2/P_1 \tag{C.2}$$

式中,P_1 和 P_2 应采用相同的单位。必须明确分贝(dB)仅为两个量的比值,是无量纲的。随着分贝(dB)表示式中的基准参考量的单位不同,分贝(dB)在形式上也带有某种量纲。如基准参考量 P_1 为 1W,则 P_2/P_1 是相对于 1W 的比值,即以 1W 为 0dB。此时是以带有功率量纲的分贝 dBW 表示 P_2,所以

$$P_{dBW} = 10\lg P_W/1W = 10\lg P_W \tag{C.3}$$

式中:P_W——实际测量值,以 W 为单位;

P_{dBW}——用 dBW 表示的测量值。

功率测量单位通常用分贝毫瓦(dBmW)。它是以 1mW 为基准参考量,表示 0dBmW,即

$$P_{dBmW} = 10\lg P_{mW}/1mW \tag{C.4}$$

显然

$$1mW = 0dBmW \tag{C.5}$$

设 P_2 为 10W,则 P_2 相对 1mW 的毫瓦分贝功率可表示为:

$$10\lg P_{mW}/1mW = 10\lg 10^4 mW/1mW = 40$$

即 P_2 的毫瓦分贝功率为 40dBmW。

类似地,以 1μW 作为基准参考量,表示 0dBμW,成为分贝微瓦。dBW、dBμW、dBμW 与 W 的换算关系为

$$P_{dBW} = 10\lg(P_W) \tag{C.6}$$

$$P_{dBmW} = 10\lg(P_W) + 30 \tag{C.7}$$

$$P_{dBμW} = 10\lg(P_W) + 60 \tag{C.8}$$

电磁兼容工程中,除了功率习惯用 dB 单位表示外,电压、电流和场强也都常用 dB 单位表示。

2. 电压

电压的 dB 单位表示为

$$U_{dBV} = 20\lg U_V / 1\,\mathrm{V} = 20\lg U,\ U_{dBmV} = 20\lg U_{mV} / 1\,\mathrm{mV},\ U_{dB\mu V} = 20\lg U_{\mu V} / 1\,\mu\mathrm{V} \qquad (\mathrm{C}.9)$$

电压以 V 为单位和以 dBV、dBmV、dBμV 为单位的换算关系为

$$U_{dBV} = 20\lg \frac{U_V}{1\,\mathrm{V}} = 20\lg U \qquad (\mathrm{C}.10)$$

$$U_{dBmV} = 20\lg \frac{U_V}{10^{-3}} = 20\lg U + 60 \qquad (\mathrm{C}.11)$$

$$U_{dB\mu V} = 20\lg \frac{U_V}{10^{-6}} = 20\lg U + 120 \qquad (\mathrm{C}.12)$$

例如,当 U_2 为 10V 时,参考电压 $= U_1 = 1\mu\mathrm{V}$,它的 dBμV 为:

$$20\lg 10^7\,\mu\mathrm{V} / 1\,\mu\mathrm{V} = 140\mathrm{dB}\mu\mathrm{V}$$

即 U_2 的微伏分贝电压为 140dBμV。

3. 电流

电流通常以 dBμA 为单位,即

$$I_{dB\mu A} = 20\lg \frac{I_{\mu A}}{1\,\mu\mathrm{A}} \qquad (\mathrm{C}.13)$$

式中,$I\mu\mathrm{A}$ 表示以为 μA 为单位的电流;$I_{dB\mu A}$ 表示以 dBμA 为单位的电流。

4. 功率密度

有时用功率密度表示控件的电磁场强度。功率密度定义为垂直通过单位面积的电磁功率,即坡印亭矢量 S 的模。坡印亭矢量表示电场强度 E、磁场强度 H 之间的关系:

$$S = E \times H \qquad (\mathrm{C}.14)$$

式中,S 表示坡印亭矢量,以 $\mathrm{W/m^2}$ 为单位;E 表示电场强度,以 V/m 为单位;H 表示磁场强度,以 A/m 为单位。

空间任意一点的电场强度与磁场强度的幅度关系用波阻抗描述,即

$$Z = \frac{E}{H} \qquad (\mathrm{C}.15)$$

式中,Z 表示波阻抗,以 Ω 为单位。但对于满足远场条件的平面波,电场强度矢量与磁场强度矢量在空间上相互垂直,其波阻抗在自由空间为

$$Z_0 = 120\pi\,\Omega = 377\,\Omega \qquad (\mathrm{C}.16)$$

此时, $\qquad\qquad S = E^2 / Z_0 \qquad (\mathrm{C}.17)$

功率密度的基本单位为 $\mathrm{W/m^2}$,常用单位为 $\mathrm{mW/cm^2}$ 或 $\mu\mathrm{W/cm^2}$。这些功率单位之间

的关系为

$$S_{W/m^2} = 0.1S_{mW/cm^2} = 0.01S_{\mu W/cm^2} \tag{C.18}$$

采用 dB 表示时,对于满足远场条件的平面波:

$$10\lg S_{W/m^2} = 20\lg E_{V/m} - 10\lg 120\pi \tag{C.19}$$

即

$$S_{dB(mW/cm^2)} = E_{dB(V/m)} - 25.8 \tag{C.20}$$

5. 电场强度、磁场强度

电场强度的单位有 V/m、mV/m、μV/m,采用 dB 表示时,有

$$E_{dB(\mu V/m)} = 20\lg \frac{E_{V/m}}{1\mu V} \tag{C.21}$$

显然

$$1V/m = 0dB(V/m) = 60dB(mV/m) = 120dB(\mu V/m) \tag{C.22}$$

磁场强度虽然在电磁兼容领域中经常使用,但它并非是国际单位之中的具有专门名称的导出单位,导出单位是磁感应强度 B(磁通密度)。磁感应强度与磁场强度的关系为

$$B = \mu H \tag{C.23}$$

式中:B——磁感应强度,T($1T = 1Wb/m^2$);

H——磁场强度,A/m;

μ——介质的绝对磁导率,H/m。

磁场强度的单位还有 mA/m、μA/m,采用 dB 表示时,有

$$H_{dB(\mu A/m)} = 20\lg \frac{H_{\mu A/m}}{1\mu A} \tag{C.24}$$

显然

$$1A/m = 0dB(A/m) = 60dB(mA/m) = 120dB(\mu A/m) \tag{C.25}$$

6. 速查表

为了便于日常计算,表 C.1 和表 C.2 将使用频率较高的常用单位值与 dB 单位值之间的关系列出来以供查阅:

表 C.1　换算表

序号	关系
1	$1\mu V = 0dB\mu V$
2	$10\mu V = 20dB\mu V$
3	$100\mu V = 40dB\mu V$
4	$1mV = 60dB\mu V$
5	$10mV = 80dB\mu V$
6	$100mV = 100dB\mu V$
7	$1V = 120dB\mu V$

表 C.2　换算表

序号	关系
1	$1W = 30dBm = 137dB\mu V$
2	$100mW = 20dBm = 127dB\mu V$
3	$10mW = 10dBm = 117dB\mu V$
4	$1mW = 0dBm = 107dB\mu V$
5	$100\mu W = -10dBm = 97dB\mu V$
6	$10\mu W = -20dBm = 87dB\mu V$
7	$1\mu W = -30dBm = 77dB\mu V$

附录 D 样品及送检材料要求

送检时需提供的样品及送检材料应根据相关检测机构的具体要求而定,如下所列仅供参考(其中产品标识、使用说明书、技术说明书国内注册提供中文版本,出口认证提供英文版本):

(1)被检样机及附件;

(2)使用说明书(检验是否符合 YY 0505—2012 中 6.8.2.201 的条款);

(3)技术说明书(检验是否符合 YY 0505—2012 中 6.8.3.201 的条款);

(4)产品标识、标记:

- 设备或设备部件的外部标识(检验是否符合 YY 0505—2012 中 6.1.201.1);
- 警示(检验是否符合 YY 0505—2012 中 6.1.201.3);

(5)如有,提供产品的风险报告文件(针对产品基本性能的风险或者临床对于基本性能准确度的要求);

(6)说明样机中产品结构(如几种探头、是否包含电源适配器等);

(7)样机中 EMC 主要关键元器件(如开关电源、滤波器及变压器等)详细资料、测试报告和(或)证明材料;

(8)样机电路图(网电源部分、应用部分、电路板等详细图纸);

(9)样机结构图(结构图、装配图);

(10)样机 PCB 布板图(包括各电子部件的位置图);

(11)产品的运行模式;

(12)填写 EMC 相关的表格,填写的内容详见表 D.1～表 D.8,以及承诺书(加盖公章)。

注:如果按 GB/T 18268《测量、控制和实验室用的电设备 电磁兼容性要求》标准测试的设备,或其他不适用于 YY0505 的医用电气设备,请参照其他相关要求。

表 D.1 样品的适用范围

产品名称	适用范围

注:适用范围填写医院、家庭、大诊所、小诊所、医生办公室、急救室、手术室、车辆、航空器、救护车。

表 D.2 样品的工作频率、生理模拟频率和响应时间

工作频率	
生理模拟频率	
产品实现各种正常功能的响应时间	

注:工作频率是指在设备或系统中设定用来控制某种生理参数的电信号或非电信号的基频;生理模拟频率是指用于模拟生理参数的电信号或非电信号的基频,使得设备或系统以一种与用于患者时相一致的方式运行。

表 D.3 样品的信息

产品名称	
产品型号	
样品编号	
电源	输入电压: 频率: 额定输入功率: □单相 □L + N + PE □L + N □三相 □L1 + L2 + L3 + N + PE □L1 + L2 + L3 + N □L1 + L2 + L3 + PE □内部电源 电池类型: 供电电压:
台式设备	□是 □否
落地式设备	□是 □否
永久性安装设备	□是 □否
生命支持设备	□是 □否
样品尺寸 (长×宽×高)	

表 D.4 样品的构成

序号	部件名称	型号/版本号	序列号	备注

表 D.5 样品的运行模式

模式编号	模式名称	模式描述	备注

表 D.6 样品电缆信息

序号	名称	电缆长度 m	是否屏蔽	备注

注:电缆包括产品外部连接线(电源线、适配器电缆、各端口连接导线、各接线端子导线等)、产品部件间的连接线和患者导联线。

表 D.7 样品骚扰源

序号	产品元件	发生频率	额定参数	位置

注:包括开关电源、晶振、时钟频率、电机等,主要针对射频范围 9kHz~3000GHz。

表 D.8 样品的 EMC 关键元器件清单

产品名称:＿＿＿＿＿＿＿＿＿＿＿＿＿＿　　　　　产品型号:＿＿＿＿＿＿＿＿＿＿＿＿＿

序号	元器件名称	制造商/商标	型号/编号	技术参数	发证机构/合格证书	位置	备注

附录 E 关于医疗器械的 EMC 特殊要求

一、YY 0505 与 EMC 特殊要求标准

YY 0505—2012 标准是 GB 9706.1—2007《医用电气设备 第 1 部分：安全通用要求》的并列标准，适用于医用电气设备和医用电气系统的电磁兼容性，相应的产品必须全面执行该标准。此外，由于产品的特殊性，在产品的安全专用要求标准和专用标准中规定了EMC 的特殊要求。

（一）并列标准 YY 0505

GB 9706.1—2007 中第 36 章为电磁兼容性，但电磁兼容性的具体要求在通用安全标准中并未充分陈述，从而制定了 YY 0505，对所有的医用电气设备的电磁兼容性进行要求，作为 GB 9706.1 的并列标准独立存在。

医用电气设备安全专用要求标准为医用电气设备系列标准的第 2 部分，有对应的IEC 安全专用标准（如 IEC 60601 - 2 - ×），安全专用标准中的章、条款的编号与 YY 0505的编号相对应。在国内，大部分的 IEC 安全专用标准已经被同等采用并转化为相应的国家标准或行业标准，安全专用标准中第 36 章为 EMC 的特殊要求。

（二）其他专用标准

除安全专用标准外，还有其他的产品专用标准会对 EMC 提出特殊要求。其中包括：

（1）由国际标准转化而成的专用标准。

示例 1：YY 0600.3—2007《医用呼吸机基本安全和主要性能专用要求 第 3 部分：急救和转运用呼吸机》（ISO 10651 - 3： 1997，MOD）属于特殊的专用标准，标准中对 EMC 的特殊要求需要与 YY 0505 标准和 GB 9706.28 标准中第 36 章内容配套使用。

示例 2：GB/T 25102.13—2010《电声学助听器 第 13 部分：电磁兼容性（EMC）》（IEC 60118 - 13： 2004，IDT），标准中对 EMC 的测试有特殊要求。

（2）国际上并没有对应的专用标准，本行业根据我国国情自行制定的产品专用标准。

注：目前国内自行制定的专用标准中对 EMC 要求主要是引用 YY 0505 的要求。

（三）并列标准 YY 0505 与专用标准的关系

并列标准 YY 0505 和专用标准合并使用，并列标准适用于所有应用设备，专用标准适用于特殊设备。GB 9706.1—2007 中 1.5 规定对专用标准的适用说明，若某一并列标准适用于某一专用标准时，则专用标准优先于此并列标准。专用标准中没有提及的条文，并

列标准的这些条文无修改地适用;专用标准中写明"适用"的部分,表示 YY 0505 中的相应条文适用;专用标准中写明"替代"或"修改"的部分,以专用标准中的条文为准;专用标准中写明"增加"的部分,表示除了要符合 YY 0505 的相应条文要求外,还必须符合专用标准中增加的条文要求。

1. 专用标准的主要内容形式

(1) 不加修改地采用 YY 0505 标准中的条款;
(2) 删除 YY 0505 标准中的某些条款(当不适用时);
(3) 以专用标准的某条款代替 YY 0505 标准的相应条款;
(4) 增加任何补充的条款。

2. 专用标准的主要内容

(1) 增加产品属性的说明,定义产品分类;
(2) 提高或降低 YY 0505 中的测试等级;
(3) 增加产品的工作模式;
(4) 增加试验布局和测试配置的要求;
(5) 增加产品的测试符合性判据。

二、具有 EMC 特殊要求的国家标准/行业标准

(一)概况

如表 E.1 所示。

(二)特殊要求标准详细内容

1. GB 9706.4—2009/IEC 60601−2−2:2006《医用电气设备 第 2−2 部分:高频手术设备安全专用要求》

36 电磁兼容性

根据通用标准,除下述内容外,并列标准 YY 0505—2005 适用。

36.201 发射

36.201.1 保护无线电业务

增补以下内容:

当高频手术设备电源接通而高频输出不激励,并且接上其所有电极电缆时,应符合 36.201 要求。在这些试验条件下,高频手术设备应符合 CISPR 11 第 1 组的限值要求。

表 E.1 具有 EMC 特殊要求的国家标准/行业标准列表（举例）

序号	现行产品标准	相应的国际标准	标准名称	标准对 EMC 的要求											备注
				传导发射	辐射发射	谐波电流	电压波动和闪烁	静电放电	辐射抗扰度	电快速瞬变脉冲群	浪涌	传导抗扰度	工频磁场	电压暂降和短时中断	
1	GB 9706.4—2009	等同 IEC 60601-2-2:2006	医用电气设备 第2-2部分：高频手术设备安全专用要求	电源接通而高频输出不激励状态（1组要求）	电源接通而高频输出不激励状态（1组要求）	—		—			—	—	—	—	有特殊说明（抗扰度性能降格）
2	GB 9706.5—2008	等同 IEC 60601-2-1:1998	医用电气设备 第2部分：能量为1MeV至50MeV电子加速器安全专用要求	1组 A类	1组 A类，建筑物的外墙30m处测量	—		—	防电离辐射建筑结构外3m处测量		—	—	—	—	加速器应安装在防电离辐射建筑内
3	GB 9706.6—2007	修改采用 IEC 60601-2-6:1984	医用电气设备 第二部分：微波治疗设备安全专用要求	有体模和负荷载要求，GB 4824—2004 中6.5.1.2	有体模和负荷载要求，GB 4824—2004 中6.5.1.2	—		—	—		—	—	—	—	—
4	GB 9706.7—2008	等同 IEC 60601-2-5:2000	医用电气设备 第2-5部分：声理疗设备安全专用要求	—	—	—		—	3V/m		—	3V/m	—	—	有特殊说明（抗扰度试验的工作条件）

（附录 E 关于医疗器械的 EMC 特殊要求）

表 E.1（续）

序号	现行产品标准	相应的国际标准	标准名称	标准对 EMC 的要求											备注
				传导发射	辐射发射	谐波电流	电压波动和闪烁	静电放电	辐射抗扰度	电快速瞬变脉冲群	浪涌	传导抗扰度	工频磁场	电压暂降和短时中断	
5	GB 9706.8—2009	等同 IEC 60601-2-4:2002	医用电气设备 第2-4部分：心脏除颤器安全专用要求	1组 B类	1组 B类	—	—	4kV 空气放电 或 2kV 接触放电，正常工作。8kV 空气放电 或 6kV 接触放电，2s 内恢复	调制频率:5Hz，10V/m时无非预期的状态改变，20V/m时无意外的能力释放	自动恢复	自动恢复	不允许的功能失效，调制频率:5Hz	心电导联线和电极短路	—	—
6	GB 9706.9—2008	等同 IEC 60601-2-37:2001	医用电气设备 第2-37部分：超声诊断和监护设备安全专用要求	1组A类 或B类	1组A类 或B类	—	—	—	调制频率:2Hz 或1kHz 最不利条件	—	—	调制频率:2Hz 或1kHz 最不利条件	—	与YY 0505要求相同	有特殊说明（可变增益，符合性判据等）
7	GB 9706.19—2000	等同 IEC 60601-2-18:1996	医用电气设备 第2部分：内窥镜设备安全专用要求	特殊产品按GB 4824 中2组要求	特殊产品按GB 4824 中2组要求	—	—	—	—	—	—	—	—	—	—

表 E.1（续）

标准对 EMC 的要求

序号	现行产品标准	相应的国际标准	标准名称	传导发射	辐射发射	谐波电流	电压波动和闪烁	静电放电	辐射抗扰度	电快速瞬变脉冲群	浪涌	传导抗扰度	工频磁场	电压暂降和短时中断	备注
8	GB 9706.26—2005	修改采用 IEC 60601-2-26:2003	医用电气设备 第2-26部分：脑电图机安全专用要求	特殊布置图	特殊布置图	—	—	10s 恢复			—	患者耦合电缆不适用，产品保持正常运行		—	有特殊说明（发射试验的特殊布置图）
9	GB 9706.27—2005	等同 IEC 60601-2-24:1998	医用电气设备 第2-24部分：输液泵和输液控制器安全专用要求	—	—	—	—	8kV 级用于接触放电，15kV 级用于空气放电	—	—	—		400A/m	—	有特殊说明（抗扰度试验的说明）
10	YY 0319-2008	等同 IEC 60601-2-33:2002	医用电气设备 第2-33部分：医疗诊断用磁共振设备安全专用要求	—	—	—	—	—	—	—	—	—	—	—	有特殊说明
11	YY 0570-2005　YY 0570（2011年上报）	等同 IEC 60601-2-46:1998	医用电气设备 第2部分：手术台安全专用要求	—	—	—	—	—	—	—	—	—	—	—	增加高频手术设备干扰试验

表 E.1(续)

序号	现行产品标准	相应的国际标准	标准名称	标准对 EMC 的要求											备注
				传导发射	辐射发射	谐波电流	电压波动和闪烁	静电放电	辐射抗扰度	电快速瞬变脉冲群	浪涌	传导抗扰度	工频磁场	电压暂降和短时中断	
12	YY 0571—2005	等同 IEC 60601－2－38:1996 +A1:1999	医用电气设备 第 2 部分:医院电动床安全专用要求	—	—	—	—	—	—	—	—	—	—	—	有特殊说明
13	YY 0600.1—2007	修改采用 ISO 10651－6:2004	医用呼吸机 基本安全和主要性能专用要求 第一部分:家用呼吸支持设备	—	—	—	—	—	—	—	—	—	—	—	有特殊要求(B 类,不作为生命支持设备)
14	YY 0600.2—2007	修改采用 ISO 10651－2:2004	医用呼吸机 基本安全和主要性能专用要求 第 2 部分:依赖呼吸机患者使用的家用呼吸机	—	—	—	—	—	—	—	—	—	—	—	有特殊要求(B 类,作为生命支持设备)

表 E.1（续）

标准对 EMC 的要求

序号	现行产品标准	相应的国际标准	标准名称	传导发射	辐射发射	谐波电流	电压波动和闪烁	静电放电	辐射抗扰度	电快速瞬变脉冲群	浪涌	传导抗扰度	工频磁场	电压暂降和短时中断	备注
15	YY 0600.3—2007	修改采用 ISO 10651-3:1997	医用呼吸机 基本安全和主要性能专用要求 第三部分:急救和转运呼吸机	—	—	—	—	接触放电:8kV 空气放电:15kV	30V/m	—	—	—	—	—	有特殊说明（30s 内恢复）
16	YY 0601—2009	等同 ISO 21647:2004	医用电气设备 呼吸气体监护仪的基本安全和主要性能专用要求	—	—	—	—	—	20V/m	—	—	—	—	—	有特殊说明（不作为生命支持设备或系统）
17	YY 0607—2007	等同 IEC 60601-2-10:1987	医用电气设备 第 2 部分:神经和肌肉刺激器安全专用要求	—	增加盐水体模	—	—	—	增加盐水体模,频率范围:26MHz~1GHz,3V/m,时正常工作,3V/m~10V/m 时无安全方面的危险	—	—	—	—	—	—
18	YY 0667—2008	等同 IEC 60601-2-30:1999	医用电气设备 第 2-30 部分:自动循环无创血压监护设备的安全和基本性能专用要求	—	—	—	—	10s 内恢复	调制频率:1Hz~5Hz,80%幅度调制	10s 内恢复	—	—	按图 108 进行设置	—	增加高频手术设备干扰 试验;有特殊说明

表 E.1(续)

序号	现行产品标准	相应的国际标准	标准名称	传导发射	辐射发射	谐波电流	电压波动和闪烁	静电放电	辐射抗扰度	电快速瞬变脉冲群	浪涌	传导抗扰度	工频磁场	电压暂降和短时中断	备注
				标准对 EMC 的要求											
19	YY 0668—2008	等同 IEC 60601-2-49:2001	医用电气设备 第 2-49 部分:多参数患者监护设备安全专用要求	—	—	—	—	—		—	—			—	有特殊说明（1 组 A 类或 B 类）
20	YY 0669—2008	等同 IEC 60601-2-50:2005	医用电气设备 第 2 部分:婴儿光治疗设备安全专用要求	—	—	—	—	—	频率范围 26 MHz~1GHz,3V/m 时正常工作,3V/m~10V/m 时无安全方面的危险	—	—			—	有特殊说明
21	YY 0783—2010	等同 IEC 60601-2-34:2000	医用电气设备 第 2-34 部分:有创血压检测设备的安全和基本性能专用要求	1 组 A 类或 B 类	1 组 A 类或 B 类	—	—	10s 内恢复;接触放电:6kV 空气放电:8kV	3V/m;调制频率:1Hz~5Hz	—	10s 内恢复	试验电平 3V rms;调制频率:1Hz~5Hz	3A/m	—	有特殊说明（特殊的布置要求,增加高频手术设备干扰试验）

表 E.1(续)

序号	现行产品标准	相应的国际标准	标准名称	标准对 EMC 的要求											备注
				传导发射	辐射发射	谐波电流	电压波动和闪烁	静电放电	辐射抗扰度	电快速瞬变脉冲群	浪涌	传导抗扰度	工频磁场	电压暂降和短时中断	
22	YY 0784—2010	等同 ISO 9919:2005	医用电气设备—医用脉搏血氧仪设备基本安全和主要性能专用要求	—	—	—	—	使用患者模拟器,30s内恢复	20V/m	使用患者模拟器,30s内恢复	使用患者模拟器,30s内恢复	—	—	使用患者模拟器,30s内恢复	有特殊说明(不作为生命支持设备或系统)
23	YY 0786—2010	等同 ISO 8185:2007	医用呼吸道湿化器 呼吸湿化系统的专用要求	—	—	—	—	—	—	—	—	—	—	—	有特殊说明(不作为生命支持设备或系统,抗扰度试验30s内恢复)
24	YY 0455—2011	等同 IEC 60601-2-21:1996	医用电气设备 第2部分:婴儿辐射保暖台安全专用要求	—	—	—	—	—	频率范围:26MHz ～ 1GHz,3V/m 正常工作,3V/m ～ 10V/m 无安全方面危险	—	—	—	—	—	—

表 E.1(续)

序号	现行产品标准	相应的国际标准	标准名称	标准对 EMC 的要求											备注
				传导发射	辐射发射	谐波电流	电压波动和闪烁	静电放电	辐射抗扰度	电快速瞬变脉冲群	浪涌	传导抗扰度	工频磁场	电压暂降和短时中断	
25	YY 0834—2011	等同 IEC 60601-2-35:1996	医用电气设备 第二部分:医用电热毯、电热垫和电热床垫安全专用要求	—	—	—	—	—	3V/m 正常工作,10V/m 无安全方面危险	—	—	—	—	—	—
26	YY 0827—2011	等同 IEC 60601-2-20:1996	医用电气设备 第二部分:转运培养箱安全专用要求	—	—	—	—	—	3V/m 正常工作,10V/m 无安全方面危险	—	—	—	—	—	—
27	YY 1079—2008	—	心电监护仪	—	—	—	—	—	特殊要求	—	—	—	—	—	增加高频手术设备干扰试验
28	GB/T 25102.13—2010	等同 IEC 60118-13:2004	电声学 助听器 第 13 部分:电磁兼容性(EMC)	1组 B类,特殊布置图	—	—	—	—	—	—	—	—	—	—	—
29	行标待发布	等同 IEC 60601-2-47:2001	医用电气设备 第 2-47 部分:动态心电图系统安全和基本性能专用要求	1组 B类,特殊布置图	—	—	—	10s 恢复	调制频率:1Hz~5Hz	—	—	—	强度:3A/m,密度:1G,频率;3倍工频	—	—

表 E.1（续）

序号	现行产品标准	相应的国际标准	标准名称	标准对 EMC 的要求											备注
				传导发射	辐射发射	谐波电流	电压波动和闪烁	静电放电	辐射抗扰度	电快速瞬变脉冲群	浪涌	传导抗扰度	工频磁场	电压暂降和短时中断	
30	行标待发布	等同 IEC 60601-2-40:1998	医用电气设备 第 2 部分:肌电及诱发反应设备安全专用要求	生理盐水体模	—	—	—	包括患者回路	生理盐水体模	—	—	—	—	—	有特殊说明（抗扰度试验说明）
31	行标待发布	等同 IEC 60601-2-31:1998	医用电气设备 第 2 部分:带内部电源的体外心脏起搏器专用安全要求	—	—	—	—	空气放电:2kV(10 次),4kV(10 次),8kV(2 次),15kV(2 次)			—	—	—	—	有特殊说明（静电抗扰符合性判据）

36.202 抗扰(性)

36.202.1 通用性

j)符合性规则:在 j)末尾增补:

以下现象应被看作可接受的性能降格:

——高频手术设备操作面板上清晰指明了的高频功率输出中断或复位到待机状态;

——释放的输出功率变化在 50.2 允许范围内。

2. GB 9706.5—2008/IEC 60601-2-1:1998《医用电气设备 第 2 部分:能量为 1MeV 至 50MeV 电子加速器 安全专用要求》

36 电磁兼容

替换:

YY 0505/IEC 60601-1-2 中的要求和试验和下述 36.201.1,36.202.2 给出的额外要求必须适用于电子加速器及其组成部分——信息技术设备(ITE)。

用于测量的现场必须是典型的通常用于安装电子加速器的场所,可以是在用户处或在制造商处,规定的允许值必须证明合理并包括在随机文件中。

36.201 发射

36.201.1 射频(RF)发射

补充:

aa)遵守的要求必须采用 GB 4824/CISPR 11 分类为 1 组 A 类、永久性安装设备的要求。

bb)对射频发射,电磁干扰被外墙以内的结构物衰减,必须看作是设备固有的衰减。测量在距外墙以外一段距离处进行。

按照 YY 0505/IEC 60601-1-2,在安装设备的建筑物的外墙 30m 处测量,验证是否符合标准。

36.202 抗扰度

补充:

aa)应作为永久性安装设备,试验是否符合要求。

36.202.2 辐射射频电磁场

补充:

aa)对射频电磁场的抗扰度,防护电离辐射所需的建筑结构产生的衰减必须考虑为设备固有的衰减。

按照 YY 0505/IEC 60601-1-2 规定进行试验,验证是否符合标准。测量用天线应放置在防护电离辐射的建筑结构外 3m 处。

3. GB 9706.6—2007（IEC 60601 - 2 - 6:1984,MOD）《医用电气设备 第二部分:微波治疗设备安全专用要求》

36　电磁兼容性

除下列内容外,《通用标准》的本章均适用。

替代:

设备应遵守 CISPR 第 11 号出版物《工业、科学和医疗射频设备无线电干扰特性的测量方法及允许值》的规定(外科手术透热设备除外)。

用下述测试检查是否符合要求:

设备的各个辐射器在所有适合该辐射器的工作模式下工作,并且工作在额定输出功率状态。例如有可利用的脉冲输出。31.1 中规定的无用辐射,辐射器距体模的最小和最大距离由制造商规定。测试要求的这些条件在 CISPR 第 11 号出版物中已有规定。

4. GB 9706.7—2008/IEC 60601 - 2 - 5:2000《医用电气设备 第 2 - 5 部分:超声理疗设备安全专用要求》

36　电磁兼容性

替代:

除下列内容外,设备应符合相关标准 YY 0505 的要求。

36.202.2.1d)

增加句子:

对抗扰度试验,规定 3V/m 的数值。

36.202.2.2d)

替代:

试验时,采用下列工作条件:

——治疗头浸入水中,输出功率设定为最大值和最大值的一半。

——若输出电路能通过控制端进行调谐,应在调谐和失谐条件下进行测量。

5. GB 9706.8—2009/IEC 60601 - 2 - 4:2002《医用电气设备 第 2 - 4 部分:心脏除颤器安全专用要求》

36　电磁兼容性(EMC)

替换:

36.201　发射

当除颤器处于充电/放电周期时,放弃这些要求。

36.201.1　无线电业务的保护

a)要求

在所有配置和工作模式下,除颤器应能符合 GB 4824 1 组的要求。为确定所适用的 GB 4824 的要求,除颤器分类为 B 类设备。距离设备 10m 处测量的发射电平,在 30MHz～230MHz 范围内应不超过 30dBμV/m,在 230MHz～1000MHz 范围内应不超过 37dBμV/m。

b)试验

依照 GB 4824 试验方法来检验是否符合要求。

替换:

36.202.2　静电放电(ESD)

a)要求

以 4kV 对空气放电和以 2kV 接触放电,操作者应观察不到任何设备运行时的变化。设备应工作在其正常指标的容限内。不允许系统性能降低或功能失效。然而,在 ESD 放电时,心电的毛刺,起搏脉冲的检测,显示的瞬间干扰或发光二极管(LED)的短时闪光是被接受的。

以 8kV 对空气放电或以 6kV 接触放电,设备可暂时性功能丢失,但应在无操作者干预下 2s 内恢复,不应出现非预期的能量释放,不安全的失效状况,或存储数据的丢失。

b)试验

按 GB/T 17626.2 所规定的试验方法和仪器进行下列增补试验:

在操作者或患者可触及表面的任一点上,用正和负两种极性,以 8kV 对空气放电或以 6kV 接触放电对设备进行试验。

36.202.3　辐射的 RF 电磁场

a)要求

设备在下列特性的调制射频场中进行试验:

——场强:10V/m;

——载波频率范围:80MHz～2.5GHz;

——5Hz 的 80% 调幅系数的 AM 调制。

b)试验

按 GB/T 17626.3 所规定的试验方法和仪器进行下列修改试验:

进行下列试验来检验是否符合要求:

在除颤器电极间接入模拟患者的负载(1kΩ 电阻与 1μF 电容并联)。被测设备的所有表面顺序地朝向射频场。在 10V/m 场强下,不应发生无意的放电或其他非预期的状态改变。不应有心律识别检测器(RRD)(假阳性)的无意启动。在 20V/m 场强下,不允许无意的能量释放。某些患者电缆配置会导致不符合这些抗干扰要求。在这种情况下,制造商应公开其所满足的降低了的抗干扰电平。

36.202.4　电快速瞬变脉冲群

a) 要求

可接网电源的设备在网电源插座上应用电平 3 进行试验。只允许瞬时的功能失效。不允许无意的能量释放或其他非预期的状态改变。设备应在无操作者干预下恢复其脉冲测试前的状态。

b) 试验

按 GB/T 17626.4 所规定的试验方法和仪器进行试验。

36.202.5　浪涌

a) 要求

应按第 3 章对可接网电源的设备进行试验。符合性准则:不允许无意的能量释放或其他非预期的状态改变。设备应在无操作者干预下恢复其测试前的状态。

b) 试验

按 GB/T 17626.5 所规定的试验方法和仪器进行试验。

36.202.6　RF 场感应的传导骚扰

a) 要求

试验期间不应产生无意的放电或其他非预期的状态改变。不允许功能失效。

b) 试验

按 GB/T 17626.6 所规定的试验方法和仪器进行下列修改试验:

对既能使用电网电源也能使用电池运行的除颤器,从电源软电线(不是在信号输入端)注入具有下列特性的射频电压:

——射频电压幅度:3V(有效值);

——载波频率:150kHz～80MHz;

——5Hz 的 80% 调幅系数的 AM 调制。

36.202.8　磁场

a) 要求

试验期间不应产生无意的放电或其他非预期的状态改变。允许一些显示抖动,然而应可读取显示信息并且应不丢失或破坏存储的数据。

b) 试验

按 GB/T 17626.8 所规定的试验方法和仪器进行下列试验:

让设备在所有轴向上承受磁场。设备上的心电导联线和电极短路。

6. GB 9706.9—2008/IEC 60601 – 2 – 37:2001《医用电气设备 第 2 – 37 部分:超声诊断和监护设备安全专用要求》

36　电磁兼容性

增加:

超声诊断设备应符合 YY 0505—2005 和下列修订的要求。

36.201　对无线电服务的保护

替代：

根据 GB 4824—2004 超声诊断设备应分类为 1 组 A 类或 B 类设备，分类取决于其预期应用的环境，应由制造商在使用说明书中声明。根据 GB 4824—2004 分类的导则见本标准的附录 CC。

36.202　抗扰度

36.202.1 f)可变增益

增加：

注：对增益调节技术见本标准附录 BB。

36.202.1 j)符合判据

用下列内容替代第 8 个至第 11 个破折号后的内容：

——波形中的噪声，图像中的赝像或失真所显示数字值的误差，其不能够归咎于生理效应且可能改变诊断结果；

——与安全相关显示的误差；

——非预期的或过量的超声输出；

——非预期的或过量的换能器组件表面温度；

——预期腔内使用的换能器组件，非预期的或不可能的运动。

36.202.3　辐射射频的电磁场

b)试验

替代：

3）根据预期的用途，超声诊断设备应采用能产生最不利条件的 2Hz 或 1kHz（生理信号模拟频率）调制频率进行试验，在试验报告中应公布所选用的调制频率。

36.202.6　由射频场引入的传导性干扰

b)试验

替代：

3）包括超声换能器电缆在内的患者耦合电缆应采用电流钳进行试验，包括超声换能器电缆在内的所有患者耦合电缆可以使用一个电流钳同时进行试验。

在下述规定的试验期间，超声诊断设备或系统应连接超声换能器，在所有情况下，注入点和患者耦合点之间应不使用特质的退耦装置。

——对于患者有传导性接触的患者耦合点，RC 单元的 M 端（见 CISPR 16－1－2）应与传导性的患者接点直接连接，RC 单元的其他端子应连接到地基准平面。若人造手的 M 端连接到耦合点时，无法核实超声诊断设备的正常工作，在人造手的 M 端和患者耦合点之间可以使用患者模拟器。

——超声换能器应采用 CISPR 16－1－2 规定的人造手和 RC 单元来端接，人造手金属箔的尺寸和放置应模拟在正常使用时患者和操作者耦合的近似区域。

——对预期连接到单个患者有多个患者耦合点的超声诊断设备,按照 CISPR 16 - 1 - 2 的规定,每一个人造手应连接到单个的公共接点,且该公共接点应连接到 RC 单元的 M 端。

替代:

6) 根据预期的用途,超声诊断设备应采用能产生最不利条件的 2Hz 或 1kHz(生理信号模拟频率)调制频率进行试验,在试验报告中应公布所选用的调制频率。

36.202.7　网电源输入线上的电压跌落、短路和电压波动

a)要求

替代:

1) 在表 210 规定的抗扰性试验级别中,超声诊断设备应符合 36.202.1j)的要求。假定超声诊断设备维持安全,未发生元器件的失效和在操作者的干预下能恢复到实验前的状态,则允许在表 210 规定的抗扰性试验级别中,超声诊断设备偏离 36.202.1j)的要求。

符合性的确认基于进行一系列试验期间和之后超声诊断设备的性能。每相的额定输入电流超过 16A 的超声诊断设备,免于进行表 210 规定的试验。

7. GB 9706.19—2000/IEC 60601 - 2 - 18:1996《医用电气设备 第 2 部分:内窥镜设备安全专用要求》

36　电磁兼容性

除下述外,通用标准的条款适用。

补充:

下述应按 CISPR 11 第 2 组进行:

超声内窥镜以及其供电装置;

与体外碎石相连的内窥镜附件及其医用电气设备;

与组织超声波吸引相连的内窥镜附件及其医用电气设备。

8. GB 9706.26—2005（IEC 60601 - 2 - 26:2003,MOD)《医用电气设备 第 2 - 26 部分:脑电图机安全专用要求》

36　电磁兼容性

替换:

除下列内容外,YY 0505—2005 适用。

36.201　发射

36.201.b)1) 患者电缆

替换:

设备应用制造商规定的患者导线测试。为了满足通用标准的要求,设备的输入选择器或转换选择器应设置在任何会产生最不利情况的状态下,见图 E.1。

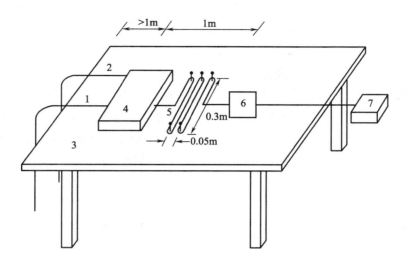

1—电源线；2—信号输入部分电缆/信号输出部分电缆；3—绝缘材料桌子；

4—受试设备；5—患者电缆；6—由使用的设备规定的输入选择器，转换选

择器等；7—EEG 模拟器（如果易受射频干扰可以被屏蔽）

图 E.1　辐射和传导发射试验设置

36.202　抗扰度

36.202.2　静电放电

补充：

aa）性能准则

设备在放电期间可以允许暂时的性能降低，但在 10s 内应恢复到放电前的工作状态，且不会失去任何存储的数据。

36.202.6　RF 场感应的传导骚扰

补充：

aa）性能准则

当设备在受到经由电源线传导的射频电压时，应能在正常技术要求中运行。

36.202.6b）3）

本条款不适用。

9. GB 9706.27—2005/IEC 60601－2－24：1998《医用电气设备 第 2－24 部分：输液泵和输液控制器安全专用要求》

36　电磁兼容性

除下列条款外，并列标准 YY 0505—2005 的该条适用：

36.202　抗扰度

补充：

制造商规定的设备的安全性能不能因一个或几个抗扰度试验而减弱，或通过这些试验，设备在不产生安全方面危险的情况下失效。上述的后者情况，制造商必须规定在达到最差情况下的(非危险性)失效模式和失效等级。

通过下列试验检验是否符合要求：

根据制造商的使用说明书将设备设定在正常使用状态。接通设备电源，选择中速运行。根据本专用标准所述的试验环境下进行标准中有关的试验。通过检查和功能试验确定是否符合上段提出的附加要求(万一有怀疑，并且若设备仍旧继续输液，则在不改变任何先前所选的参数下进行一个为期 1h 的功能试验)。切断设备电源然后再接通电源，选择中速运行并进行另一个为期 1h 功能试验。

36.202.1　静电放电

除下列条款外(也可见附录 AA)，并列标准 YY 0505—2005 的该条适用：

修改：

8kV 级用于触电放电，15kV 级用于空气放电。

36.202.6　磁场

除下列条款外，并列标准 YY 0505—2005 的该条适用。

修改：

场强：400A/m

10. YY 0319—2008/IEC 60601-2-33：2002《医用电气设备 第2-33部分：医疗诊断用磁共振设备安全专用要求》

36　电磁兼容

除下列内容外，通用标准的本章适用。

增补：

在受控进入区外，杂散磁场应低于 0.5mT，电磁干扰等级应符合并列标准 YY 0505—2005。

在受控进入区内，6.8.2 ee)所规定的要求适用。

注1：就电磁兼容而言，在安装后，受控进入区被认为是磁共振系统的一部分。

注2：在受控进入区内，特殊的接口要求可由磁共振设备的制造商设定。

11. YY 0570—2005/IEC 60601-2-46：1998《医用电气设备 第2部分：手术台安全专用要求》(新版待发布)

36　电磁兼容

除下列内容外，通用标准的本章适用：

增补条款：

36.101 当与高频手术设备一起使用时,手术台和手术台的遥控装置不得造成安全方面的危险。

通过下述试验来检验是否符合要求:

用于本试验的高频手术设备必须符合 GB 9706.4,必须具备 400W 额定输出功率和准方波输出频率特性,并且必须在 400kHz ~1MHz 的频率范围内工作。

手术电极和中性电极的引线必须随意铺设于手术台面的边栏和/或暴露的金属部分。然后在产生 400W 输出功率的模式下操作高频手术设备。

a)高频手术设备在开路下的工作不得导致手术台的运动;

b)在将手术电极和中性电极短路时操作高频手术设备,不得导致手术台的运动。

12. YY 0571—2005/IEC 60601-2-38:1996+A1:1999《医用电气设备 第 2 部分:医院电动床安全专用要求》

36 电磁兼容

用" 见 IEC 601-11-2(见附录 L)"替换"在考虑中"。

除下述条款外,并列标准 IEC 60601-1-2 适用:

36.202 抗扰度

用下述条文替换并列标准中该条款的第 4 段文本:

对于床的所有抗扰度试验的不合格条件必须是不符合本并列标准中的任一要求或会产生任何危险。

13. YY 0600.1—2007(ISO 10651-6:2004,MOD)《医用呼吸机 基本安全和主要性能专用要求 第一部分:家用呼吸支持设备》

36 电磁兼容

修改:呼吸机应符合 YY 0505—2005 的要求。呼吸机应是 B 类,不应视作生命支持设备。

14. YY 0600.2—2007(ISO 10651-2:2004,MOD)《医用呼吸机 基本安全和主要性能专用要求 第 2 部分:依赖呼吸机患者使用的家用呼吸机》

36 电磁兼容

修改:呼吸机应符合 YY 0505—2005 的要求。呼吸机应是 B 类,应视作生命支持设备。

15. YY 0600.3—2007(ISO 10651-3:1997,MOD)《医用呼吸机 基本安全和主要性能专用要求 第三部分:急救和转运呼吸机》

36 电磁兼容性

GB 9706.1—2007 第 36 章适用。

36 aa)按照经过如下修改的 YY 0505—2005 进行测试时,呼吸机应继续工作并达到本部分的要求,或者能够不造成安全危害而停机。

如果出现意外情况,比如显示中断、报警等,呼吸机应能够在电磁干扰出现后的 30 s 内恢复正常运行。

注:激活状态报警的消声不应认为是故障。

36 bb)适用 YY 0505—2005 的要求,同时做出如下修改:

36.202.1 将规定的测试电压更改为 8 kV(接触放电)和 15 kV(空气放电)。

当出现显示中断、报警、激活状态报警的消声等意外情况时,如果呼吸机在 30 s 内恢复正常运行,则不应认为是故障。

36.202.2.1 除非制造商另有说明,将等级由 3 V/m 更改为 30 V/m。

考虑到抗辐射测试的目的,呼吸机不应按照 YY 0505—2005 的 2.202 被定义为与患者相连接的设备。

16. YY 0601—2009/ISO 21647:2004《医用电气设备 第 2 - 30 部分:自动循环无创血压监护设备的安全和基本性能专用要求》

36 电磁兼容性

除以下内容,GB 9706.1—2007 第 36 章适用。

增加:

按照 YY 0505—2005 中的定义,呼吸气体监护仪不应被认定是生命支持设备或系统。RGM 应满足 YY 0505—2005 中的适当的要求。

除了这些要求外,对于预期用于在院外病人转运中的 RGM,应在整个 80MHz ~ 2500MHz 范围内,在 20 V/m 的抗扰测试水平下(在 1000Hz 下 80% 的幅度调制)应符合 YY 0505—2005,36.202.3a)1)(见 YY 0505—2005,表 209)。

17. YY 0607—2007/IEC 60601 - 2 - 10:1987《医用电气设备 第 2 部分:神经和肌肉刺激器安全专用要求》

36 电磁兼容

除下列内容外,YY 0505—2005 适用。

36.201 发射

36.201.1 无线电业务的保护

36.201.1b)

增加以下文本内容:

4)对射频辐射的发射测试,所有相关电极必须连接并应用到距离设备不大于 400mm,含有 1000mL 标准盐水体模中去。

36.202 抗扰度

36.202.3 辐射的 RF 电磁场

36.202.3a)要求

1）~2）用以下文本替代该条目内容：

——在 26 MHz～1GHz 的频率范围内,在低于 3V/m 的抗扰度试验电平上,连续完成由生产厂规定的预期功能,并且

——在 26MHz～1GHz 的频率范围内,在 3V/m～10V/m 之间的抗扰度试验电平上,连续完成由生产厂规定的预期功能,或者失败但不会出现安全方面的危险。

36.202.3b）试验

增加以下文本内容：

11）对辐射 RF 电磁场测试,所有相关电极必须连接并应用到距设备不大于 400mm,含有 1000mL 标准盐水体模中去(见图 E.2)。

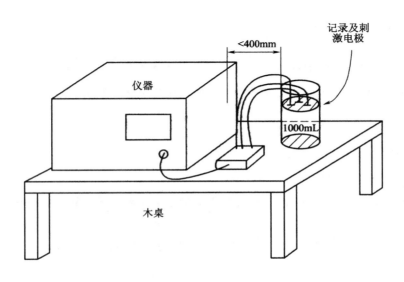

图 E.2　测试安排布局

18. YY 0667—2008/IEC 60601-2-30:1999《医用电气设备 第 2-30 部分:自动循环无创血压监护设备的安全和基本性能专用要求》

36　电磁兼容

除下述条外,YY 0505—2005 其余条均适用。

36.202　抗扰度

36.202.2　静电放电(ESD)

36.202.2a）要求

增补于第 1 段：

设备应在 10s 内恢复之前的工作状态,且无数据丢失。

36.202.3　辐射的 RF 电磁场

增补：

设备测量误差不应超过允许的设备误差[见 50.2a]和模拟器误差的和,在如下测试条件下：

设置待测设备为长期自动模式,设置定时器为最小时间间隔,选择新生儿模式(如果可以)。

36.202.3b)3)增补：

应使用 1Hz～5Hz 单一调制频率条件下的 80%幅度调制。

36.202.3b)8)增补：

袖带应连接一个无创血压模拟器。袖带和导气管通过至少有 1m 的长度以低感应方式捆绑,如果不行也可以小于 1m,然后信号电缆(如适用)和主电缆应分别和设备垂直的水平。

36.202.4 电快速瞬变脉冲群

a)增补：

只有不含导电元素的袖带或导气管或患者电缆才无需进行本项测试。

通过测试设备是否可以在 10s 内返回试验前状态来验证要求的符合性。

36.202.8 磁场

36.202.8.1 工频磁场

b)试验

增补：

不使用袖带,导气管或患者电缆。无创血压测量设备中任何和患者接触的电气连接都必须短接。

在下述条件下,设备的测量误差应不超过允许的设备误差[见 50.2a)]和模拟器误差和的要求。

符合性通过图 E.3 的设置进行测试,待测设备设置为长期自动测量模式,设置为最小时间间隔,选择新生儿模式(如果可以)。

36.202.15 高频手术设备干扰

当设备具有抗高频手术设备干扰的措施时,按照如下设置进行测试。

当设备与高频手术设备共同使用时,设备应在高频手术设备使用结束后 10s 内恢复到实验前状态,而且不会丢失存储的数据。

按照图 E.4 和图 E.5 来验证符合性。

如果使用了滤波器应选择最大带宽。

使用的高频手术设备应符合 GB 9706.4,应拥有最小 300W 的切割模式,最小 100W 的凝固模式,工作频率为 450kHz±100kHz。

a)测试切割模式

检测过程中模拟器设置为 20kPa/12kPa(150 mmHg/90 mmHg),高频手术设备设置为 300 W。

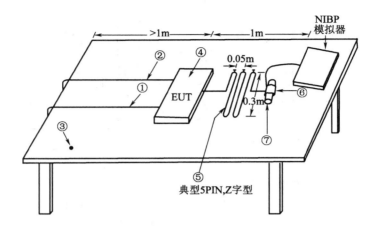

1—电源线;2—信号线;3—绝缘材料桌子;4—被测设备;

5—橡皮箍袖带;6—裹在 7 上的袖带;7—金属圆柱体

图 E.3 测试装置图

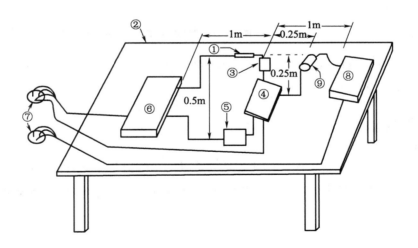

1—手术电极;2—绝缘材料桌子;3—金属板;4—患者模拟器;

5—中性电极;6—高频外科设备;7—电源线;8—被测设备;

9—绕在连接模拟器金属箔上的袖带

图 E.4 ESU 测试装置图

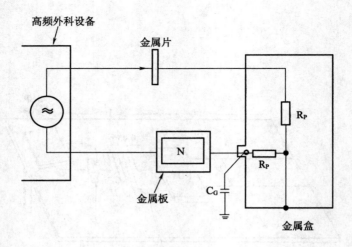

$R_P = 200\Omega, 200W$(低感应，模拟患者阻抗)

$C_G = 47\,000pF$(使不同类型高频外科设备影响最小化设计)

图 E.5　患者模拟器

利用手术电极接触测试设置的金属板，慢慢移动电极获得电火花。

当高频干扰结束后，设备的显示参数应在 10s 内恢复测试前的读数。

重复前面描述的测试步骤五次。

b) 测试凝固模式

在最大输出功率为 100W 的条件下重复测试 a)。

取消喷射凝固的测试。

注：如果高频手术设备存在干扰测试中使用的模拟器的可能性，需要为模拟器提供足够的屏蔽。

19. YY 0668—2008/IEC 60601 – 2 – 49:2001《医用电气设备　第 2 – 49 部分：多参数患者监护设备安全专用要求》

36　电磁兼容性

补充：

模块式和预置式设备检测是应装配最大数量的生理监护单元，应检测所有规定的生理监护单元。列于随机文件中的具有相似结构的每组患者电缆和/或传感器的样品应随其相应的生理监护单元进行检测。

替换：

36.201.1.1　设备应符合 GB 4824 第 1 组的要求，A 类还是 B 类取决于制造商规定的使用目的。

20. YY 0669—2008/IEC 60601 – 2 – 50:2005《医用电气设备　第 2 部分：婴儿光治疗设备安全专用要求》

36　电磁兼容性

36.202　抗扰度(见 YY 0505)

36.202.1　静电放电

36.202.2.1　要求

　　a）由下列内容替换本条款的内容：

　　对于射频电磁场辐射,光治疗设备和/或系统应；

　　——在电平升至为 3V/m 处,频率为 26MHz～1GHz 范围内按制造商规定的预期功能连续运行；

　　——在电平低于或等于 10V/m 处,频率为 26MHz～1GHz 范围内按制造商规定的预期功能连续运行或不会出现安全方面危险的故障。

　　21.YY 0783—2010/IEC 60601 - 2 - 34:2000《医用电气设备 第 2 - 34 部分:有创血压检测设备的安全和基本性能专用要求》

36　电磁兼容性

　　除下述内容外,YY 0505—2005 适用。

36.201　发射

36.201.1a）

　　替换：

　　依赖于预期使用的环境,设备应满足 CISPR 11,第 1 组,A 类或 B 类的要求。

　　使用说明书应指明该设备可以使用的环境。

36.201.1b）

　　1）替换：

　　设备应与制造商指定的传感器之一一起被测试（见 36.202.2.2a）和图 E.6。

　　设备应满足针对制造商指定的任何一种传感器的测试要求。

　　注:这一项可以通过测试或结构等同来证实。

　　在测试过程中,信号输入和信号输出电缆(若适用)应连接到设备上。

36.202　抗扰度

36.202.1j）

　　增补：

　　用下列试验来检验是否符合要求：

　　——按照图 E.6 中所示的方式安装设备和传感器。

　　——在零压力输入时对传感器进行校零。

　　——将设备和传感器在任何标称灵敏度下依次暴露于特定的干扰中(射频、瞬变、磁场)。

　　该设备不应改变运行状态、丢失或改变已存储的数据、在控制软件中产生错误导致意外的输出改变、或在血压读取上产生超出制造商的规定之外的错误。这些准则不适用于 ESD 测试。

36.202.2 a）静电放电

　　替换：

　　对导电的可触及部件和耦合板进行 6 kV 档的接触放电。

对非导电的可触及部件进行 8 kV 档的空间放电。

增补：

设备应在 10 s 内恢复到以前运行模式，且不能有任何的存储数据丢失。

36.202.3　辐射的 RF 电磁场

36.202.3a)

替换：

设备应符合 GB/T 17626.3 标准。

使用 3 V/m 档的场强。

36.202.3b)　试验条件

3）替换：

将设备暴露在频率为 1 Hz ~ 5 Hz 之间的正弦波 80% 调制的射频场强中。如果传感器电缆长于 1m，应参照图 108 将其缩短到 1m 信号电缆（若适用）和网电源电缆应该水平和垂直地从设备引出（图 E.6）。针对制造商所指定的任何传感器，该设备应满足测试要求。

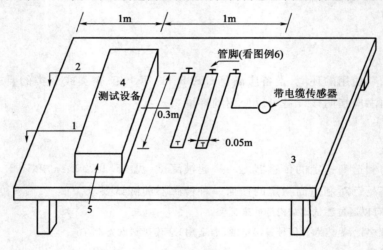

1—电源电缆（若适用）；2—可用的信号输出电缆；3—用绝缘材料制成的桌子；

4—测试设备；5—可用的信号输入电缆；6—5 管脚为代表，但可以更多

图 E.6　传导发射、辐射发射和辐射抗扰的测试布局

36.202.5a) 浪涌

增补：

设备应在 10 s 内恢复到以前的运行模式，且不能有任何的存储数据丢失。

36.202.6a) RF 场感应的传导骚扰

1）替换：

当通过电源线暴露在传导电磁场中时，设备应运行在正常规格范围内。

测试方法和设备应如 GB/T 17626.6 中的描述。

向网电电源输入端注入的噪声电压在 150kHz ~ 80MHz 的频率范围内的有效值应为 3V。

它应是在 1 Hz～5 Hz 范围内的任何单频率信号以 80% 幅度调制进行调制。

36.202.8.1 a) 工频磁场

增补：

将设备暴露在频率为电力线频率或根据 GB/T 17626.8 由制造商指定频率的交流磁场中。

不损失系统的性能或功能。

磁场强度：3 A/m。

应将设备的所有面暴露。

当设备被暴露在这些磁场中时，应该运行在本标准允许的正常范围内。

36.202.15 电外科干扰

如果设备已经和高频手术设备一起使用，它应在暴露在高频手术设备所产生的场强之后的 10s 内恢复到原运行模式，且没有任何的存储数据丢失。

符合性验证应按照图 E.7、图 E.8 和图 E.9 来进行测试，如果 CF 型隔离是在传感器中，则符合性验证应按照图 E.8 和图 E.9 来进行测试。

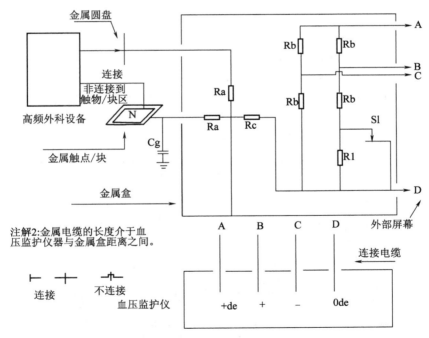

示例：

Rb = 500Ω（模拟传感器电阻桥）   Rc = 50kΩ（模拟导管电阻）

Ra = 220Ω，220W（低感抗，模拟人体阻抗）   Sl = 开关

Rt = 选择为 100mmHg   Cg = 47nF（设计为最小化来自不同类型的高频外科设备的干扰）

注：使用的高频外科手术设备应在测试报告中说明。

图 E.7 当在监护仪中进行患者隔离时，高频外科干扰测量的测试电路

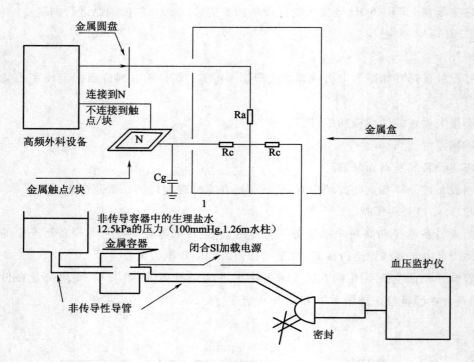

示例:

Rc = 50kΩ(模拟导管电阻)　　　　　　　　　　Ra = 220Ω,220W(低感抗,模拟人体阻抗)

Cg = 47nF(设计为最小化来自不同类型的高频外科设备的干扰)

注:使用的高频外科手术设备应在测试报告中说明。

图 E.8　当在监护仪中进行患者隔离时,高频外科干扰测量的测试电路

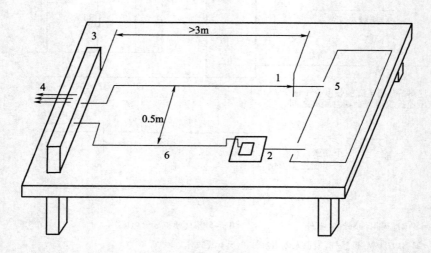

1—图 109、图 110 中的金属圆盘;2—图 109、图 110 中的中性电极;3—高频外科手术设备;

4—至网电源;5—按图 109、图 110 布置测试;6—用绝缘材料制成的桌子

图 E.9　高频外科干扰测试布局

使用的高频手术设备应符合 GB 9706.4 标准,即应具有最小功率为 300 W 的切割模式能力,最小功率为 100 W 的电凝模式能力,以及 450 kHz ±100 kHz 的工作频率。

a)切割模式下的测试

将血压监护仪设置为 120 mmHg~150 mmHg 范围,高频手术设备的输出功率设置为 300 W。

监护仪应被校准成具有可视的零压力线。任何滤波器应设在一个宽的频带位置。

使用有源电极接触测试中安装的金属触点/块(见图 E.7 和图 E.8),并缓慢地移开电极以产生火花。

重复以上过程 5 次。Sl 操作结束后应马上被打开。测试信号应在 10 s 内被记录/显示。

b)电凝模式下的测试

除了设置高频手术设备的输出功率为 100W 外,重复 a)中的测试。

喷射电凝模式不进行测试。

22. YY 0784 – 2010/ISO 9919:2005《医用电气设备　医用脉搏血氧仪设备基本安全和主要性能专用要求》

36　电磁兼容性

除以下内容外,通用标准的本章适用。

增加:

脉搏血仪设备应符合 YY 0505—2005 标准的要求。

注 1:脉搏血氧仪设备不认为是 YY 0505—2005 中所定义的生命支持设备或系统。

针对 YY 0505—2005 标准中,36.202.1j)的符合性准则,在抗扰测试期间,脉搏血氧仪设备应工作在其声称的 SpO_2 和脉率的准确度范围之内。应对处在校准范围内的一个 SpO_2 读数进行针对脉搏血氧仪设备的抗扰测试。并确保至少与含噪声诱导的值的差异不大于 5% 或小于(100% 减去脉搏血氧仪设备的血氧准确度)。

注 2:噪声诱导的值可以是一个值,例如 R 等于 1 或 R 等于红外通道的信号与红光通道信号的比值的数值。

其他噪声诱导的值已是被观察的。

脉率值应是不同于噪声诱导的信号频率,并处在脉率显示的声称范围内。

在按照 IEC 61000 – 4 – 4、IEC 61000 – 4 – 5 和 IEC 61000 – 4 – 11 定义的瞬时测试期间出现的中断事件,脉搏血氧仪设备应在 30s 内从任何的中断中恢复。在这些测试中 SpO_2 和脉率的信号可以是来自患者模拟器。

除此之外,预期适用于院外转运的患者脉搏血氧仪设备,应符合 IEC 60601 – 1 – 2:2001 中 36.202.3a)j)的要求:即在 80MHz~2500MHz 的整个范围内(见 YY 0505—2005 的表 29)进行 20V/m(在 1000Hz 频率下的 80% 幅度调制)的抗扰测试。

23. YY 0786—2010/ISO 8185:2007《医用呼吸道湿化器 呼吸湿化系统的专用要求》

36　电磁兼容性

除下述内容外,GB 9706.1—2007 第 36 章适用。

增加:

湿化器或湿化系统不作为 YY 0505—2005 所述的生命支持设备或系统考虑。湿化器或湿化系统应符合 YY 0505—2005 中适合条款的要求。

除下述内容外,YY0505—2005 标准的内容适用。

36.202.1 概述

j)符合性判断

替换:

j)在 36.202 规定的测试条件下,湿化器或湿化系统能保障基本的功能并且不产生安全危险,如果发生异常,例如:显示中断、假阴性或阳性报警状态、或者功能丧失但没有完全地危及连带的保护装置,在电磁干扰停止后 30s 内可恢复运行,这些不应认为是安全危险。

24. YY 0455—2011/IEC 60601 - 2 - 21:1996《医用电气设备 第 2 部分:婴儿辐射保暖台安全专用要求》

36 电磁兼容

36.202 抗扰度(IEC 60601 - 1 - 2)

36.202.1 要求

a)有下列内容代替本文的内容

对于辐射射频电磁场的设备和(或)系统必须

——在射频 26MHz 到 1GHz 范围,强度升至 3V/m 处,连续运行制造者规定的预定功能。

——在射频 26MHz 到 1GHz 范围,强度小于或等于 10V/m 处,连续运行制造者规定的预定功能,或者失败但不会出现产生安全方面危险的故障。

25. YY 0834—2011/IEC 60601 - 2 - 35:1996《医用电气设备 第二部分:医用电热毯、电热垫和电热床垫 安全专用要求》

36 电磁兼容性

除了下面的条款,通用标准均适用:

增加:

36.202 抗扰度(见 YY 0505—2005)

设备和/或系统对于辐射的射频电磁场

——在 3V/m 的抗扰度电平下,设备能继续执行厂商预定的功能和

——在 10V/m 的抗扰度电平下,设备能继续执行厂商预定的功能或失败但不产生安全的隐患。

26. YY 0827—2011/IEC60601－2－20:1996《医用电气设备 第二部分:转运培养箱安全专用要求》

36　电磁兼容性

除了下面的条款,通用标准均适用:

增加:

36.202.2.1　抗扰度

对于辐射射频电磁场的设备和(或)系统必须

——在射频 26MHz 到 1GHz 范围,强度升至 3V/m 处,连续运行制造者规定的预定功能。

——在射频 26MHz 到 1GHz 范围,强度小于或等于 10V/m 处,连续运行制造者规定的预定功能,或者失败但不会出现产生安全方面危险的故障。

27. YY 1079—2008《心电监护仪》

4.2.8.14　电外科干扰

如果制造商声称监护仪具备电外科干扰功能,那么在监护仪增益设置在 10mm/mV,使用制造商推荐的任何附件和设置,并输入 1mV 模拟 ECG 信号时,ECG 信号的轨迹线不应在显示器上消失。心率变化不应超过未激活电外科干扰时心率的 ±10%,干扰持续时间为 4.1.2.1f)公布的响应时间或 5s,取较长者。这个试验应在通用心率范围 60bpm 到 150bpm 之间,并使用在电外科干扰下心率不会变化的模拟器进行。这同时适用于电外科设备工作电极点火和非点火的接触方式。电外科干扰耦合到监护仪的方式和电外科设备输出的大小,在图 E.10 和图 E.11 中定义。在高频电刀过载试验中,所使用的电刀工作频率必须在 450kHz ±100kHz,并分别设置在切割功率为 300W 和凝结功率为 100W 下进行。

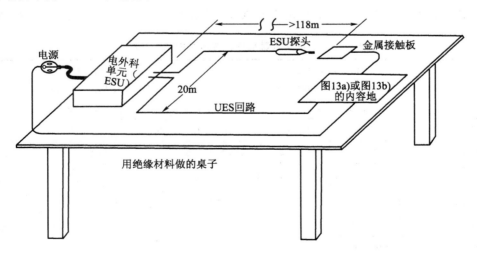

图 E.10　电外科试验布局

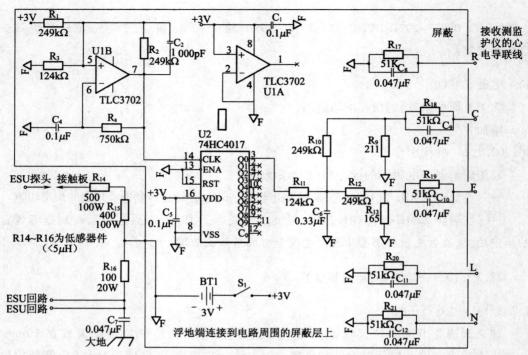

警告：电外科设备的输出能引起严重的RF烧伤。在其工作时不要接触试验装置！

图 E.11 电外科抑制试验电路

28. GB/T 25102.13—2010/IEC 60118-13:2004《电声学 助听器 第13部分：电磁兼容性(EMC)》

6 抗扰度要求

表 E.2 中规定了确定助听器抗扰度时射频测试信号的场强。临近者兼容性是最低要求，使用者兼容性是附加特性，如果助听器能够满足使用者兼容性，可在说明书中声明。

表 E.2 确定助听器抗扰度时射频测试信号场强

	临近者兼容性					使用者兼容性				
	当处于以下场强时 IRIL≤55dB					当处于以下场强时 IRIL≤55dB				
	场强以 V/m 表示[a]					场强以 V/m 表示[a]				
频率范围 GHz	0.08~0.8	0.8~0.96	0.96~1.4	1.4~2.0	2.0~3.0	0.08~0.8	0.8~0.96	0.96~1.4	1.4~2.0	2.0~3.0
传声器模式	考虑中	3	考虑中	2	考虑中	考虑中	75	考虑中	50	考虑中
拾音线圈模式[b]	考虑中	3	考虑中	2	考虑中	考虑中	考虑中	考虑中	考虑中	考虑中
指向传声器模式[b]	考虑中	3	考虑中	2	考虑中	考虑中	无相关规定	无相关规定	无相关规定	无相关规定
[a]给出的测试场强为无调制的载波值。										
[b]如果助听器提供了该模式。										

目前,还没有发现频率低于 0.8GHz 的射频干扰源会对助听器产生影响,所以暂不考虑在这个频率范围内的测试,同时,由于目前无线电话一般不提供感应耦合,所以拾音线圈模式下的使用者兼容性要求还在考虑中。即使助听器还支持另一个传声器输入选择(指向传声器),也不考虑在这种模式下的使用者兼容性。拾音线圈模式下的临近者兼容性对于在感应回路环境中的抗干扰性能十分重要。同时,对于能用拾音线圈作为输入换能器来接收移动电话辅助收听装置(例如便携免提终端)发送的信号的助听器,拾音线圈模式下的临近者兼容性也很重要。因为工作在其他频段的设备正在逐渐普及,例如蓝牙和全球移动电话系统(UMTS),本部分在未来的版本中可能会增加在这些频段的测试。

注:当需要产生高场强时,可能会导致射频功率放大器失真,必须确保该失真不会对测试结果产生影响。

29. IEC 60601 - 2 - 47:2001《医用电气设备 第 2 - 47 部分: 动态心电图系统安全和基本性能专用要求》(国内行业标准待发布)

36   电磁兼容性

除了下列内容外,YY 0505—2005《医用电气设备 第 1 - 2 部分:安全通用要求 并列标准:电磁兼容 要求和试验》的要求适用。

36.201   发射

36.201.1   无线电业务的保护

a)

替换:

记录器应满足和 CISPR 11,Group 1,Class B 所对应的国家标准的要求。

b)

替换:

患者耦合设备和/或系统应当和患者电缆、传感器、导联线和电极连在一起进行测试,并且在终端连接上用于模拟患者的负载(见图 E.12 和图 E.13)。

信号输入/输出电缆(如适用)应和设备相连测试[见 36.202.2 的 a)]。

36.202   抗扰度

对第 4 段的增补:

可能出现安全危险的例子包括:工作状态的改变,不可恢复的存贮数据丢失或改变。

36.202.2   静电放电

替换:

设备和/或系统应符合 GB/T 17626.2—2006《电磁兼容 试验和测量技术 静电放电抗扰度试验》,±6kV 适用于对导电的可触及部件和耦合板的接触放电。另外,±8 kV 适用于不导电的可接触部件。

该设备应在 10s 内返回到之前的运行状态,而且存储数据不能有任何丢失。

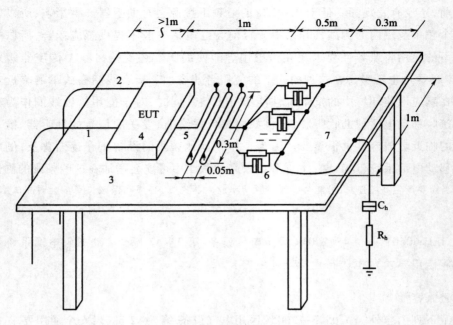

1—电源线 2—信号线 3—绝缘材料的工作桌 4—被检设备

5—患者电缆 6—模拟病人的负载(51kΩ 电阻与 47nF 电容并联)

7—金属板 $C_h = 220pF$ $R_h = 510Ω$(C_h 与 R_h 串联以模拟手部)

图 E.12 依照 36.201.1 建立的传导发射测试装置

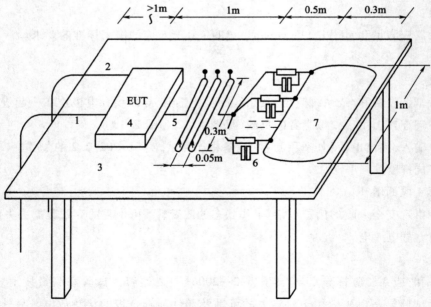

1—电源线 2—信号线 3—绝缘材料的工作桌

4—被检设备 5—患者电缆 6—模拟病人的负载

(51kΩ 电阻与 47nF 电容并联)7—金属板

图 E.13 依照 36.201.1 与 36.201.2 建立的辐射污染和抗辐射干扰性测试装置

36.202.3　射频电磁场辐射

36.202.3.1　要求

修改：

a）动态记录器应符合 GB/T 17626.3—2006《电磁兼容 试验和测量技术 射频电磁场辐射抗扰度试验》，射频场强度应为 3 V /m。

36.202.3.2　测试条件

修改：

a）应使用 1 Hz 到 5 Hz 的单一调制频率，80% 的振幅调制。

设备电缆应被扎成 1 m 长的无感电缆束，且信号电缆（如适用）和电源线（如适用）应按照图 E.13 所示相对设备水平和垂直放置。

b）对于被测设备，测试频率的扫描或步进应从 80 MHz 到 1000 MHz。

36.202.8　工频磁场

增补：

应将设备置于强度为 3 A/m、磁通密度为 1 高斯、频率为 3 倍工频的磁场中。设备应符合本专用标准的性能要求，且不应出现数据丢失。这个补充条款可参考 GB/T 17626.8—2006《电磁兼容 试验和测量技术 工频磁场抗扰度试验》。

30. IEC 60601 – 2 – 40:1998《医用电气设备 第 2 部分：肌电及诱发反应设备安全专用要求》（国内行业标准待发布）

36　电磁兼容性

除下述内容外，YY 0505—2005 适用：

36.201　发射

36.201.1.7

替换：

对射频辐射的发射测试，所有相关电极必须连接并应用到距离设备不大于 400 mm，含有 1000 mL 生理盐水的体模中去（见图 E.14）。

36.202　抗扰度

修改：

使用以下内容替代第四段：

36.202.1 到 36.202.6 的要求用以下实验验证：在特定条件下，设备和/或系统输出的刺激的强度、振幅、脉冲持续时间或重复率应在预设值的 ±10% 范围内。

在进行 36.202.2.1 的实验过程中，显示的扰动是不作为判断不符合该标准要求的依据。

抗扰度试验之后，设备和/或系统仍应符合有关患者、患者辅助和对地漏电流的要求。

36.202.1　静电放电

补充：

静电放电试验对象应包括正常使用时组成患者回路的所有连接器和端子,以及所有可接触的表面、控制旋钮等。不与患者构成回路的连接器和端子无需测试。

36.202.2 射频电磁场

36.202.2.2 测试条件

修改：

使用以下内容替换 d)项：

d) 测试射频辐射时,所有相关电极必须连接并应用到距离设备不大于 400mm,含有 1000mL 生理盐水的体模中去（见图 E.14）。

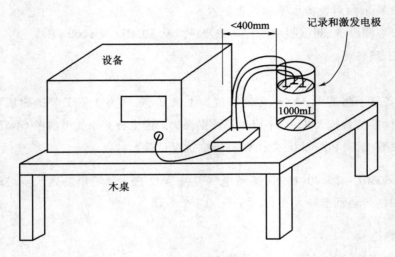

图 E.14 测试安排布局

31. IEC 60601－2－31:1994＋A1:1998《医用电气设备 第 2 部分:带内部电源的体外心脏起搏器专用安全要求》(国内行业标准待发布)

36 电磁兼容性

除下述内容外,通用标准的本条均适用：

36.202.1 静电放电

替换：

设备的结构应能确保对暴露于重复的静电放电下所引起的安全危害有足够的防护程度。

符合性通过下列试验检查：

设备应按 GB/T 17626.2—2006 中第 7 章的规定进行布置。对于空气放电方法,应按照 GB/T 17626.2—2006 中第 8 章规定的步骤,对在正常使用中(包括用户维护)设备可触及的那些点和表面施加表 E.3 中规定的试验电压。

表 E.3　静电放电要求

严酷等级[a]	试验电压/kV	单次放电次数
1	2	10
2	4	10
3	8	2
4	15	2
[a]GB/T 17626.2—2006 中的表 1.b 定义了空气放电的严酷等级。		

试验应以单次放电进行。试验电压应从严酷等级 1 逐级开始。在每个严酷等级,表 E.3 中规定的单次放电的次数应施加到每个试验点。在放电间期应有足够的时间来判断是否设备发生了故障。不应超过最终的严酷等级,除非制造商在公开的技术要求中规定了较高的静电放电抗扰度等级。

在任何严酷等级都不应观察到由于设备(部件)或软件的损伤、或数据的丢失而导致的不可恢复的永久性的降级或功能丧失。在表 E.3 中规定的任何严酷等级不应发生不恰当的能量传送到应用部分。

在严酷等级 1 或 2,设备应在技术说明范围内保持正常的性能;

在严酷等级 3 或 4,出现需要操作者干预的短暂的降级、功能或性能的丧失是可接受的。

见 GB/T 17626.2—2006 中第 9 章中对于评价设备上的静电效应的通用准则。

(三)专用标准中高频手术设备(ESU)干扰试验介绍

在手术室环境中使用的设备,如手术台、监护仪等设备由于使用环境的特殊性,使用的过程中会受到来自高频手术设备[又称电外科设备(ESU)]的干扰。在 YY0505 并列标准中未对高频手术设备(ESU)干扰试验作出要求,但对于在手术室内长期使用的特殊设备,就必须满足高频手术设备的抗扰度试验才能满足日常使用的要求。

高频手术设备的工作原理是利用设备内高频振荡电路产生的高频高压电流通过刀笔作用到病患部位,利用刀笔尖端部位对所接触的组织产生瞬间烧灼现象,以达到切割或电凝的效果。切割和电凝的区别在于高频电流波形的不同:切割的电流波形为连续的高频波形,电流在瞬间产生大量的热量和极高的温度,这种温度使细胞组织汽化从而使组织分离,切割的电压低但波形密集能量高;而电凝是间歇型脉冲型的高频波形,瞬间产生的热量少,温度低,不足以使组织汽化而仅仅产生烫伤的效果,电凝的能量低但电压高。

高频手术设备的工作电流,通过设备的刀笔、手术切口、患者深部肌肉、电刀极板再回到电刀上,形成的高密度高频电流回路,产生较强的电磁辐射。高频手术设备为大功率电器,单极输出功率在 300W 以上,启动瞬间功率则更大。监测仪等设备需要采集患者微弱的生理信号,监护仪的电极、输入导线和主机收到干扰后会造成生理信号的失真。由于电磁感应,监测仪传感器及主机因感应信号的产生而致传感器处理误差,控制系统失灵,设备工作紊乱。

高频手术设备干扰试验中,将高频手术设备作为试验的干扰源,在标准定义下的输出功率和输出频率下工作,使用切割或凝固模式输出,详细的试验方法在不同的专用标准中有详细规定(见 YY 0570—2005、YY 0667—2008、YY 0783—2010 和 YY 1079—2008)。

附录 F　医疗电子设备 EMC 简易测试配置和方法

一、概述

为了使得生产厂家能够在进行注册检测前,对产品的 EMC 性能有所了解,特针对 EMC 测试项目进行分析,并进行测试设备配置,以便使得生产厂家花较小的代价即可解决大部分可能存在的 EMC 问题。

医疗电子设备中较少出现问题的项目:谐波电流、电压波动与闪烁、工频磁场,可不用进行测试设备配置。CE、CS 等较容易出现问题,但设备配置费用较高,也可不进行测试配置。剩下的 6 个测试项目:RE、ESD、RS、EFT、Surge 和 DIPs,前五项为易出问题项目,后面一项不易出问题,但可以通过可编程电源进行预测试或使用综合测试系统进行测试。设备预测试配置费用较低。这 6 项预测试配置情况,具体见表 F.1。

表 F.1　测试配置

测试项目	预测试配置	费用投入/万元	备注
RE	频谱仪 近场探头	频谱仪:2~8; 近场探头:0~1	易出问题项目
ESD	设备配备费用低	小于 5	易出问题项目
EFT/SURGE/DIPs	设备配备费用低	国产:15	易出问题项目 DIPs 可采用可编程电源进行预测试
总计		22~29	

二、辐射发射(RE)的预测试方法

1. 测试配置

(1)频谱分析仪

要求:具有频谱分析功能,具有 PK、AV 值检波功能。国产价格便宜,进口国外品牌是国产的 2~3 倍。

(2)近场探头(见图 F.1)

要求:可购买一套(若干个)完整的近场探头,每个探头对应不同的频率段。

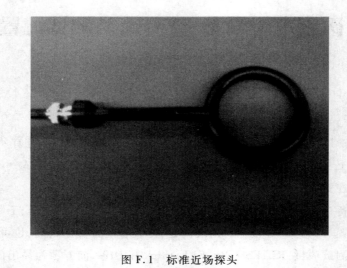

图 F.1　标准近场探头

也可自制一个近场探头,取一根同轴线,一端去掉保护层和屏蔽层,露出一截芯线和屏蔽线,把芯线和屏蔽线连接起来构成一个环就是一个磁场探头(见图 F.2)。

图 F.2　自制简易近场探头

2. 近场测试方法

将测试探头通过同轴电缆(或者 BNC 线)接在频谱仪上面,打开频谱仪设置好相应的起止频率,SPAN、VBW 和 RBW,将探头放置在电磁敏感位置附近探测,找到干扰频率点,记录相应频点的 PK 和 QPK 值。

　　注意:由于近场测试方法与标准的实验室远场测试方法不一致,因此近场测试只能寻找辐射发射值较大的点,而不能判断该值是否符合标准的限值要求。建议在整改前,先在标准实验室进行预测试,判断辐射超标值的频率点,在整改阶段在公司内部运用本案例所示方法针对所识别出来的超标值所对应的频率点进行整改。

附录 G　英文缩写解释

1. 3C：China Compulsory Certification，中国强制性产品认证

2. AE：Auxiliary Equipment，辅助设备

3. AED：Automated External Defibrillator，体外自动除颤器

4. AF：Antenna Factor，天线系数

5. AG：Antigen，抗原

6. AM：Amplitude Modulation，调幅

7. AMN：Artificial Mains Network，人工电源网路

（也称 LISN：Line Impedance Stabilization Network）

8. ANSI：American National Standards Institute，美国国家标准学会

9. AV：Average，平均值

10. BNC：Bayonet Nut Connector，刺刀螺母连接器

11. CDN：Coupling Decoupling Network，耦合去耦网络

12. CE：Conduction Emission，传导发射

13. CE：CONFORMITE EUROPEENNE（European Conformity），欧盟安全认证标志

14. CENELEC：European Committee for Electro technical Standardization，欧洲标准化委员会

15. CIGRE：International Council on Large Electric systems，国际大电网会议

16. CISPR：International Special Committee on Radio Interference，国际无线电干扰特别委员会

17. CNAS：China National Accreditation Service for Conformity Assessment，中国合格评定国家认可委员会

18. CT：Computed Tomography，计算机断层扫描技术

19. C－tick：由澳大利亚通讯局（Australian Communications Authority，简称 ACA）为通信设备发的认证标志

20. DFT：Discrete Fourier Transform，离散傅里叶变换

21. DVI：Digital Video In，数字传输讯号接口接头

22. EBU：European Broadcasting Union，欧洲广播联盟

23. ECG：Electrocardiogram，心电图

24. EFT/B：Electrical Fast Transient/Burst，电快速脉冲群

25. EMC：Electro Magnetic Compatibility，电磁兼容性

26. EMI：Electro－Magnetic Interference，电磁干扰

27. EMS：Electro－Magnetic Susceptibility，电磁敏感度

28. ERP：Effective Radiated Power，有效辐射功率

29. ESD：Electro – Static discharge，静电放电

30. ESL：Equivalent Series Inductance，等效串联电感

31. ESR：Equivalent Series Resistance，等效串联电阻

32. ESU：Electrosurgical Unit，电刀

33. EUT：Equipment Under Test，受试设备

34. FAC：Full Anechoic Chamber，全电波暗室

35. FCC：Federal Communications Commission，美国联邦通讯委员会

36. FM：Frequency Modulation，调频

37. FU：Field Uniformity 场均匀性

38. GND：GROUND，接地

39. GOST：Certificate of Conformity GOST – R，俄罗斯 GOST 认证合格证书

40. GRP：Ground Reference Plane，接地参考平面

41. GTEM：Gigahertz Transverse Electromagnetic Cell，千兆赫横电磁室

42. HCP：Horizontal Coupling Plank，水平耦合板

43. IBP：Invasive Blood Pressure，有创血压

44. IC：Integrated Circuit，集成电路

45. ICAO：International Civil Aviation Organization，国际民航组织

46. IDT：Identical 等同采用

47. IEC：International Electro technical Commission，国际电工委员会

48. ISM：Industrial Scientific Medical，工业、科学、医学

49. ITE：Information Technology Equipment，信息技术设备

50. ITU：International Telecommunications Union，国际电信联盟

51. IVD：In Vitro Diagnostics，体外诊断

52. LED：Light Emitting Diode，发光二级管

53. LVDS：Low Voltage Differential Signal，低分差动信号

54. MDD：Medical Devices Directive，医疗器械指令

55. MOD：Modified，修改采用

56. MRI：Magnetic Resonance Imaging，磁共振成像

57. NIBP：Noninvasive Blood Pressure，无创血压

58. NSA：Normalized Site Attenuation，归一化场地衰减

59. OATS：Open area test site，开阔场

60. PCB：Printed Circuit Board，印刷电路板

61. PE：Protecting Earthing，保护导体

62. PK：Peak，峰值

63. PLT：Platelet，血小板

64. QP：QuisePeak 准峰值

65. RBC：red blood cell，红细胞

66. RBW：Resolution Bandwidth，分辨带宽

67. RCS：Radar Cross Section，雷达目标有效截面

68. RE：Radiation Emission，辐射发射

69. RF：Radio Frequency，射频

70. RGM：Remote Group Multiplexer，远程组信号

71. RMS：Root Mean Square，均方根值（有效电压）

72. SAC：Semi – Anechoic Chamber，半电波暗室

73. SC：Sub – technical Committee，分技术委员会

74. SE：Shielding Efficiency，屏蔽效能

75. TC：Technical Committee，技术委员会

76. TDMA：Time Division Multiple Access，时分多址

77. TEM：Transverse Electric and Magnetic Field，横向电磁场

78. TVS：Transient Voltage Suppressor，瞬态电压抑制器

79. UIC：INTERNATIONAL UNION OF RAILWAYS，国际铁路联合会

80. UIE：International Union for Electro heat，国际电热联合会

81. UPS：Uninterruptible Power Supply，不间断电源系统

82. VBW：Video Band Width，视频带宽

83. VCP：Vertical Coupling Plank，垂直耦合板

84. VSWR：Voltage Standing Wave Ratio，电压驻波比

附录 H   YY 0505—2012 标准解读术语与定义

1. 电磁兼容性   electromagnetic compatibility (EMC)

设备或系统在其电磁环境中能正常工作且不对该环境中任何事物构成不能承受的电磁骚扰的能力。

注:引自 GB/T 4365—2003。

2. 电磁骚扰   electromagnetic disturbance

任何可能引起装置、设备或系统性能降低或者对生物或非生物产生不良影响的电磁现象。

注:引自 GB/T 4365—2003。

3. 电磁干扰   electromagnetic interference (EMI)

电磁骚扰引起的设备、传输通道或系统性能下降。

注1:术语"电磁骚扰"和"电磁干扰"分别表示"起因"和"后果"。

注2:过去"电磁骚扰"和"电磁干扰"常混用。

注3:引自 GB/T 4365—2003。

4. 电磁环境   electromagnetic environment

存在于给定场所的所有电磁现象的总和。

注1:通常,电磁环境与时间有关,对它的描述可能需要用统计的方法。

注2:引自 GB/T 4365—2003。

5. 电磁发射   electromagnetic emission

从源向外发出电磁能的现象。

注:引自 GB/T 4365—2003。

6. 电磁敏感度   electromagnetic susceptibility

在有电磁骚扰的情况下,装置、设备或系统不能避免性能降低的能力。

注1:敏感度高,抗扰度低。

注2:引自 GB/T 4365—2003。

7. 电磁辐射   electromagnetic radiation

a) 能量以电磁波形式由源发射到空间的现象。

b）能量以电磁波形式在空间传播。

注 1："电磁辐射"一词的含义有时也可以引申，将电磁感应现象也包括在内。

注 2：引自 GB/T 4365—2003。

8.（骚扰源的）发射电平　emission level（of a disturbance source）

由某装置、设备或系统发射所产生的电磁骚扰电平。

注：引自 GB/T 4365—2003。

9.（骚扰源的）发射限值　emission limit（from a disturbing source）

规定的电磁骚扰源的最大发射电平。

注：引自 GB/T 4365—2003。

10. 电场强度　electric field strength

电场强度的定义，对于不同领域，略有不同。下面仅列举工频电场强度与无线电波的电场强度两个定义。

对源于交流电源线的工频电场强度的定义为："对于空间某点，位于该点的正电荷所受的力对该电荷电量的比值（当该电量趋近于零时）的极限。"对于无线电波的传播，电场强度的定义为："电场矢量的幅值。"

注：摘自《电磁兼容标准实施指南》2010 年 12 月第一版。

11. 磁场强度　magnetic field strength

由电流产生的磁场强度反映了电流在空间某点产生的力。其定义为：邻近一个流有电流的某点 P，由于距该点 r 处长度元 $\mathrm{d}s$ 的电流元 $\mathrm{d}i$ 作用的磁力 $\mathrm{d}H$，具有垂直于 $\mathrm{d}s$（即垂直于电流 I）的方向。其幅值等于

$$\mathrm{d}H = i\mathrm{d}s \cdot \sin\theta / r^2$$

式中：θ——长度元 $\mathrm{d}s$ 与 r 方向的夹角。

以矢量表示如式：

$$\mathrm{d}H = i[\,r \cdot \mathrm{d}s\,]/r^2$$

对于无线电波传播，磁场强度定义为："磁场矢量的幅值。"

注：摘自《电磁兼容标准实施指南》2010 年 12 月第一版。

12. 功率密度　power density

对于电磁波的功率密度，其定义为："垂直于波传播方向的单位截面积的发射功率。"

对于无线电波传播，功率密度的定义为："行波的功率密度是波印延矢量（poynting vector）的时间平均值。"

注：摘自《电磁兼容标准实施指南》2010 年 12 月第一版。

13.（设备或系统的）基本性能　function（of an Equipment or System）

设备或系统预期对患者进行诊断、治疗或监护的临床主要作用。

注：引自 YY 0505—2012。

14. 工科医设备　ISM equipment；ISM appliance

为工业、科学、医疗、家用或类似目的而产生和（或）使用射频能量的设备或器具，但不包括应用于电信、信息技术和其他国家标准涉及的设备。

注：引自 GB 4824—2004。

15.（性能）降低　degradation（of performance）

设备或系统的工作性能非期望地偏离它的预期性能。

注1：术语"降低"可用于暂时失效和永久失效。

注2：引自 YY 0505—2012。

16. 有效辐射功率　effective radiated power（ERP）

在给定方向的任一规定距离上，为产生与给定装置相同的辐射功率通量密度而必须在无损耗参考天线输入端施加的功率。

注1：在 ITU 和 IEV 的 712 章中使用的术语"有效辐射功率"，仅当参考天线是半波偶极子时才不受条件限制。

注2：引自 YY 0505—2012。

17. 电磁噪声　electromagnetic noise

一种明显不传送信息的时变电磁现象，它可能与有用信号叠加或组合。

注：引自 GB/T 4365—2003。

18. 占用频带　exclusion band

预期用于接收射频电磁能的接收机频带。当接收频率大于或等于 80 MHz 时，接收频率或频带可从 −5% 延伸到 +5%；当接收频率小于 80 MHz 时，接收频率或频带可从 −10% 延伸到 +10%。

注1：在国家无线电法规中，该术语的其他定义有时用于其他目的。

注2：引自 YY 0505—2012。

19.（设备或系统的）功能　function（of an Equipment or System）

设备或系统预期对患者进行诊断、治疗或监护的临床主要作用。

注：引自 YY 0505—2012。

20. IEC 60601 试验电平　IEC 60601 test level

本标准中 36.202 条或专用标准中规定的抗扰度试验电平。

注:引自 YY 0505—2012。

21. (对骚扰的)抗扰度　immunity(to a disturbance)

装置、设备或系统面临电磁骚扰不降低运行性能的能力。

注:引自 GB/T 4365—2003。

22. 抗扰度电平　immunity level

将某给定电磁骚扰施加于某一装置、设备或系统而其仍能正常工作并保持所需性能等级时的最大骚扰电平。

注:引自 GB/T 4365—2003。

23. 抗扰度试验电平　immunity test level

进行抗扰度试验时,用来模拟电磁骚扰试验信号的电平。

注:引自 GB/T 4365—2003。

24. 信息技术设备　information technology equipment(ITE)

用于以下目的设备:

a) 接收来自外部源的数据(例如通过键盘或数据线输入);

b) 对接收到的数据进行某些处理(如计算、数据转换、记录、建档、分类、存贮和传送);

c) 提供数据输出(或送至另一设备或再现数据于图像)。

注1:这个定义包括那些主要产生各种周期性二进制电气或电子脉冲波形,并实现数据处理功能的单元或系统:诸如文字处理、电子计算、数据转换、记录、建档、分类、存贮、恢复及传递,以及用图像再现数据等。

注2:引自 GB/T 4365—2003。

25. 大型设备或系统　large equipment or system

不能在 2m×2m×2.5m 的空间内安装的设备或系统,其中不包括电缆,但包括分布式系统。

注:引自 YY 0505—2012。

26. 生命支持设备或系统　life-supporting equipment or system

至少包括一种预期有效地保持患者生命或复苏功能的设备或系统,且一旦该功能不能满足 36.202.1j)条要求就很可能导致患者严重的伤害或死亡。

注：引自 YY 0505—2012。

27．低电压　low voltage

相线与相线或相线与中线之间小于或等于交流 1 000V 或直流 1 500V 的电压。

注：引自 YY 0505—2012。

28．医用电气系统　medical electrical system

多台设备的组合，其中至少有一台为医用电气设备，并通过功能连接或使用可移式多插孔插座互连。

注 1：当设备与系统连接时，医用电气设备应被认为包括在系统内。

注 2：引自 YY 0505—2012。

29．医用电气设备　medical electrical equipment

与某一专门供电网有不多于一个的连接，对在医疗监督下的患者进行诊断、治疗或监护，与患者有身体的或电气接触，和（或）向患者传送或从患者取得能量，和（或）检测这些所传送或取得的能量的电气设备。

注：引自 GB 9706.1—2007。

30．工作频率　operating frequency

在设备或系统中设定用来控制某种生理参数的电信号或非电信号的基频。

注：引自 YY 0505—2012。

31．与患者耦合的设备或系统　patient－coupled equipment or system

至少含有一个应用部分的设备或系统，通过与患者的接触以提供设备或系统正常运行所需要的感知或治疗点，并提供一个预期或非预期的电磁能路径，无论是导体耦合还是电容耦合或电感耦合。

注：引自 YY 0505—2012。

32．生理模拟频率　physiological simulation frequency

用于模拟生理参数的电信号或非电信号的基频，使得设备或系统以一种与用于患者时相一致的方式运行。

注：引自 YY 0505—2012。

33．公共电网　public mains network

所有各类用户可以接入的低压电力线路。

注：引自 YY 0505—2012。

34. 射频 radio frequency（RF）

位于声频和红外频谱之间的电磁频谱中,用于无线电信号传播的频率。

注 1:通常采用的范围是 9 kHz 到 3000 GHz。

注 2:引自 YY 0505—2012。

35. 专用设备或系统 professional equipment or system

由专业医护人员使用且预期不向公众出售的设备或系统。

注:引自 YY 0505—2012。

36. A 型专用设备或系统 type A professional equipment or system

专用设备或系统符合 GB 4824 2 组 B 类(除基频的第三次谐波),而第三次谐波符合 2 组 A 类电磁辐射骚扰限值的设备或系统。

注:引自 YY 0505—2012。

37. 差模电压 differential mode voltage

一组规定的带电导体中任意两根之间的电压。

注 1:差模电压又称对称电压(symmetrical voltage)

注 2:引自 GB/T 4365—2003。

38. 共模电压 common mode voltage

每个导体与规定参考点(通常是地或机壳)之间的相电压的平均值。

注 1:共模电压又称不对称电压(asymmetrical voltage)。

注 2:引自 GB/T 4365—2003。

39. 模拟手 artificial hand

模拟常规工作条件下,手持电器与地之间的人体阻抗的电网络。

注:引自 GB/T 4365—2003。

40. 吸收钳 absorbing clamp

能沿着设备或类似装置的电源线移动的测量装置,用来获取设备或装置的无线电频率的最大辐射功率。

注:引自 GB/T 4365—2003。

41. 开阔试验场 open - aren test site

用于电磁辐射测试的场地。该场地要求地形开阔平坦,远离建筑物、电线、栅栏、树木、地下电缆、管道和其他潜在的反射物体,以使这些物体产生的影响可忽略不计。

注:引自 GJB 72A—2002。

42. 半电波暗室　semi - anechoic chamber

除地面安装反射接地平板外,其余内表面均安装吸波材料的屏蔽室。

注:引自 GB/T 17626.3—2006。

43. 全电波暗室　fully anechoic chamber

内表面全部安装吸波材料的屏蔽室。

注:引自 GB/T 17626.3—2006。

44. 屏蔽室　shielded enclosure

专为隔离内外电磁环境而设计的屏栅或整体金属房。其目的是防止室外电磁场导致室内电磁环境特性下降,并避免室内电磁发射干扰室外活动。

注:引自 GB/T 17626.3—2006。

45. 横电磁波室　TEM cell

一个封闭系统,通常为矩形同轴线,电磁波在其中以横电磁波模式传输,从而产生供测试使用的规定的电磁场。

注:引自 GB/T 4365—2003。

46. 吉赫兹横电磁波小室　gigahertz transverse electromagnetic cell(GTEM)

用于常规的辐射发射和敏感度测试的锥形 TEM 小室或无回波室。它设计成可以覆盖典型的 EMC 测试的整个频率范围,以期实现:在推荐测试空间内可建立准确的均匀场;将背景噪声减至最小,提高测试灵敏度;与标准的地面屏蔽反射式场地的测量结果有良好的对应关系。

注:引自 GJB 72A—2002。

47. 屏蔽效能　shielding effectiveness(SE)

对屏蔽体隔离或限制电磁波的能力的度量。通常表示为入射波与透射波的幅度之比,用分贝表示。

注:引自 GJB 72A—2002。

48. 归一化场地衰减　normalized site attenuation(NSA)

场地衰减除以发射天线和接收天线的天线系数,计算过程均采用线性单位。

注:引自 GJB 72A—2002。

49. 天线系数　antenna factor

天线辐射的电场强度与天线输入电压的商,单位是每米(1/m)。

注:引自 GB/T 14733.10—2008。

50. 电压驻波比　voltage standing wave ratio（VSWR）

沿线最大电压和邻近最小电压幅度之比。

注:引自 GB/T 17626.6—2008。

51. 插入损耗　insertion loss

插入损耗是由传输线路或系统中插入转换网络引起的,它是下述 a)、b)两项的比值,通常以分贝数表示:

a）在插入转换网络之前,分配给传输线路或系统中待置转换网络后续部分的功率;

b）在插入转换网络之后,分配给传输线路或系统中该后续部分功率。

注:引自 GJB 72A—2002。

52. 人工电源网络　artificial mains network（AMN）

串接在受试设备电源进线处的网络。它在给定频率范围内,为骚扰电压的测量提供规定的负载阻抗,并使受试设备与电源相互隔离。

注1:人工电源网络又称线路阻抗稳定网络[line impedance stabilization network（LISN）]。

注2:引自 GB/T 4365—2003。

53. 电流探头　current probe

在不断开导体并且不对相应电路引入显著阻抗的情况下,测量导体电流的装置。

注:引自 GB/T 4365—2003。

54. 天线　antenna

一种将信号源射频功率发射到空间或截获空间电磁场转变为电信号的转换器。

注:引自 GB/T 17626.3—2006。

55. 耦合/去耦网络　coupling/decoupling network（CDN）

包含耦合网络和去耦网络两种功能于一体的电路。

注:引自 GB/T 17626.6—2008。

56. 静电放电　electrostatic discharge（ESD）

具有不同静电电位的物体互相靠近或直接接触引起的电荷转移。

注:引自 GB/T 4365—2003。

57．传导骚扰　conducted disturbance

通过一个或多个导体传递能量的电磁骚扰。

注:引自 GB/T 4365—2003。

58．辐射骚扰　radiated disturbance

以电磁波的形式通过空间传播能量的电磁骚扰。

注1:术语"辐射骚扰"有时也将感应现象包括在内。

注2:引自 GB/T 4365—2003。

59．骚扰功率　disturbance power

在规定条件下测得的电磁骚扰功率。

注:引自 GB/T 4365—2003。

60．电压波动　voltage fluctuation

一系列的电压变化或电压均方根值或峰值的连续变化。

注:引自 GB/T 4365—2003。

61．相对电压变化　relative voltage change

电压变化的幅值与额定电压值之比。

注:引自 GB/T 4365—2003。

62．闪烁　flicker

亮度或频谱分布随时间变化的光刺激所引起的不稳定的视觉效果。

注:引自 GB/T 4365—2003。

63．闪烁计　flickermeter

用来测量闪烁量值的仪表。

注:引自 GB/T 4365—2003。

64．短期闪烁值　short - term flicker indicator(P_{st})

在一个规定的持续时间相对较短的时段内,所评定的闪烁值。

注1:按照 IEC 61000 - 4 - 15,该持续时间一般为 10min。

注2:引自 GB/T 4365—2003。

65．长期闪烁值　long - term flicker indicator (P_{lt})

在一个规定的持续时间相对较长的时段内,用连续的短时闪烁值(P_{st})所评定的闪烁值。

注1:按照 IEC 61000 - 4 - 15,该持续时间一般为2h,使用12个连续的 P_{st} 值来(计算)评定。

注2:引自 GB/T 4365—2003。

66．总谐波电流　total harmonic current

20 次 ~40 次谐波电流分量的总有效值。

$$总谐波电流 = \sqrt{\sum_{n=2}^{40} I_n^2}$$

注:引自 GB 17625.1—2003。

67．电压暂降　voltage dip

在电气供电系统某一点上的电压突然减少到低于规定的阈限,随后经历一段短暂的间隔恢复到正常值。

注1:典型的暂降与短路的发生和结束有关,或者与系统或系统相连装置上的急剧电流增加有关。

注2:电压暂降是一个二维的电磁干扰,其等级由电压和时间(持续时间)决定。

注3:引自 GB/T 17626.11—2008。

68．短时中断　short interruption

供电系统某一点上所有相位的电压突然下降到规定的中断阈限以下,随后经历一段短暂间隔恢复到正常值。

注1:典型的短时中断与开关装置的动作有关,该动作是由与系统或系统相连装置上短路的发生和结束引起。

注2:GB/T 17626.11—2008。

69．喀呖声　click

用规定方法测量时,其持续时间不超过某一规定值的电磁骚扰。

注:引自 GB/T 4365—2003。

70．最小观察时间 T　minimum observation time T

当计数喀呖声(或相关开关操作数)时,为了统计判断每单位时间的喀呖声数(或开关操作数)提供足够稳定数据所需的最小时间。

注:引自 GB 4343.1—2009。

71．喀呖声率　click rate

单位时间(通常为每分钟)超过某一规定电平的喀呖声数。
注：引自 GB/T 4365—2003。

72．电火花腐蚀　spark erosion

在两个导电极(加工用具电极和工件电极)之间,利用放电在电介质加工液中切削材料。放电是间断地并随机分布在空间,且放电能量受到控制。
注：引自 GB 4824—2004。

73．弧焊设备　arc welding equipment

应用电流和电压的设备,具有适于弧焊和类似工艺所需要的特性。
注：引自 GB 4824—2004。

74．受试设备　equipment under test(EUT)

用来进行的实验设备。
注：引自 GB/T 17626.8—2006。

75．骚扰电压　disturbance voltage

在规定条件下测得的两分离导体上两点间由电磁骚扰引起的电压。
注：引自 GB/T 4365—2003。

76．辅助设备　auxiliary equipment(AE)

为受试设备正常运行提供所需信号的设备和检验受试设备性能的设备。
注：引自 GB/T 17626.6—2008。

77．电路功率因数　circuit power factor

电路功率因数是所测的有功功率与供电电压(有效值)和供电电流(有效值)乘积的比。
注：引自 GB 17625.1—2003。

78．照明设备　lighting equipment

是指能通过白炽灯、放电灯或发光二级管产生光的基本功能和/或具有调节、分配、光辐射等功能的设备。
包括：
a）灯和灯具。

b）主要功能为照明的多功能设备中的照明部分。

c）放电灯的独立式镇流器和白炽灯独立式变压器。

d）紫外线（UV）或红外线（IR）辐射装置。

e）广告标识的照明。

f）除白炽灯外的灯调光器。

不包括：

g）装在具有其他主要用途：复印机、投影仪、幻灯机等设备内或用于刻度照明或指示的照明装置。

h）白炽灯调光器。

注：引自 GB/T 17625.1—2003。

79.　型式试验　type test

对产品的一个或多个代表性的项目进行的符合性试验。

注：引自 GB/T 18268.1—2010。

80.　工业场所　industrial locations

以一个单独的供电网络为特征的场所，在多数情况下，由一高压或中压变压器馈送，专用于给制造或类似工厂输电的设备供电，并且具备下列一个或多个条件：

——大的感性或容性负载的频繁切换；

——强电流和相应的磁场；

——存在工业、科学和医疗（ISM）设备（例如：焊接机）。

注：引自 GB/T 18268.1—2010。

81.　受控电磁环境　controlled electromagnetic environment

本部分范围内，受控电磁环境通常具有这样的特征，即通过设备用户或设施设计识别和控制电磁兼容性威胁。

注：引自 GB/T 18268.1—2010。

82.　测量不确定度　measurement uncertainty, uncertainty of a measurement

根据所用到的信息，表征赋予被测量量值分散性的非负参数。

注1：测量不确定度包括由系统影响引起的分量，如修正量和测量标准所赋量值有关的分量及定义的不确定度。有时对估计的系统影响未作修正，而是当作不确定度分量处理。

注2：此参数可以是诸如称为标准测量不确定度的标准偏差（或其特定倍数），或是说明了包含概率的区间半宽度。

注3：测量不确定度一般由若干分量组成。其中一些分量可根据一系列测量值的统计分布，按测量不确定度的 A 类评定进行评定，并可用标准差表征。而另一些分量则可以根据基于经验或其他信息所

获得的概率密度函数,按测量不确定度的 B 类评定进行评定,也用标准偏差表征。

注 4:通常,对于一组给定的信息,测量不确定度是相应于所赋予被测量的值的。该值的改变将导致相应的不确定度的改变。

注 5:本定义是按 2008 版 VIM 给出的。而在 GUM 中的定义是:表征合理地赋予被测量之值的分散性,与测量结果相联系的参数。

注 6:引自 JJF1001—2011。

83. 标准不确定度　standard uncertainty

以标准偏差标示的测量不确定度。

注:引自 JJF1001—2011。

84. 扩展不确定度　expanded uncertainty

合成标准不确定度与一个大于 1 的数字因子的乘积。

注 1:该因子取决于测量模型中输出量的概率分布类型及所选取的包含概率。

注 2:本定义术语"因子"是指包含因子。

注 3:引自 JJF1001—2011。

85. 包含因子　coverage factor

为获得扩展不确定度,对合成标准不确定度所乘的大于 1 的数。

注 1:包含因子通常用符号 k 表示。

注 2:引自 JJF 1001—2011。

86. 不确定度的 A 类评定　Type A evaluation of measurement uncertainty

对在规定测量条件下测得的量值用统计分析的方法进行的测量不确定度附录的评定。

注:引自 JJF 1001—2011。

87. 不确定度的 B 类评定　Type B evaluation of measurement uncertainty

用不同于测量不确定度 A 评定的方法对测量不确定度分量进行的评定。

例:评定基于以下信息:

——权威机构发布的量值;

——有证标准物质的量值;

——校准证书;

——仪器的偏移;

——经检定的测量仪器的准确度等级;

——根据人员经验推断的极限值等。

注:引自 JJF 1001—2011。

88. 影响量　influence quantity

不是被测量、但对测量结果有影响的量。

注 1：在标准化符合性试验中，影响量分为确定的和未确定的影响量(含义见 4.2.4)。确定的影响量优先包括允差数据。

注 2："确定的影响量"的一个例子是人工电源网络的测量阻抗。"未确定的影响量"的一个例子是电磁骚扰源的内部阻抗。

注 3：引自 GB 6113.401—2007。

89. 接触放电方法　contact discharge method

试验发生器的电极保持与受试设备的接触并由发生器的放电开关激励放电的一种试验方法。

注：引自 GB/T 17626.2—2006。

90. 空气放电方法　air discharge method

将试验发生器的充电电极靠近设备并由火花对受试设备激励放电的一种试验方法。

注：引自 GB/T 17626.2—2006。

91. 直接放电　direct application

直接对受试设备实施放电。

注：引自 GB/T 17626.2—2006。

92. 间接放电　indirect application

对受试设备附近的耦合板实施放电，以耦合人员对受试设备附近的物体放电。

注：引自 GB/T 17626.2—2006。

93. 接地参考平面　ground reference plane

一块导电平面，其电位用作公共参考平面。

注：引自 GB/T 4365—2003。

94. 耦合板　coupling plane

一块金属片或金属板，对其放电用来模拟对受试设备附近物体的静电放电。HCP：水平耦合板；VCP：垂直耦合板。

注：引自 GB/T 17626.2—2006。

95. 水平极化　horizontal polarization

一种线极化，其电通量密度矢量是水平的。

注：引自 GB/T 14733.9—2008。

96. 垂直极化　vertical polarization

一种线极化,其电通量密度矢量位于包含传播方向的垂直平面内。

注:引自 GB/T 14733.9—2008。

97. 与患者耦合的设备或系统　patient – coupled equipment or system

至少含有一个应用部分的设备或系统,通过与患者的接触以提供设备或系统正常运行所需要的感知或治疗点,并提供一个预期或非预期的电磁能路径,无论是导体耦合还是电容耦合或电感耦合。

注:引自 YY 0505—2012。

98. 永久性安装设备　permanently installed equipment

与供电网用永久性连接方式做电气连接的设备,这种连接方式只有使用工具才能将其断开。

注:引自 GB 9706.1—2007。

99. 脉冲群　burst

数量有限且清晰可辨的脉冲序列或持续时间有限的振荡。

注:引自 GB/T 17626.4—2008。

100. 耦合夹　coupling clamp

在与受试线路没有任何电连接情况下,以共模形式将骚扰信号耦合到受试线路的,具有规定尺寸和特性的一种装备。

注:引自 GB/T 17626.4—2008。

101. 浪涌(冲击)　surge

沿线路或电路传送的电流、电压或功率的瞬态波。其特征是先快速上升后缓慢下降。

注:引自 GB/T 17626.5—2008。

102. 一次保护　primary protection

防止大部分浪涌(冲击)能力通过指定界面传播的措施。

103. 二次保护　secondary protection

对通过一次保护后的能力进行抑制的措施,它可以是一个专门的装置,也可以是 EUT 本身的特性。

104. 瞬态　transient

在两相邻稳定状态之间变化的物理量或物理现象,其变化时间小于所关注的时间尺度。

注:引自 GB/T 4365—2003。

105. 钳注入　clamp injection

是用电缆上钳合式"电流"注入装置获得的钳注入。

注:引自 GB/T 17626.6—2008。

106. 浸入法　immersion method

将磁场施加于 EUT 的方法,即将 EUT 放在感应线圈中部。

注:引自 GB/T 17626.8—2006。

107. 邻近法　proximity method

将磁场施加于 EUT 的方法。用一个小感应线圈沿 EUT 的侧面移动,以便探测特别灵敏的部位。

注:引自 GB/T 17626.8—2006。

108. 电信/网络端口　telecommunication/network port

连接声音、数据和信号传递的端口,皆在通过直接连接多用户电信网[如公共交换电信网(PSTN)、综合业务数字网(ISDN)、x – 型数字用户线(xDSL)等]、局域网(如以太网令牌环网)以及类似网络,使分散的系统互相连接。

注:对通常用于连接 ITE 系统中各组组成的连接端口[如 RS – 232、IEEE Standard 1284（并口打印机)、适用串行总线(USR)、IEEE 标准 1394("火线"）等],该端口如果校准性能规范(例如对连接到其他的电流的最大长度有要求）使用,则该端口不在本定义规定的电信/网络端口的范围内。

注:引自 GB 9254—2008。

附录 I CNAS – CL16《检测和校准实验室能力认可准则在电磁兼容检测领域的应用说明》介绍

电磁兼容检测是中国合格评定国家认可委员会(英文缩写:CNAS)对实验室的认可领域之一,该领域涉及仪器设备、元件的关键电气特性。

CNAS – CL16《检测和校准实验室能力认可准则在电磁兼容检测领域的应用说明》是CNAS 根据电磁兼容检测的特性而对 CNAS – CL01:2006《检测和校准实验室能力认可准则》从人员、设施与环境、设备以及结果报告等方面所作的进一步说明,并不增加或减少CNAS – CL01 准则的要求。

由于目前使用的 CNAS – CL16:2006 文件还存在一些问题和不足,去年 CNAS 组织相关的专家对该文件进行了完善和修订,新版的 CNAS – CL16 已上报 CNAS,有望近期出台。

参考文献

［1］YY 0505—2012 医用电气设备　第 1 − 2 部分：安全通用要求　并列标准　电磁兼容　要求和试验.（IEC 60601 − 1 − 2：2004,IDT）

［2］GB 4824—2004 工、科、医（ISM）射频设备电磁骚扰特性限值和测量方法（CISPR 11：2003,IDT）

［3］GB 9254—2008 信息技术设备的无线电骚扰限值和测量方法（CISPR 22：2006,IDT）

［4］GB 17625.1—2003 电磁兼容　限值　谐波电流发射限值设备每相输入电流≤16A（IEC 61000 − 3 − 2：2001 ,IDT）

［5］GB 17625.2—2007 电磁兼容　限值　对每相额定电流≤16A 且无条件接入的设备在公用低压供电系统中产生的电压变化、电压波动和闪烁的限制（IEC 61000 − 3 − 3：2005,IDT）

［6］GB 17743—2007 电气照明和类似设备的无线电骚扰特性的限值和测量方法（CISPR 15：2005,IDT）

［7］GB 4343.1—2009 家用电器、电动工具和类似器具的电磁兼容要求　第 1 部分：发射（CISPR 14 − 1：2005, IDT）

［8］GB/T 17626.1—2006　电磁兼容　试验和测量技术　抗扰度试验总论（IEC 61000 − 4 − 1：2000 ,IDT）

［9］GB/T 17626.2—2006　电磁兼容　试验和测量技术　静电放电抗扰度试验（IEC 61000 − 4 − 2：2001 ,IDT）

［10］GB/T 17626.3—2006　电磁兼容　试验和测量技术　射频电磁场辐射抗扰度试验（IEC 61000 − 4 − 3：2002 ,IDT）

［11］GB/T 17626.4—2008　电磁兼容　试验和测量技术　电快速瞬变脉冲群抗扰度试验（IEC 61000 − 4 − 4：2004 ,IDT）

［12］GB/T 17626.5—2008　电磁兼容　试验和测量技术　浪涌（冲击）抗扰度试验（IEC 61000 − 4 − 5：2005 ,IDT）

［13］GB/T 17626.6—2008　电磁兼容　试验和测量技术　射频场感应的传导骚扰抗扰度（IEC 61000 − 4 − 6：2006 ,IDT）

［14］GB/T 17626.8—2006　电磁兼容　试验和测量技术　工频磁场抗扰度试验（IEC 61000 − 4 − 8：2001 ,IDT）

［15］GB/T 17626.11—2008　电磁兼容　试验和测量技术　电压暂降、短时中断和电压变化的抗扰度试验（IEC 61000 − 4 − 11：2004,IDT）

［16］GB/T 6113.104—2008 无线电骚扰和抗扰度测量设备和测量方法规范 第1－4部分:无线电骚扰和抗扰反测量设备 辅助设备 辐射骚扰(CISPR 16－1－4:2005)

［17］IEC 61000－4－21:2003 Testing and measurement techniques – Reverberation chamber test methods

［18］ANSI C63.4 Methods of Measurement of Radio – Noise Emissions from Low – Voltage Electrical and Electronic Equipment in the Range of 9 kHz to 40 GHz［S］

［19］全国无线电干扰标准技术委员会,全国电磁兼容标准化技术委员会.电磁兼容标准实施指南.北京:中国标准出版社,1999

［20］Heirman DN. Difinitive Open Area Test Site Qualifications. IEEE Inter. Sym. On EMC,1987.

［21］李莹莹,闻映红.电波暗室的分类及半电波暗室的性能评价指标.安全与电磁兼容,2005,Sl

［22］J. J. Ding,F. Sha. Theoretical analysis of electromagnetic reverberation chamber. 2005 IEEE International Symposium on Microwave,Antenna,Propagation and EMC Technologies for Wireless Communications Proceedings,2005,678－681

［23］Reinaldo Perez. Handbook of Electromagnetic Compatibility［M］. New York:Academic Press,INC,1995

［24］Claylon R. Paul.闻映红,译.电磁兼容导论.北京:机械工业出版社,2006

［25］陈淑凤,马蔚宇,马晓庆.电磁兼容试验技术.北京:北京邮电大学出版社,2001

［26］Williams, T., K. Armstrong. EMC for Systems and Installations［M］. Oxford:Newnes 2000

［27］钱振宁,史建华.电气、电子产品的电磁兼容技术及设计实例.北京:电子工业出版社,2008

［28］顾海洲,马双武.PCB 电磁兼容技术——设计实践.北京:清华大学出版社,2004

［29］陈伟华.电磁兼容实用手册.北京:机械工业出版社,1998

［30］国家食品药品监督管理局.医用器械监管技术基础.北京:中国医药科技出版社,2009

彩图 1　10m 开阔试验场实例

彩图 2　半电波暗室局部实景

彩图 3 全电波暗室局部实景

彩图 4 混响室实例

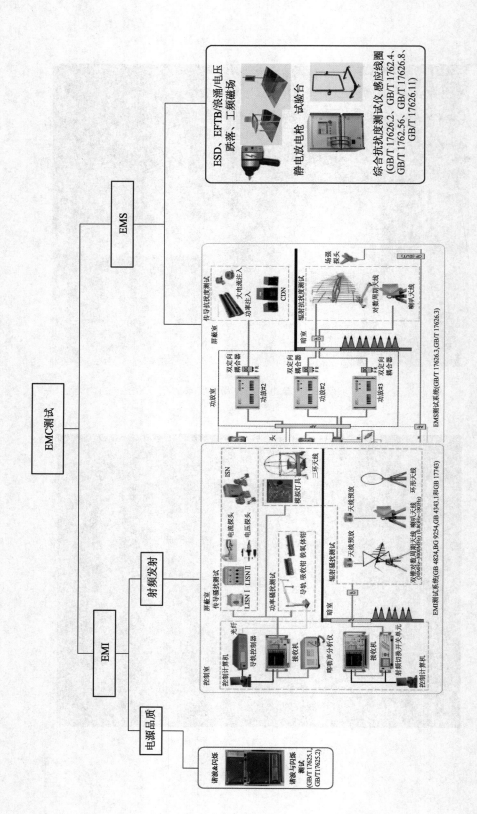

彩图 5　YY 0505 标准关键测试设备总体框图